21世纪全国本科院校土木建筑类创新型应用人才培养规划教材

建筑抗震与高层结构设计

主　编　周锡武　朴福顺
参　编　吴本英

北京大学出版社
PEKING UNIVERSITY PRESS

内 容 简 介

本书作为 21 世纪全国本科院校土木建筑类创新型应用人才培养规划系列教材之一，是在建筑抗震设计与高层建筑结构设计内容整合的基础上，依据我国现行规范，结合多年教学、科研及工程实践经验编著而成。

全书分为 9 章，内容包括地震与结构抗震概论，场地、地基与基础，结构地震反应分析，高层建筑发展与荷载作用，高层建筑结构设计基本规定，高层框架结构设计，高层剪力墙结构设计，高层框架-剪力墙结构设计，高层筒体结构设计简介等。本书在强调基本概念和基本理论的基础上，力求深入浅出，联系实际。为了帮助学习及执业资格考试，书中给出了学习提要、小结、相关例题及习题。

本书可作为高等院校土木工程专业的本科教材或教学参考书，也可作为注册结构工程师的考试用书和相关专业工程技术人员的参考书。

图书在版编目(CIP)数据

建筑抗震与高层结构设计/周锡武，朴福顺主编. —北京： 北京大学出版社， 2016.6
（21 世纪全国本科院校土木建筑类创新型应用人才培养规划教材）
ISBN 978 - 7 - 301 - 27088 - 2

Ⅰ. ①建… Ⅱ. ①周… ②朴… Ⅲ. ①高层建筑—结构设计—防震设计—高等学校—教材 Ⅳ. ①TU973

中国版本图书馆 CIP 数据核字(2016)第 084039 号

书 名	建筑抗震与高层结构设计
	Jianzhu Kangzhen yu Gaoceng Jiegou Sheji
著作责任者	周锡武 朴福顺 主编
责 任 编 辑	刘 翯
标 准 书 号	ISBN 978 - 7 - 301 - 27088 - 2
出 版 发 行	北京大学出版社
地 址	北京市海淀区成府路 205 号 100871
网 址	http://www.pup.cn 新浪微博:@北京大学出版社
电 子 信 箱	pup_6@163.com
电 话	邮购部 62752015 发行部 62750672 编辑部 62750667
印 刷 者	北京虎彩文化传播有限公司
经 销 者	新华书店
	787 毫米×1092 毫米 16 开本 16.75 印张 396 千字
	2016 年 6 月第 1 版 2020 年 7 月第 2 次印刷
定 价	36.00 元

前　言

我国是世界上地震灾害较为严重的国家之一，也是当今高层建筑快速发展的国家。地震作用是建筑抗震设计的主要研究内容，也是高层建筑结构设计最为关注的作用之一。基于《建筑抗震设计规范》和《高层建筑混凝土结构技术规程》，现行教材多分别从建筑抗震设计和高层建筑结构设计两个方面进行讲解，但两方面内容重叠较多。考虑高校学时分配及土木工程专业人才培养需要，结合多年的教学、科研和工程实践经验，我们吸收了国内外一些最新成果，组织编写了本教材。

本书适应大土木方向的教学内容要求，并结合了专业实际需要。书中以建筑工程相关规范为主线，紧密联系了高层建筑最新发展。

"建筑抗震与高层结构设计"是高等学校土木工程专业的主要专业课程之一。本书依据《建筑抗震设计规范》（GB 50011—2010）、《高层建筑混凝土结构技术规程》（JGJ 3—2010）、《混凝土结构设计规范》（GB 50010—2010）、《建筑结构荷载规范》（GB 50009—2012）等国家现行规范或规程进行编写，并参考了同类优秀教材等文献资料。

本书第 3、5、6 章由佛山科学技术学院周锡武编写，第 7、8、9 章由广州科技职业技术大学朴福顺编写，第 1、2、4 章由佛山科学技术学院吴本英编写。在编写过程中得到北京大学出版社的大力支持，在此深表谢意。

由于编者水平所限，书中难免有不妥和疏漏之处，敬请读者批评指正。

编　者
2016 年 3 月

目　　录

第**1**章
地震与结构抗震概论

主要讲述地震与地震动、地震活动性与地震灾害、抗震设防目标与标准等，旨在让学生熟悉和掌握地震基本知识及抗震设计基本要求。通过学习本章，应达到以下教学目标：

（1）了解地震基本知识及地震灾害；

（2）掌握地震波、震级和地震烈度的概念，深刻理解震级与烈度的区别与联系；

（3）深刻理解三水准设防目标和两阶段设计方法；

（4）掌握建筑抗震设防类别及设防标准。

知识要点	能力要求	相关知识
构造地震	（1）了解地球构造； （2）熟悉地震分类； （3）熟悉板块构造学说	（1）地球尺度及地壳、地幔与地核； （2）构造地震、火山地震、陷落地震、诱发地震及构造板块学说； （3）浅源地震、中源地震和深源地震
地震波、震级和烈度	（1）熟悉地震波分类及特性； （2）掌握地震震度量分类及相互关系； （3）掌握地震烈度分类及相互关系	（1）P波、S波、R波、L波； （2）地震震级、地震烈度； （3）基本烈度、设防烈度
地震灾害	（1）了解世界及我国地震活动性； （2）熟悉地震灾害分类	（1）环太平洋地震带、欧亚地震带； （2）我国地震分布、灾害及原因； （3）地表破坏、建筑物破坏、次生灾害
建筑抗震设防	（1）掌握抗震设防目标及实现； （2）熟悉抗震设防类别及标准	（1）小震不坏、中震可修、大震不倒； （2）建筑物抗震分类及抗震措施

引例

地震是一种对人类造成极大威胁的自然灾害。我国是世界上地震灾害最严重的国家之一，地震造成的人员伤亡居世界首位，造成的经济损失也十分巨大。在进行某个特定类型的土木结构设计之前，需要先了解：什么是地震？如何度量地震？地震有哪些危害性？建筑抗震设防目标如何设定？这是建筑抗震设计所必需的前期知识积累。

如果要在中国深圳某住宅小区内新建数栋高层住宅楼，场地Ⅱ类，地下室一层、二层为停车场及设备用房，地上 18 层为住宅楼，高度 54m。作为设计者，在进行建筑抗震设计前需掌握哪些抗震基本知识？地震对高层住宅有何影响？高层住宅设防目标及标准如何确定？高层住宅楼设计如何才能满足《建筑抗震设计规范》《高层建筑混凝土结构技术规程》等国家现行规范或规程的要求？

1.1 构 造 地 震

地震是地球内部构造运动的产物，是一种自然现象。据统计，全世界每年发生地震约 500 万次，其中绝大多数地震都很小而使人们难以感觉到。人们能感觉到的地震称为有感地震，占地震总数的 1% 左右，而能造成严重破坏的大地震，平均每年发生十几次。地震时强烈的地面运动会造成建筑物或构筑物倒塌或损坏，并可能引发火灾、水灾、山崩、滑坡及海啸等一系列灾害。

1.1.1 地球构造

地球是一个近似于球体的椭球体，平均半径约 6370km，赤道半径约 6378km，两极半径约 6357km。从物质成分和构造特征来划分，地球可分为地壳、地幔和地核三大部分，如图 1.1 所示。

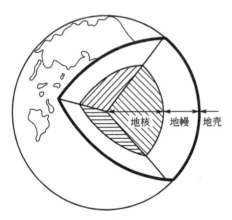

图 1.1 地球分层剖面图

1. 地壳

地壳是地球外表面的一层很薄的外壳，由各种不均匀的岩石组成。地壳厚度在全球变化很大，大陆内一般厚度 16~40km，高山地区厚度更大，如中国天山地区厚度达 70km，海洋下面厚度最小，一般为 10~15km，最薄处约 5km。

2. 地幔

地壳以下至深度约 2895km 的古登堡界面为止的部分为地幔，约占地球体积的 5/6。地幔由质地坚硬的橄榄岩等岩石组成，其中上地幔物质结构不均匀，中、下地幔部分是比较均匀的。

3. 地核

古登堡界面以下直到地心的部分为地核，地核半径约为 3500km，又可分为外核和内核。据推测，地核的物质成分主要为镍和铁。

1.1.2 地震基本知识

地震按其成因可划分为四种类型：构造地震、火山地震、陷落地震和诱发地震。

　　构造地震在建筑抗震设防中简称地震，约占四种地震发生数量的 90%，其分布最广，危害最大。

　　关于构造地震的成因研究已有近百年历史，近期较得到公认的是板块构造学说。该学说认为，地球表面的最上层是由强度较高的岩石组成，称为岩石层，其厚度为 70～100km，岩石层的下面为强度较低并带有塑性性质的软流层。地球表面的岩石层由美洲板块、非洲板块、欧亚板块、印澳板块、太平洋板块和南极洲板块等若干大板块组成，各大板块之间又可分为若干个小板块。这些板块由于其下软流层的对流运动而产生相互运动，引发应力的产生与积聚。据统计，全球约 85% 的地震发生在板块边缘及其附近。由于地应力在某一地区逐渐增加，岩石变形也不断增加，当达到一定程度时，在岩石薄弱处突然发生断裂和错动，部分应变能突然释放，其中一部分能量以波的形式在地层中传播，这就产生了地震。

　　火山地震是指由于火山爆发，岩浆猛烈冲出地面而引起的地震。火山地震的影响一般较小，不至于引发较大的灾害。

　　陷落地震是由于地表或地下岩层（如石灰岩地区较大的地下溶洞或古旧矿坑等）突然发生大规模的陷落和崩塌所引起的小范围内的地面震动。陷落地震所造成的危害一般也比较小。

　　诱发地震是由于水库蓄水或深井注水等引起的地面震动。

　　地质构造运动中，在断层形成的地方大量释放能量，产生剧烈振动，此处为地震的震源。震源正上方的地面位置为震中。震中附近地面运动最剧烈，也是破坏最严重的地区为震中区或极震区。地震各术语含义如图 1.2 所示。

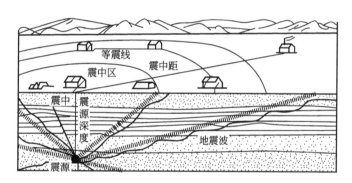

图 1.2　地震术语含义示意图

　　按震源深度 d，地震又可分为：浅源地震（$d < 60\text{km}$）、中源地震（$d = 60 \sim 300\text{km}$）和深源地震（$d > 300\text{km}$）。浅源地震距地面近，在震中区附近造成的危害最大，但所波及范围较小；深源地震波及范围较大，但由于地震释放的能量在长距离传播中大部分被耗散掉，所以对地面上建筑物的破坏程度相对较轻。世界上绝大部分地震是浅源地震，震源深度集中于 $5 \sim 20\text{km}$，一年中全世界所有地震释放能量中约 85% 来自浅源地震。

1.2 地震波、震级和烈度

1.2.1 地震波

地震发生时，震源岩石断裂错动，其能量以波的形式向各方向传播，这种波就是地震波。地震波是一种弹性波，按其传播位置不同，分为体波和面波。

1. 体波

体波是指通过地球本体内部来传播的波。根据介质质点振动方向与波传播方向不同，体波又可分为纵波（P 波）和横波（S 波），如图 1.3 所示。

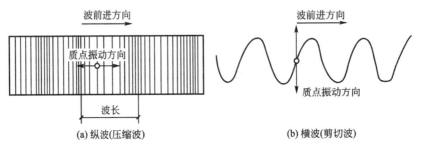

图 1.3　体波传播示意图

纵波是由震源向外传递的压缩波，质点的振动方向与波的传播方向一致。纵波在固体、液体里都能传播，其特点是周期短、振幅小。纵波在震中区主要引起地面垂直方向的振动。

横波是由震源向外传递的剪切波，质点的振动方向与波的前进方向垂直。横波只能在固体介质中传播，其特点是周期较长、振幅较大。横波在震中区主要引起地面水平方向的振动。

纵波波速 v_P 与横波波速 v_S 理论上可分别按下列公式计算：

$$v_P = \sqrt{\frac{E(1-\mu)}{\rho(1+\mu)(1-2\mu)}} \tag{1-1}$$

$$v_S = \sqrt{\frac{E}{2\rho(1+\mu)}} = \sqrt{\frac{G}{\rho}} \tag{1-2}$$

式中　　E——介质的弹性模量；

G——介质的剪切模量，$G = \dfrac{E}{2(1+\mu)}$；

ρ——介质的密度；

μ——介质的泊松比。

在地幔内，一般泊松比 $\mu = 0.25$，由上式可得：

$$v_P = \sqrt{3}\, v_S \tag{1-3}$$

因此，纵波的传播速度比横波的传播速度快。这就能很好地解释为什么在地震时，震中区的人们先是感觉到上下颠簸，然后才左右摇摆。

2. 面波

面波是指沿介质表面（或地球地面）及其附近所传播的波，一般可认为是体波经地层界面多次反射、折射所形成的次生波，它包含瑞雷波（R 波）和洛夫波（L 波）两种，如图 1.4 所示。

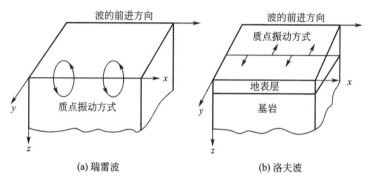

(a) 瑞雷波　　　　　　　　　　(b) 洛夫波

图 1.4　面波质点振动示意图

瑞雷波是纵波和横波在固体层中沿界面传播相互叠加的结果，瑞雷波传播时，质点在波的传播方向与地表面法向所组成的平面内做与波前进方向相反的椭圆运动，在地面上表现为滚动形式。瑞雷波具有随着距离地面深度增加其振幅急剧减小的特性，这可能是地震时地下建筑物比地上建筑物受害较轻的一个原因。

洛夫波的形成与波在自有表面的反射和波在两种不同介质界面上的反射、折射有关，传播时，质点在地表平面内产生与波前进方向相垂直的运动，在地面上表现为蛇形运动。洛夫波也随着深度而衰减。

面波周期长，振幅大，比体波衰减慢，故能传播到很远的地方。面波使地面既垂直振动又水平振动。

综上所述，地震波的传播速度以纵波最快，剪切波次之，面波最慢。所以在一般地震波记录图上，纵波最先到达，剪切波次之，面波到达最晚。然而就振幅而言，面波却最大。由于面波的能量要比体波大，所以造成建筑物和地表破坏的主要以面波为主。大量震害调查表明，一般建筑物的震害主要由水平振动引起，因此，由体波和面波共同造成的水平地震作用通常是最主要的地震作用。

1.2.2　地震震级

地震震级是表示地震本身强度或大小的一种度量指标，用符号 M 表示。

目前国际上比较通用的是里氏震级，最早是由美国学者里克特（C. F. Richter）于 1935 年提出的，其采用标准地震仪（周期为 0.8s、阻尼系数为 0.8、放大倍数为 2800 的地震仪）在距离震中 100km 处记录以 μm（$1\mu m=10^{-6}m$）为单位的最大水平地面位移（振幅）A，并以 A 的常用对数值来表示震级的大小，即

$$M=\lg A \tag{1-4}$$

式中 A——地震记录图上得到的最大振幅。

对于震中距不是 100km 的地震台和采用非标准地震仪时，需按修正后的震级计算公式确定震级。

震级与地震释放的能量有下述关系：

$$\lg E=1.5M+11.8 \qquad (1-5)$$

式中 E——地震释放的能量。

根据上述关系，震级每增加一级，地面振幅增加约 10 倍，而能量增加约 32 倍。一次 6 级地震所释放出的能量，相当于一个 2 万吨级的原子弹所释放的能量。

一般来说，$M<2$ 为微震，$M=2\sim4$ 为有感地震，$M\geqslant5$ 为破坏地震，$M\geqslant7$ 为强烈地震，$M\geqslant8$ 为特大地震。

1.2.3 地震烈度

地震烈度是指某一地区的地面和各类建筑物遭受一次地震影响的强弱程度，是衡量地震引起后果的一种度量。对于一次地震来说，震级只有一个，但相应这次地震的不同地区则有不同的地震烈度。一般来说，震中区地震影响最大，烈度最高；距震中越远，地震影响越小，烈度越低。

为了评定地震烈度，就需要建立一个标准，这个标准就称为地震烈度表。它是以描述震害宏观现象为主的，即根据人的感觉、器物的反应、建筑物破损程度和地貌变化特征等宏观现象来综合判定划分。表 1-1 为 2008 年颁发的中国地震烈度表。

表 1-1 中国地震烈度表（GB/T 17742—2008）

地震烈度	人的感觉	房屋震害			其他震害现象	水平向地震动参数	
		类型	震害程度	平均震害指数		峰值加速度 /(m/s²)	峰值速度 /(m/s)
I	无感	—	—	—	—	—	—
II	室内个别静止中的人有感觉	—	—	—	—	—	—
III	室内少数静止中的人有感觉	—	门、窗轻微作响	—	悬挂物微动	—	—
IV	室内多数人、室外少数人有感觉，少数人梦中惊醒	—	门、窗作响	—	悬挂物明显摆动，器皿作响	—	—
V	室内绝大多数、室外多数人有感觉，多数人梦中惊醒	—	门窗、屋顶、屋架颤动作响，灰土掉落，个别房屋墙体抹灰出现细微裂缝，个别屋顶烟囱掉砖	—	悬挂物大幅度晃动，不稳定器物摇动或翻倒	0.31 (0.22～0.44)	0.03 (0.02～0.04)

（续）

地震烈度	人的感觉	房屋震害			其他震害现象	水平向地震动参数	
		类型	震害程度	平均震害指数		峰值加速度/(m/s²)	峰值速度/(m/s)
Ⅵ	多数人站立不稳，少数人惊逃户外	A	少数中等破坏，多数轻微破坏和/或基本完好	0.00～0.11	家具和物品移动；河岸和松软土出现裂缝，饱和砂层出现喷砂冒水；个别独立砖烟囱轻度裂缝	0.63(0.45～0.89)	0.06(0.05～0.09)
		B	个别中等破坏，少数轻微破坏，多数基本完好				
		C	个别轻微破坏，大多数基本完好	0.00～0.08			
Ⅶ	大多数人惊逃户外，骑自行车的人有感觉，行驶中的汽车驾乘人员有感觉	A	少数毁坏和/或严重破坏，多数中等和/或轻微破坏	0.09～0.31	物体从架子上掉落；河岸出现塌方，饱和砂层常见喷水冒砂，松软土地上地裂缝较多；大多数独立砖烟囱中等破坏	1.25(0.90～1.77)	0.13(0.10～0.18)
		B	少数中等破坏，多数轻微破坏和/或基本完好				
		C	少数中等和/或轻微破坏，多数基本完好	0.07～0.22			
Ⅷ	多数人摇晃颠簸，行走困难	A	少数毁坏，多数严重和/或中等破坏	0.29～0.51	干硬土上出现裂缝，饱和砂层绝大多数喷砂冒水；大多数独立砖烟囱严重破坏	2.50(1.78～3.53)	0.25(0.19～0.35)
		B	个别毁坏，少数严重破坏，多数中等和/或轻微破坏				
		C	少数严重和/或中等破坏，多数轻微破坏	0.20～0.40			
Ⅸ	行动的人摔跤	A	多数严重破坏或/和毁坏	0.49～0.71	干硬土上多处出现裂缝，可见基岩裂缝、错动，滑坡、坍方常见；独立砖烟囱多数倒塌	5.00(3.54～7.07)	0.50(0.36～0.71)
		B	少数毁坏，多数严重和/或中等破坏				
		C	少数毁坏和/或严重破坏，多数中等和/或轻微破坏	0.38～0.60			

（续）

地震烈度	人的感觉	房屋震害			其他震害现象	水平向地震动参数	
		类型	震害程度	平均震害指数		峰值加速度 /(m/s²)	峰值速度 /(m/s)
Ⅹ	骑自行车的人会摔倒，处于不稳状态的人会摔离原地，有抛起感	A	绝大多数毁坏	0.69～0.91	山崩和地震断裂出现，基岩上拱桥破坏；大多数独立砖烟囱从根部破坏或倒毁	10.00 (7.08～14.14)	1.00 (0.72～1.41)
		B	大多数毁坏				
		C	多数毁坏和/或严重破坏	0.58～0.80			
Ⅺ	—	A	绝大多数毁坏	0.89～1.00	地震断裂延续很大，大量山崩滑坡	—	—
		B					
		C		0.78～1.00			
Ⅻ	—	A	几乎全部毁坏	1.00	地面剧烈变化，山河改观	—	—
		B					
		C					

关于各种烈度划分说明如下：

（1）表中给出的"峰值加速度"和"峰值速度"是参考值，括号内给出的是变动范围。

（2）表中数量词中，"个别"为10%以下，"少数"为10%～50%，"多数"为50%～70%，"大多数"为60%～90%，"绝大多数"为80%以上。

（3）评定地震烈度时，Ⅰ～Ⅴ度应以地面上以及底层房屋中的人的感觉和其他震害现象为主；Ⅵ～Ⅹ度应以房屋震害为主，参照其他震害现象，当用房屋震害程度与平均震害指数评定结果不同时，应以震害程度评定结果为主，并综合考虑不同类型房屋的平均震害指数；Ⅺ、Ⅻ度应综合房屋震害和地表震害现象。

（4）"基本完好"指承重和非承重构件完好，或个别非承重构件轻度损坏，不加修理可继续使用，震害指数0～0.10；"轻微破坏"指个别承重构件出现可见裂缝，非承重构件有明显裂缝，不需要修理或稍加修理即可继续使用，震害指数0.10～0.30；"中等破坏"指多数承重构件出现轻微裂缝，部分有明显裂缝，个别非承重构件破坏严重，需要一般修理后可使用，震害指数0.30～0.55；"严重破坏"指多数承重构件破坏较严重，非承重构件局部倒塌，房屋修复困难，震害指数0.55～0.85；"毁坏"指多数承重构件严重破坏，房屋结构濒于崩溃或已倒毁，已无修复可能，震害指数0.85～1.00。

对于中浅源地震，震中烈度与震级的大致对照关系见表1-2所列。

表1-2 地震震级与震中烈度大致关系

地震震级（M）	2	3	4	5	6	7	8	8以上
震中烈度（I₀）	Ⅰ～Ⅱ	Ⅲ	Ⅳ～Ⅴ	Ⅵ～Ⅶ	Ⅶ～Ⅷ	Ⅸ～Ⅹ	Ⅺ	Ⅻ

1.2.4 基本烈度与设防烈度

基本烈度是指该地区在今后 50 年期限内，在一般场地条件下可能遭遇超越概率为 10％的地震烈度。

设防烈度是按国家规定的权限批准作为一个地区抗震设防依据的地震烈度。我国《建筑抗震设计规范》（GB 50011—2010）（以下简称《抗震规范》）规定，一般情况下，抗震设防烈度可采用《中国地震动参数区划图》的地震基本烈度，或与《抗震规范》中设计基本地震加速度对应的烈度值。抗震设防烈度与设计基本地震加速度之间的对应关系见表 1-3 所列。设计基本地震加速度为 0.15g 和 0.30g 地区内的建筑，除《抗震规范》另有规定外，应分别按抗震设防烈度 7 度和 8 度的要求进行抗震设计。

表 1-3 抗震设防烈度和设计基本地震加速度值的对应关系

抗震设防烈度	6	7	8	9
设计基本地震加速度值	$0.05g$	$0.10(0.15)g$	$0.20(0.30)g$	$0.40g$

注：g 为重力加速度。

我国部分主要城镇抗震设防烈度、设计基本地震加速度和设计地震分组见《抗震规范》附录 A。

1.3 地震活动性及震害

1.3.1 地震活动性

1. 世界地震活动

根据地震的板块构造学说，世界上绝大多数地震发生在板块的边缘地区。图 1.5 给出了根据历史资料统计绘出的世界地震震中分布图，由图可看出，地球上主要有以下两个地震带。

1）环太平洋地震带

该地震带从南美洲西部海岸起，经北美洲西部海岸、阿拉斯加、千岛群岛、日本列岛，再经中国台湾地区、菲律宾、印度尼西亚、新几内亚，直到新西兰。全球约有 80％的浅源地震和 90％的中、深源地震都集中发生在这一带。

2）欧亚地震带

该地震带西起大西洋的亚速岛，经意大利、土耳其、伊朗、印度北部，再经中国西部和西南部，过缅甸至印度尼西亚与环太平洋地震带相衔接。

除这两条主要地震带以外，还存在沿北冰洋、大西洋和印度洋中主要山脉的狭窄浅震活动带、地震相对活跃的断裂谷（如东非洲和夏威夷群岛等）。

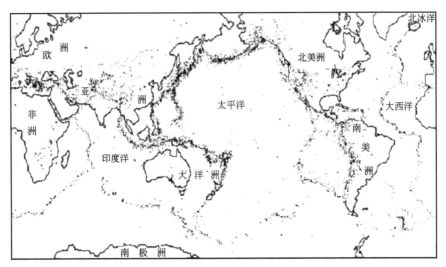

图 1.5　世界地震震中分布图

2. 我国地震活动

我国东濒环太平洋地震带，西部和西南部是欧亚地震带，是世界上多地震国家之一。1914—2014 年间，我国共发生 5 级以上地震 3888 起，其中 35.9% 发生在台湾地区，36.6% 发生在西藏、新疆和云南，而北京、上海、湖南、浙江、香港、澳门未发生超过 5 级地震；7 级以上地震共发生 126 起，其中 34.1% 发生在台湾地区，大陆地区共计 14 个省市区发生过 7 级地震，新疆、云南、西藏、四川次数排列靠前，死亡人数超过万人的包括 2008 年四川汶川 8 级地震、1976 年河北唐山 7.8 级地震、1970 年云南通海 7.8 级地震、1927 年甘肃古浪县 7.6 级地震、1920 年宁夏海原县 8.5 级地震等。

中国台湾大地震最多，新疆、西藏次之，西南、西北、华北和东南沿海地区也是破坏性地震较多的地区。中国是世界上地震灾害最严重的一个国家，地震造成的人员伤亡居世界首位，造成的经济损失也十分巨大。究其原因，主要有以下几点。

(1) 地震活动分布范围广，难以预报和集中防御。按现行的烈度区划图，地震基本烈度 6 度及其以上的地震面积约占全国面积的 79%。

(2) 地震的震源浅、强度大。我国大部分地震发生在大陆地区，这些地震绝大多数是震源深度为 10~30km 的浅源地震，对地面建筑物的破坏性大。

(3) 位于地震区的大中城市多，建筑物抗震能力低。城市人口和设施集中，多数旧有建筑未进行抗震设防，地震灾害严重。

(4) 强震的重现周期长。我国强震的重现周期大多为百年至数百年，地震活动范围和地震烈度很难预测。

1.3.2　地震灾害

地震灾害主要表现在三个方面：地表破坏、建筑物破坏以及各种次生灾害。

1. 地表破坏

地震引起的地表破坏一般有地裂缝、地陷、喷水冒砂、滑坡塌方等。

（1）地震引起的地裂缝一般有两种：一种是地震时地壳深部断层错动延伸至地面的裂缝；另一种是地震时在道路、古河道、河堤、岸边、陡坡等土质松软潮湿处，由于土质软硬不匀及微地貌重力影响形成的裂缝(图1.6)，其形状大小不一，规模较构造地裂缝小。

（2）地陷多发生在松软而压缩性高的土层，如大面积回填土、孔隙比大的黏性土和非黏性土中。此外，在岩溶洞和采空(采掘的地下坑道)地区也可能发生地陷。

（3）喷水冒砂多发生在地下水位较高、砂层埋藏较浅的平原及沿海地区，地震的强烈振动使地下水压力急剧增高，地下水夹带着砂土颗粒，经地裂缝或其他通道喷出地面(图1.7)。

图1.6 地裂缝

图1.7 地面喷水冒砂

（4）滑坡塌方常发生陡峻的山区。在强烈地震作用下，常引起河岸、陡坡滑坡，在山地常出现山石崩裂、塌方等现象。

2. 建筑物破坏

在强烈地震作用下，建筑物破坏按其形态和直接原因，可分为以下几类。

（1）结构丧失整体性而破坏。在强烈地震作用下，由于构件连接不牢、节点破坏、支撑系统失效等，都会使结构丧失整体性而造成破坏。图1.8所示为某厂房在地震中由于结构构件连接不牢，造成屋盖塌落。

（2）承重结构承载力不足而引起破坏。在强烈地震时，不仅使结构构件内力增大很多，而且其受力性质往往也发生改变，致使结构承载力不足。图1.9所示为某房屋因承重构件强度不够在地震中发生破坏的情形。

图1.8 结构丧失整体性

图1.9 构件承载力不足而破坏

11

（3）地基失效而引起破坏。强烈地震时，一些建筑物上部结构基本无损坏，但由于地基承载能力的下降或地基土液化，造成建筑物倾斜、倒塌而破坏。

3. 次生灾害

地震的次生灾害是指由地震间接产生的灾害，如地震诱发的火灾、水灾、有毒物质污染、海啸、泥石流等。次生灾害造成的损失有时比地震直接产生的灾害造成的损失还要大，尤其是在大城市、大工业区。例如，1923 年日本东京大地震，诱发了火灾，震倒房屋 13 万幢，而烧毁的房屋达 45 万幢；死亡人数十万余人，其中房屋倒塌压死者不过数千人，其余都是在火灾中丧生的。1970 年秘鲁大地震，瓦斯卡兰山北峰泥石流从 3750m 高度泻下，流速达 320km/h，摧毁、淹没了村镇、建筑，使地形改观，死亡达 25 000 人。2005 年印度尼西亚苏门答腊岛附近海域发生 8.7 级强烈地震，引起高达 10m 的海啸，向附近的东南亚国家沿海地区呼啸而去；据报道，本次地震及海啸导致印度、斯里兰卡等七个国家近 30 万人遇难。2011 年 3 月 11 日 13 时 46 分，日本东北部海域发生 9.0 级地震，此次地震带来的最大危害就是造成海啸和引发核泄漏，海啸的巨浪最高达 10m，对近千公里日本海岸线特别是沿岸平原地区产生毁灭性的破坏（图 1.10），截至当地时间 20 时，大地震及其引发的海啸已造成 2414 人死亡，3118 人失踪；3 月 12 日，当地第一核电站反应堆芯的燃料开始熔化，放射性物质出现泄漏，当天下午，第一核电站发生两次爆炸，如图 1.11 所示。

图 1.10　地震引发海啸

图 1.11　地震引发核电站爆炸

1.4　建筑抗震设防

1.4.1　抗震设防目标及实现

工程抗震设防的目的是在一定的经济条件下，最大限度地限制和减轻建筑物的地震破坏，避免人员伤亡，减少经济损失。为了实现这一目的，我国《抗震规范》明确提出了三个水准的抗震设防目标，即"小震不坏，中震可修，大震不倒"，具体要求如下。

第一水准：当遭受低于本地区设防烈度的多遇地震影响时，建筑物一般不受损坏或不需修理仍可继续使用。

第二水准：当遭受相当于本地区设防烈度的地震影响时，建筑物可能损坏，但经一般修理或不需修理仍可继续使用。

第三水准：当遭受高于本地区设防烈度预估的罕遇地震影响时，建筑物不致倒塌或不发生危及生命的严重破坏。

基于上述抗震设防目标，建筑物在使用期间对不同强度的地震应具有不同的抵抗能力，这可用三个地震烈度水准来衡量，即多遇烈度、基本烈度和罕遇烈度，三种烈度关系如图1.12所示。根据分析，当设计基准期取为50年时，概率密度曲线的峰值烈度（众值烈度）所对应的超越概率为63.2%，将这一水准烈度定义为小震烈度，又称多遇烈度；我国地震区划图所规定的各地区的基本烈度，可取为中震对应的烈度，它在50年内的超越概率为10%，一般将此烈度定为抗震设防烈度；大震是罕遇的地震，它所对应的地震烈度在50年内超越概率为2%～3%，这个水准烈度称为罕遇烈度。

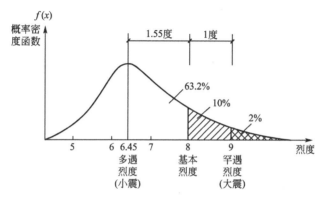

图1.12 三种烈度关系示意图

《抗震规范》提出两阶段设计方法，以实现三个烈度水准设防要求。

第一阶段设计主要保证第一水准的"小震不坏"。第一水准要求建筑结构满足多遇地震作用下的承载力极限状态验算要求及建筑的弹性变形不超过规定的弹性变形限值。结构在弹性工作阶段，可按线弹性理论进行分析，用弹性反应谱求解地震作用，按强度要求进行截面设计。

第二阶段设计主要保证第三水准的"大震不倒"。第三水准要求建筑具有足够的变形能力，其弹塑性变形不超过规定的弹塑性变形限值。对于脆性结构，主要从抗震措施上来考虑加强；对于延性结构，特别是地震时易倒塌的结构，要进行弹塑性变形验算，使之不超过容许的变形限值。

第二水准"中震可修"要求建筑结构具有相当的延性能力（变形能力），不发生不可修复的脆性破坏。本水准的设防要求主要通过概念设计和构造措施来实现。

1.4.2 建筑抗震设防类别及标准

1. 抗震设防类别

我国《抗震规范》将建筑物按其用途的重要性分为四类：

甲类建筑物——重大建筑工程和遭遇地震破坏时可能发生严重次生灾害的建筑；

乙类建筑物——地震时使用功能不能中断或需要尽快恢复的建筑，如城市生命线工程建筑(供水、供电、交通、消防、医疗、通信等系统的核心建筑)和地震时救灾需要的建筑；

丙类建筑物——除甲、乙、丁类以外的一般建筑，如一般的工业与民用建筑、公共建筑等；

丁类建筑物——抗震次要建筑，如一般的仓库、人员较少的辅助建筑物等。

2. 抗震设防标准

对于不同的抗震设防类别，在进行建筑抗震设计时，应采用不同的抗震设防标准。国家规范分别从地震作用计算和抗震措施两个方面对四类设防类别的设防标准进行了规定，见表1-4所列。

表1-4　建筑的抗震设防标准

设防类别	地震作用计算	抗震措施
甲类	应高于本地区抗震设防烈度的要求，其值应按批准的地震安全性评价结果确定	当抗震设防烈度为6~8度时，应符合本地区抗震设防烈度提高一度的要求；当为9度时，应符合比9度抗震设防更高的要求
乙类	应符合本地区抗震设防烈度的要求(6度时可不进行计算)	当抗震设防烈度为6~8度时，一般情况下，应符合本地区抗震设防烈度提高一度的要求；当为9度时，应符合比9度抗震设防更高的要求
丙类	应符合本地区抗震设防烈度的要求(6度时可不进行计算)	应符合本地区抗震设防烈度的要求
丁类	一般情况下，应符合本地区抗震设防烈度的要求(6度时可不进行计算)	允许比本地区抗震设防烈度的要求适当降低，但抗震设防烈度为6度时不应降低

本 章 小 结

1. 地震按其成因分为构造地震、火山地震、陷落地震和诱发地震四种类型，其中构造地震分布最广，危害最大，是本课程重点研究对象。此外，按震源深度不同，地震还可分为浅源地震、中源地震和深源地震。

2. 地震波可分为体波(纵波和横波)和面波(瑞雷波和洛夫波)。纵波特点是周期短、振幅小，主要引起地面垂直方向的振动；横波特点是周期较长、振幅较大，主要引起地面水平方向的振动；面波周期长，振幅大，比体波衰减慢，故能传播到很远的地方，其使地面既垂直振动又水平振动。

3. 震级是表示地震本身强度或大小的一种度量指标。烈度是指某一地区的地面和各类建筑物遭受一次地震影响的强弱程度，是衡量地震引起后果的一种度量。对于一次地震来说，震级只有一个，但相应这次地震的不同地区则有不同的地震烈度。

4. 地震灾害主要表现在三个方面，即地表破坏、建筑物破坏以及各种次生灾害。

5. 我国《抗震规范》明确提出了三个水准（多遇烈度、基本烈度和罕遇烈度）的抗震设防目标，即"小震不坏，中震可修，大震不倒"。《抗震规范》同时提出两阶段设计方法，以实现三个烈度水准设防要求。

6. 我国《抗震规范》将建筑物按其用途的重要性分为甲、乙、丙、丁四类建筑。

习　　题

【选择题】

1-1　纵波、横波和面波（L波）之间的波速关系为（　　）。

A. $v_P > v_S > v_L$　　　B. $v_S > v_P > v_L$　　　C. $v_L > v_P > v_S$　　　D. $v_P > v_L > v_S$

1-2　某地区设防烈度为7度，乙类建筑抗震设计应按下列何种要求进行？（　　）

A. 地震作用和抗震措施均按8度考虑

B. 地震作用和抗震措施均按7度考虑

C. 地震作用按8度考虑，抗震措施按7度考虑

D. 地震作用按7度考虑，抗震措施按8度考虑

1-3　实际地震烈度与下列何种因素有关？（　　）

A. 建筑物类型　　　B. 离震中的距离　　C. 行政区划　　　D. 城市大小

1-4　按照抗震设防类别的划分，医疗工程属于（　　）。

A. 甲类建筑　　　B. 乙类建筑　　　C. 丙类建筑　　　D. 丁类建筑

1-5　地震发生时第一个地震波的发源点称为（　　）。

A. 震中　　　　B. 发震区　　　C. 震中区　　　D. 震源

1-6　地震的震源和震中的关系是（　　）。

A. 震源和震中是同一概念　　　　B. 震源是震中在地球表面上的竖直投影点

C. 震中是震源临近的地区　　　　D. 震中是震源在地球表面上的竖直投影点

1-7　按《抗震规范》设计的建筑，当遭受本地区设防烈度的地震影响时，建筑物应处于下列何种状态？（　　）

A. 一般不受损坏或不需修理仍可继续使用

B. 不受损坏

C. 可能损坏，经一般修理仍可继续使用

D. 严重损坏，需大修

1-8　"小震不坏，中震可修，大震不倒"是建筑抗震设计三水准的设防要求。所谓小震，下列何种叙述为正确？（　　）

A. 6度或7度的地震

B. 50年设计基准期内，超越概率大于10％的地震

C. 50年设计基准期内，超越概率约为63％的地震

D. 6度以下的地震

1-9　地震烈度主要根据下列哪些指标来评定？（　　）

A. 地震震源释放出的能量的大小

B. 地震时地面运动速度和加速度的大小

C. 地震时大多数房屋的震害程度、人的感觉以及其他现象

D. 地震时震级大小、震源深度、震中距、该地区的土质条件和地形地貌

1-10 按照我国现行抗震设计规范的规定，位于（　　）地区内的建筑物应考虑抗震设防。

A. 抗震设防烈度为 5～9 度　　　　　　B. 抗震设防烈度为 5～8 度

C. 抗震设防烈度为 5～10 度　　　　　 D. 抗震设防烈度为 6～9 度

【简答题】

1-11 地震按其成因分为哪几种类型？按其震源的深浅又分为哪几种类型？

1-12 什么是地震波？地震波包含了哪几种波？

1-13 什么是地震震级？什么是地震烈度和抗震设防烈度？

1-14 什么是三水准设防目标和两阶段设计方法？

1-15 常见的地震震害包括哪几类？主要与哪些因素有关？

第2章
场地、地基与基础

教学目标

主要讲述建筑场地划分、天然地基基础及桩基的抗震验算、场地土的液化等内容,旨在让学生熟悉和掌握减轻建筑物地震灾害时涉及场地、地基和基础等方面的基本知识。通过本章学习,应达到以下教学目标:

(1) 能够根据钻孔地质资料确定场地类别;

(2) 掌握天然地基抗震验算方法;

(3) 具备地基土液化判别及处理能力;

(4) 了解桩基抗震验算方法。

教学要求

知识要点	能力要求	相关知识
建筑场地	(1) 能够独立对场地类别进行划分; (2) 理解卓越周期概念	(1) 剪切波速、等效剪切波速,土的类型划分; (2) 场地覆盖层厚度,场地 I～IV 四种类别划分; (3) 卓越周期的影响因素,场地卓越周期与建筑物自振周期相互关系
天然地基基础抗震验算	(1) 了解天然地基基础抗震验算的一般规定; (2) 能够对天然地基抗震承载力进行验算	(1) 天然地基及基础抗震验算的建筑划分; (2) 地基抗震承载力计算方法; (3) 抗震承载力验算方法
场地土的液化	(1) 了解地基土液化概念; (2) 熟悉液化的判别方法; (3) 掌握地基抗液化措施	(1) 地基土液化成因及危害; (2) 初步判别、标准贯入试验判别,液化指数、液化等级; (3) 全部及部分消除地基液化沉陷,基础和上部结构处理
桩基的抗震验算	(1) 了解桩基抗震验算一般规定; (2) 掌握桩基抗震验算方法	(1) 可不进行桩基抗震验算的建筑; (2) 非液化土中桩基、存在液化土层的桩基

引例

国内外大量震害表明，不同场地上的建筑震害有很明显的差异，研究场地条件对建筑震害的影响是建筑抗震设计中十分重要的问题。进行建筑抗震设计前，应先了解建筑场地类别，掌握天然地基及基础承载力验算的一般原则，了解地基土液化的原因及危害，了解地基抗液化措施及桩基抗震设计的基本方法等，以便采取合理的设计参数和构造措施。

如果要在中国深圳某住宅小区内新建数栋高层住宅楼，地下室一层、二层为停车场及设备用房，地上18层为住宅楼，高度54m。作为设计者，首先应依据等效剪切波速及建筑场地覆盖层厚度确定建筑场地类别是几类，应选择什么类型的基础结构，明确地基及基础承载力验算如何进行；当建筑物的地基有饱和砂土或饱和粉土时，还需经勘察试验预测其在未来地震时是否会出现液化，以及是否需要采取相应的抗液化措施。

2.1 建筑场地

建筑场地是指工程群体所在地，具有相似的反应谱特征，其范围相当于厂区、居民小区和自然村或不小于$1.0km^2$的平面面积。

国内外大量震害表明，不同场地上的建筑震害差异是十分明显的。因此，研究场地条件对建筑震害的主要影响是建筑抗震设计中十分重要的问题。一般认为，场地条件对建筑震害的主要影响因素是：场地土的刚度大小（即坚硬或密实程度）和场地覆盖层厚度。震害经验表明，土质越软，覆盖层越厚，建筑物震害越严重，反之越轻。

2.1.1 场地土类型

场地土是指场地范围内的地基土。

震害调查表明，相对于坚硬地基，软弱地基地面的自振周期长、振幅大，振动持续时间长，震害较重。不仅表现在软弱地基在振动过程中较易产生不稳定状态及不均匀沉陷，有时还发生液化、滑动、开裂等现象，而且也表现在其改变建筑物的动力特性上。

震害调查还表明：在软弱地基上，柔性结构易发生破坏；在坚硬地基上，刚性结构易发生破坏。就地面建筑物总体破坏来讲，软弱地基上的破坏要比坚硬地基上的严重。

综上所述可知，场地土对建筑物震害的影响，主要与场地土的坚硬程度和土层的组成有关。场地土的坚硬程度一般用土的剪切波速表征，依据等效剪切波速或参照一般土性描述将场地土划分为四类，见表2-1所列。

表 2-1 土的类型划分和剪切波速范围

土的类型	岩土名称和性状	土层剪切波速范围/(m/s)
岩石	坚硬、较硬且完整的岩石	$v_s > 800$
坚硬土或软质岩石	破碎和较破碎的岩石或软和较软的岩石，密实的碎石土	$800 \geqslant v_s > 500$

（续）

土的类型	岩土名称和性状	土层剪切波速范围/(m/s)
中硬土	中密、稍密的碎石土，密实、中密的砾、粗、中砂，$f_{ak}>150$ 的黏性土和粉土，坚硬黄土	$500 \geqslant v_s > 250$
中软土	稍密的砾、粗、中砂，除松散外的细、粉砂，$f_{ak} \leqslant 150$ 的黏性土和粉土，$f_{ak}>130$ 的填土，可塑新黄土	$250 \geqslant v_s > 150$
软弱土	淤泥和淤泥质土，松散的砂，新近沉积的黏性土和粉土，$f_{ak} \leqslant 130$ 的填土，流塑黄土	$v_s \leqslant 150$

注：f_{ak} 为由载荷试验等方法得到的地基承载力特征值（kPa）。

土层等效剪切波速 v_{se} 反映了各土层的综合刚度，v_{se} 按下式确定：

$$v_{se} = \frac{d_0}{t} \qquad (2-1)$$

$$t = \sum_{i=1}^{n} \frac{d_i}{v_{si}} \qquad (2-2)$$

式中　v_{se}——土层等效剪切波速（m/s）；

　　　d_0——计算深度（m），取覆盖层厚度和 20m 两者的较小值；

　　　t——剪切波在地表与计算深度之间传播的时间（s）；

　　　d_i——计算深度范围内第 i 土层的厚度（m）；

　　　n——计算深度范围内土层的分层数；

　　　v_{si}——计算深度范围内第 i 土层的剪切波速（m/s）。

对于丁类建筑及丙类建筑中层数不超过 10 层、高度不超过 24m 的多层建筑，当无实测剪切波速时，可根据岩土名称和性状，按表 2-1 划分土的类型，再利用当地经验估算各土层的剪切波速，最后按式（2-1）确定场地计算深度范围内土层等效剪切波速。

2.1.2　场地覆盖层厚度

场地覆盖层厚度，原意是指从地表到地下基岩面的垂直距离，也就是基岩土的埋深。依据《抗震规范》，建筑场地覆盖层厚度应按下列要求确定：

一般情况下，按地面至剪切波速大于 500m/s 且其下卧各层岩土的剪切波速均不小于 500m/s 的土层顶面的距离确定；

对于地面 5m 以下存在剪切波速大于其相邻上层土剪切波速 2.5 倍的土层，且该层及其下卧各层岩土的剪切波速均不小于 400m/s 时，可按地面至该土层顶面的距离确定；

剪切波速大于 500m/s 的孤石、透镜体，应视同周围土层。

研究表明，场地覆盖层厚度的大小直接影响地面反应谱的周期及强度。当基岩土埋深小时，薄土层对短周期分量有明显放大作用；相反，当基岩土埋深大时，厚土层则能使地面运动中长周期分量有所加强，即厚土层的反应谱主周期偏长。一般来讲，震害随覆盖层厚度的增加而加重。

2.1.3 场地类别

《抗震规范》按照土层等效剪切波速和场地覆盖层厚度，将建筑场地划分为 I ～ IV 四种类别，见表 2 - 2 所列。

表 2 - 2 各类建筑场地的覆盖层厚度   单位：m

等效剪切波速 /(m/s)	场地类别				
	I₀	I₁	II	III	IV
$v_{se} > 800$	0				
$800 \geqslant v_{se} > 500$		0			
$500 \geqslant v_{se} > 250$		<5	≥5		
$250 \geqslant v_{se} > 150$		<3	3～50	>50	
$v_{se} \leqslant 150$		<3	3～15	15～80	>80

【例 2 - 1】 某建筑场地的地质钻探资料见表 2 - 3 所列，试确定该建筑场地的类别。

表 2 - 3 某建筑场地的地质钻探资料

土层底部深度/m	土层厚度 d_i/m	岩土名称	土层剪切波速 v_s/(m/s)
2.50	2.50	杂填土	180
5.50	3.00	粉土	290
7.10	1.60	中砂	360
14.30	7.20	碎石土	540

【解】

(1) 确定覆盖层厚度。

由表 2 - 3 可知，7.1m 以下土层剪切波速 $v_s = 540\text{m/s} > 500\text{m/s}$，又因 7.1m < 20m，故取场地覆盖层厚度 $d_0 = 7.1\text{m}$。

(2) 确定场地类别。

剪切波从地面到 14.3m 深度处的传播时间为

$$t = \sum_{i=1}^{n} \frac{d_i}{v_{si}} = \frac{2.5}{180} + \frac{3.0}{290} + \frac{1.6}{360} = 0.029(\text{s})$$

等效剪切波速为

$$v_{se} = \frac{d_0}{t} = \frac{7.1}{0.029} = 244.8(\text{m/s})$$

查表 2 - 2，等效剪切波速在 150～250m/s 之间，且场地覆盖层厚度在 3～50m 之间，因此该场地的类别为 II 类。

【例 2 - 2】 表 2 - 4 为某 8 层、高度为 24m 的丙类建筑的场地地质钻探资料(无剪切波速数据)，试确定该场地的类别。

表2-4 某场地地质钻探资料

土层底部深度/m	土层厚度/m	岩土名称	地基土静承载力特征值/kPa
2.40	2.40	杂填土	130
10.00	7.60	粉质黏土	140
15.00	5.00	黏土	145
30.50	15.5	中密的细砂	180
33.50	3.00	基岩	730

【解】

(1) 确定覆盖层厚度。

由表2-4可知，该场地覆盖层厚度为30.50m＞20m，故取场地覆盖层厚度 $d_0 = 20\text{m}$。

(2) 确定场地类别。

本例在计算深度范围内有四层土。根据杂填土静承载力特征值 $f_{ak} = 130\text{kPa}$，由表2-1取其剪切波速为 $v_s = 150\text{m/s}$；表中粉质黏土、黏土和中密细砂的剪切波速范围均在 $250 \sim 150$ 之间，现取其平均值 $v_s = 200\text{m/s}$。

剪切波从地面到20m深度处的传播时间为

$$t = \sum_{i=1}^{n} \frac{d_i}{v_{si}} = \frac{2.4}{150} + \frac{7.6}{200} + \frac{5.0}{200} + \frac{5.0}{200} = 0.104(\text{s})$$

等效剪切波速为

$$v_{se} = \frac{d_0}{t} = \frac{20}{0.104} = 192.3(\text{m/s})$$

查表2-2，等效剪切波速在 $150 \sim 250\text{m/s}$ 之间，且场地覆盖层厚度在 $3 \sim 50\text{m}$ 之间，因此该场地的类别为Ⅱ类。

2.1.4 场地的卓越周期

地震引起的地面运动是一种复杂的随机振动，为进一步掌握场地特性，可将地面振动的时程信号通过频谱分析转换为频谱信号，并将地表振动的频度—周期关系曲线上频度最大值对应的周期称为场地的卓越周期。一般来说，卓越周期的长短随场地土类型、地质构造、震级、震源深度、震中距等多种因素而变化，主要反映了场地特性。

场地的卓越周期或固有周期 T 可根据剪切波重复反射理论按下式计算：

$$T = \frac{4d_0}{v_{se}} \tag{2-3}$$

式中各符号的含义同式(2-2)。

卓越周期是场地的重要动力特性之一。震害调查表明，凡建筑物的自振周期与场地的卓越周期相等或接近时，建筑物的震害都有加重的趋势，这是由于建筑物发生共振现象所致。因此，在建筑抗震设计中，应使建筑物的自振周期避开场地的卓越周期，以避免发生共振现象。

2.2 天然地基基础抗震验算

2.2.1 一般规定

大量震害调查表明，在天然地基上只有少数房屋是因地基原因而导致上部结构破坏，这类地基大多数是液化地基、易产生震陷的软土地基或不均匀地基。大量的一般性地基具有较好的抗震性能，极少发现因地基承载力不够而导致震害。虽然由于地基原因造成的建筑震害仅占建筑破坏的一小部分，但砂土液化、软土震陷和不均匀地基沉降等给上部结构带来的破坏仍然不能忽视。因为地基一旦发生破坏，震后的修复加固就非常困难，有时甚至是不可能的，所以应对地基的震害现象深入分析，并在设计中采取相应的抗震措施。

《抗震规范》规定，下述建筑可不进行天然地基及基础的抗震承载力验算。

（1）《抗震规范》规定可不进行上部结构抗震验算的建筑。

（2）地基主要受力层范围内不存在软弱黏性土层的下列建筑：①一般单层厂房和单层空旷房屋；②砌体房屋；③不超过8层且高度在24m以下的一般民用框架和框架-抗震墙房屋；④基础荷载与③项相当的多层框架厂房和多层混凝土抗震墙房屋。

软弱黏性土层是指设防烈度为7度、8度和9度时，地基承载力特征值分别小于80kPa、100kPa和120kPa的土层。

2.2.2 天然地基抗震承载力

要确定地基土抗震承载力，就要研究动力荷载作用下土的强度。国内外研究资料表明，除十分软弱的土之外，地震作用下大多数土的动强度均比静强度高，另外，考虑到地震的偶然性和短暂性以及工程结构的经济性，地基在地震作用下的可靠性可以比静力作用下的适当降低，故在确定地基土的抗震承载力时，其取值应比地基土的静承载力有所提高。

《抗震规范》采用在地基静承载力的基础上乘以抗震承载力调整系数的方法来计算地基抗震承载力，即

$$f_{aE} = \zeta_a f_a \tag{2-4}$$

式中　f_{aE}——调整后的地基土抗震承载力；

　　　ζ_a——地基土抗震承载力调整系数，按表2-5采用；

　　　f_a——深宽修正后的地基土静承载力特征值，按 GB 50007—2011《建筑地基基础设计规范》采用。

表 2-5　地基土抗震承载力调整系数

岩土名称和性状	ζ_a
岩石，密实的碎石土，密实的砾、粗、中砂，$f_{ak} \geqslant 300$kPa 的黏性土和粉土	1.5
中密、稍密的碎石土，中密和稍密的砾、粗、中砂，密实和中密的细、粉砂，150kPa$\leqslant f_{ak} < 300$kPa 的黏性土和粉土，坚硬黄土	1.3

（续）

岩土名称和性状	ζ_a
稍密的细、粉砂，100kPa$\leq f_{ak}<$150kPa 的黏性土和粉土，可塑黄土	1.1
淤泥，淤泥质土，松散的砂，杂填土，新近堆积的黄土及流塑的黄土	1.0

2.2.3 天然地基抗震承载力验算

验算天然地基在地震作用下的竖向承载力时，可认为基础底面所产生的压力是线性分布的，基础底面的平均压力和边缘最大压力应符合下列各式要求：

$$p \leq f_{aE} \tag{2-5}$$

$$p_{max} \leq 1.2 f_{aE} \tag{2-6}$$

式中 p——地震作用效应标准组合的基础底面平均压力；

p_{max}——地震作用效应标准组合的基础边缘的最大压力。

另外，对于高宽比大于 4 的高层建筑，在地震作用下基础底面不宜出现脱离区（零应力区）；其他建筑，基础底面与地基土之间零应力区面积不应超过基础底面面积的 15%。

2.3 地基土的液化

2.3.1 液化的概念

地震时，饱和砂土或粉土的颗粒在强烈地震下发生相对位移，使土的颗粒结构趋于密实，如土本身的渗透系数较小，则孔隙水在短时间内未能排出而受到挤压，孔隙水压力将急剧上升。当孔隙水压力增加到与剪切面上的法向压应力接近或相等时，砂土或粉土受到的有效压应力（原由土颗粒通过其接触点传递的压应力）下降乃至完全消失。这时，砂土颗粒局部或全部将处于悬浮状态，土体的抗剪强度等于零，形成了犹如"液体"的现象，即称为地基土的"液化"。只有饱和砂土或粉土才会出现液化现象，因此有时也称"砂土液化"。

地基土液化时，液化区下部土层水头压力比上部高，水向上涌，并把土粒带到地面上来，即产生冒水喷砂现象。随着水和土粒的不断涌出，孔隙水压力降低至一定程度时，就会出现只冒水而不喷土粒的现象。当孔隙水压力进一步消散后，冒水停止，土粒渐渐沉落并重新堆积排列，压力重新由孔隙水传给土粒承受，达到稳定状态。

地基土液化可引起地面喷水冒砂、地基不均匀沉陷、地裂或土体滑移等危害，也能给建筑物造成一系列破坏。如 1964 年美国阿拉斯加地震及 1964 年日本新潟地震，都曾出现因大量砂土地基液化而导致建筑物不均匀下沉、倾斜甚至翻倒。在我国，1975 年辽宁海城地震和 1976 年河北唐山地震也都发生了大面积的地基土液化震害。

震害调查表明，影响地基土液化的因素主要有以下方面。

（1）土层的地质年代。地质年代越古老的饱和砂土，其基本性能越稳定，越不容易液化。

（2）土的组成。一般来说，细砂较粗砂容易液化，颗粒均匀的较颗粒级配良好的容易液化。

（3）土层的相对密度。松砂较密砂容易液化；土壤的黏性颗粒含量越高，越不容易发生液化。

（4）土层的埋深。砂土层埋深越大，其上有效覆盖压力就越大，则土的侧限压力也越大，就越不容易液化。

（5）地下水位。地下水位浅时较地下水位深时容易发生液化；对于砂土，一般地下水位小于4m时易液化，超过此深度后几乎不发生液化。

（6）地震烈度和地震持续时间。地震烈度越高和地震持续时间越长，越容易发生液化。

2.3.2　液化的判别

当建筑物的地基有饱和砂土或饱和粉土时，应经过勘察试验预测其在未来地震时是否会出现液化，并确定是否需要采取相应的抗液化措施。《抗震规范》规定，饱和砂土和饱和粉土（不含黄土）的液化判别和地基处理，6度时，一般情况下可不进行判别和处理，但对液化沉陷敏感的乙类建筑可按7度的要求进行判别和处理；7～9度时，乙类建筑可按本地区抗震设防烈度的要求进行判别和处理。

液化判别可按两步进行，即初步判别和标准贯入试验判别。凡经初步判别定为不液化或可不考虑液化影响的场地土，原则上可不进行标准贯入试验判别。

1. 初步判别

《抗震规范》规定，对于饱和砂土或粉土（不含黄土），当符合下列条件之一时，可初步判别为不液化或可不考虑液化影响：

（1）地质年代为第四纪晚更新世及其以前，7度、8度时可判为不液化。

（2）粉土的黏粒（粒径小于0.005mm的颗粒）含量百分率，7度、8度和9度分别不小于10、13和16，可判为不液化土。

（3）浅埋天然地基的建筑，当上覆非液化土层厚度和地下水位深度符合下列条件之一时，可不考虑液化影响：

$$d_u > d_0 + d_b - 2 \qquad (2-7)$$

$$d_w > d_0 + d_b - 3 \qquad (2-8)$$

$$d_u + d_w > 1.5d_0 + 2d_b - 4.5 \qquad (2-9)$$

式中　d_w——地下水位深度（m），按设计基准期内年平均最高水位采用，也可按近期内年最高水位采用；

d_u——上覆盖非液化土层厚度（m），计算时宜将淤泥和淤泥质土层扣除；

d_b——基础埋置深度（m），不超过2m时应采用2m；

d_0——液化土特征深度（m），按表2-6采用。

表 2-6 液化土特征深度 单位：m

饱和土类别	7度	8度	9度
粉土	6	7	8
砂土	7	8	9

2. 标准贯入试验判别

当初步判别认为需进一步进行液化判别时，应采用标准贯入试验方法进行场地土的液化判别。当有成熟经验时，尚可采用其他判别方法。此外，对于重要工程，还可以通过室内对土样的模拟试验确定土体液化情况。

《抗震规范》规定液化判别深度一般为地面以下 20m 范围内。但如果房屋属于可不进行天然地基及基础抗震承载力验算的建筑物，液化判别深度可采用地面以下 15m 范围。

标准贯入试验设备如图 2.1 所示，它主要由标准贯入器、触探杆和重 63.5kg 的穿心锤三部分组成。试验时，先用钻具钻至试验土层标高以上 15cm 处，再将贯入器打至标高位置，最后在锤的落距为 76cm 的条件下，打入土层 30cm，记录下的锤击数 $N_{63.5}$ 即为标准贯入值。由此可见，标准贯入值（锤击数）越大，说明土的密实程度越高，土层就越不易液化。采用标准贯入试验的判别公式为

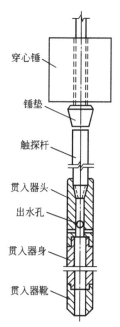

$$N_{63.5} < N_{cr} \qquad (2-10)$$

式中 $N_{63.5}$——饱和砂土或饱和粉土中实测标准贯入锤击数（未经杆长修正）；

N_{cr}——液化判别标准贯入锤击数的临界值。

当式(2-10)满足时，应判为可液化土，否则为不液化土。液化判别标准贯入锤击数的临界值 N_{cr} 可按下式计算：

$$N_{cr} = N_0 \beta [\ln(0.6d_s + 1.5) - 0.1d_w] \sqrt{3/\rho_c} \qquad (2-11)$$

图 2.1 标准贯入试验设备

式中 N_0——液化判别标准贯入锤击数基准值，按表 2-7 采用；

d_s——饱和土标准贯入点深度(m)；

d_w——地下水位 (m)；

ρ_c——黏粒含量百分率(%)，当 ρ_c 小于 3 或为砂土时，应采用 3；

β——调整系数，设计地震第一、二、三组分别取 0.8、0.95、1.05。

表 2-7 液化判别标准贯入锤击数基准值

设计基本地震加速度/g	0.10	0.15	0.20	0.30	0.40
N_0	7	10	12	16	19

由式(2-11)分析可见，临界值的确定主要考虑了地下水位深度、土层所处位置、饱和土黏粒含量，以及地震烈度等影响场地土液化的主要因素。

图中标注：穿心锤、锤垫、触探杆、贯入器头、出水孔、贯入器身、贯入器靴

2.3.3 液化指数与液化等级

当经过标准贯入试验判别土层为液化土后，还需进一步进行液化危害性定量分析，评价液化土可能造成的危害程度，以便采取相应的抗液化措施。

在同一地震烈度下，可液化层的厚度越大、埋藏越浅，土的密度越低，则实测标准贯入锤击数 $N_{63.5}$ 比液化判别标准贯入锤击数临界值 N_{cr} 就越小得越多，地下水位越高，液化导致的沉降量就越大，从而对建筑物的危害程度也越大。通常是通过地基液化指数来反映上述各种因素的影响。

液化指数可按下式确定：

$$I_{iE} = \sum_{i=1}^{n} \left(1 - \frac{N_i}{N_{cri}}\right) d_i w_i \tag{2-12}$$

式中　I_{iE}——液化指数。

　　　　n——在判别深度范围内每一个钻孔标准贯入试验点的总数。

N_i、N_{cri}——第 i 点标准贯入锤击数的实测值和临界值。当实测值大于临界值时，应取临界值；当只需要判别 15m 范围以内的液化时，15m 以下的实测值可按临界值采用。

　　　　d_i——第 i 点所代表的土层厚度(m)，可采用与该标准贯入试验点相邻的上、下两标准贯入试验点深度差的一半，但上界不高于地下水位深度，下界不深于液化深度。

　　　　w_i——第 i 土层单位土层厚度的层位影响权函数值(m^{-1})；当该层中点深度不大于 5m 时应采用 10，等于 20m 时应采用零值，5~20m 时应按线性内插法取值。

液化指数的大小定量反映了土层液化的可能性大小和液化危害程度，液化指数越大，场地的喷水冒砂情况和建筑物的液化震害就越严重。因此，可依据液化指数来区分液化等级与液化震害程度，见表 2-8 所列。

表 2-8　液化等级与相应震害情况

液化等级	液化指数 I_{iE}	地面喷水冒砂情况	对建筑物的危害情况
轻微	$0 < I_{iE} \leqslant 6$	地面无喷水冒砂，或仅在注地、河边有零星的喷水冒砂点	危害性小，一般没有明显的沉降或不均匀沉降
中等	$6 < I_{iE} \leqslant 18$	喷水冒砂可能性大，从轻微到严重均有；多数液化等级属中等	危害性较大，可造成不均匀沉陷和开裂，有时不均匀沉陷可能达到 200mm
严重	$I_{iE} > 18$	一般喷水冒砂都很严重，涌砂量大，地面变形明显，覆盖面广	危害性大，不均匀沉陷达 200~300mm，严重影响使用，修复工作难度增大

2.3.4 地基抗液化措施

地基抗液化措施应根据建筑的抗震设防类别、地基的液化等级，结合具体情况综合考虑，并选择恰当的抗液化措施。当液化土层较平坦且均匀时，可按表2-9制定地基抗液化措施；尚可计入上部结构重力荷载对液化危害的影响，根据液化震陷量的估计适当调整抗液化措施。

表2-9 地基抗液化措施

建筑抗震设防类别	地基的液化等级		
	轻微	中等	严重
乙类	部分消除液化沉陷，或对基础和上部结构处理	全部消除液化沉陷，或部分消除液化沉陷且对基础和上部结构处理	全部消除液化沉陷
丙类	基础和上部结构处理，亦可不采取措施	基础和上部结构处理，或更高要求的措施	全部消除液化沉陷，或部分消除液化沉陷且对基础和上部结构处理
丁类	可不采取措施	可不采取措施	基础和上部结构处理，或其他经济的措施

注：甲类建筑的地基抗液化措施应进行专门研究，但不宜低于乙类的相应要求。

1. 全部消除地基液化沉陷

全部消除地基液化沉陷，可采取使用桩基、深基础、土层加密法或用非液化土替换全部液化土层等措施。

(1) 采用桩基时，桩端伸入液化深度以下稳定土层中的长度(不包括桩尖部分)应按计算确定，且对碎石土、砾、粗、中砂、坚硬黏性土和密实粉土尚不应小于0.8m，对其他非岩石土尚不宜小于1.5m。

(2) 采用深基础时，基础底面应埋入液化深度以下的稳定土层中，其深度不应小于0.5m。

(3) 采用加密法(如振冲、振动加密、挤密碎石桩、强夯等)加固时，应处理至液化深度下界；振冲或挤密碎石桩加固后，复合地基的标准贯入锤击数不应小于液化标准贯入锤击数的临界值。

(4) 用非液化土替换全部液化土层，或增加上覆非液化土层的厚度。

(5) 采用加密法或换土法处理时，在基础边缘以外的处理宽度，应超过基础底面下处理深度的1/2，且不小于基础宽度的1/5。

2. 部分消除地基液化沉陷

部分消除地基液化沉陷的措施，应符合下列要求：

（1）处理深度应使处理后的地基液化指数减少，其值不宜大于 5；大面积筏基、箱基的中心区域，处理后的液化指数可比上述规定降低 1；对独立基础和条形基础，尚不应小于基础底面下液化土特征深度和基础宽度的较大值。

（2）采用振冲或挤密碎石桩加固后，桩间土的标准贯入锤击数不宜小于液化判别标准贯入锤击数临界值。

（3）基础边缘以外的处理宽度，应超过基础底面下处理深度的 1/2，且不小于基础宽度的 1/5。

（4）采用减小液化震陷的其他方法，如增厚上覆非液化土层的厚度和改善周边的排水条件等。

3. 基础和上部结构处理

减轻液化影响的基础和上部结构处理，可综合采用下列措施：

（1）选择合适的基础埋深；

（2）调整基础底面积，减少基础偏心；

（3）加强基础的整体性和刚度，如采用箱基、筏基或钢筋混凝土交叉条形基础，加设基础圈梁等；

（4）减轻荷载，增强上部结构的整体刚度和均匀对称性，合理设置沉降缝，避免采用对不均匀沉降敏感的结构型式等；

（5）管道穿过建筑处应预留足够尺寸或采用柔性接头等。

2.4 桩基的抗震验算

2.4.1 桩基不需抗震验算的范围

全部消除地基液化沉陷的有效措施之一是采用桩基，为此，桩基的抗震设计也是建筑抗震设计的重要内容。《抗震规范》规定，对于承受以竖向荷载为主的低承台桩基，当地面下无液化土层，且桩基承台周围无淤泥、淤泥质土和地基土静承载力特征值不大于 100kPa 的填土时，下列建筑可不进行桩基抗震承载力验算：

（1）7 度和 8 度时的下列建筑：①一般的单层厂房和单层空旷房屋；②不超过 8 层且高度在 24m 以下的一般民用框架房屋；③基础荷载与②项相当的多层框架厂房和多层混凝土抗震墙房屋。

（2）《抗震规范》规定可不进行上部结构抗震验算的建筑及砌体房屋。

2.4.2 桩基的抗震验算

对于不符合上述条件的桩基，除应满足《建筑地基基础设计规范》规定的设计要求外，还应进行桩基的抗震验算。根据场地土组成情况，将其分为非液化土中的低承台桩基抗震验算和存在液化土层的低承台桩基抗震验算两类。

1. 非液化土中桩基

非液化土中低承台桩基的抗震验算，应符合下列规定：

（1）单桩竖向和水平向抗震承载力特征值，可均比非抗震设计时提高 25%；

（2）当承台侧面的回填土夯至干密度不小于现行国家标准《建筑地基基础设计规范》对填土的要求时，可由承台正面填土与桩共同承担水平地震作用，但不应计入承台底面与地基土的摩擦力。

2. 存在液化土层的桩基

存在液化土层的低承台桩基的抗震验算，应符合下列规定：

（1）承台埋深较浅时，不宜计入承台周围土的抗力或刚性地坪对水平地震作用的分担作用。

（2）当桩承台底面上、下分别有厚度不小于 1.5m、1.0m 的非液化土层或非软弱土层时，可按主震和余震两种情况进行桩的抗震验算，并按不利情况设计：①主震时，桩承受全部地震作用，考虑到这时土尚未充分液化，桩承载力可按非液化土考虑，但液化土的桩周摩擦阻力及桩水平抗力均应乘以表 2-10 的折减系数；②余震时，《抗震规范》规定，这时地震作用按水平地震影响系数最大值的 10% 采用，桩承载力仍按非抗震设计时提高 25% 取用，但应扣除液化土层的全部摩阻力及桩承台下 2m 深度范围内非液化土的桩周摩阻力。

表 2-10 土层液化影响折减系数

$n = N_{63.5}/N_{cr}$	饱和土标准贯入点深度 d_s/m	折减系数
$n \leqslant 0.6$	$d_s \leqslant 10$	0
	$10 < d_s \leqslant 20$	1/3
$0.6 < n \leqslant 0.8$	$d_s \leqslant 10$	1/3
	$10 < d_s \leqslant 20$	2/3
$0.8 < n \leqslant 1.0$	$d_s \leqslant 10$	2/3
	$10 < d_s \leqslant 20$	1

（3）打入式预制桩及其他挤土桩，当平均桩距为 2.5～4 倍桩径且桩数不少于 5×5 时，可计入打桩对土的加密作用及桩身对液化土变形限制的有利影响；当打桩后桩间土的标准贯入锤击数达到不液化的要求时，单桩承载力可不折减，但对桩尖持力层作强度校核时，桩群外侧的应力扩散角应取为零。打桩后桩间土的标准贯入锤击数宜由试验确定，也可按下式计算：

$$N_1 = N_p + 100\rho(1 - e^{-0.3N_p}) \tag{2-13}$$

式中 N_1——打桩后的标准贯入锤击数；

ρ——打入式预制桩的面积置换率；

N_p——打桩前的标准贯入锤击数。

3. 桩基抗震验算的一些其他规定

（1）处于液化土中的桩基承台周围，宜用密实干土填筑夯实，若用砂土或粉土，则应使土层的标准贯入锤击数不小于液化标准贯入锤击数临界值。

（2）液化土中桩的配筋范围，应自桩顶至液化深度以下符合全部消除液化沉陷所要求的深度，其纵向钢筋应与桩顶部相同，箍筋应加粗和加密。

（3）在有液化侧向扩展的地段，桩基除应满足本章节中的其他规定外，尚应考虑土流动时的侧向作用力，且承受侧向推力的面积应按边桩外缘间的宽度计算。

本 章 小 结

1. 建筑场地是指工程群体所在地，其范围相当于厂区、居民小区和自然村的区域范围。场地土是指场地范围内的地基土。一般认为，场地条件对建筑震害的主要影响因素，是场地土的刚度大小和场地覆盖层厚度。震害经验表明，土质越软，覆盖层越厚，建筑物震害越严重，反之则越轻。

2. 大量震害调查表明，在天然地基上只有少数房屋是因地基原因而导致上部结构破坏，大量的一般性地基具有较好的抗震性能。《抗震规范》规定了可不进行天然地基及基础的抗震承载力验算的建筑，而对于其他建筑则应进行天然地基的抗震承载力验算。

3. 地基土液化可引起地面喷水冒砂、地基不均匀沉陷、地裂或土体滑移等危害，也能给建筑物造成一系列破坏。液化判别可按两步进行，即初步判别和标准贯入试验判别。液化指数的大小定量反映了土层液化的可能性大小和液化危害程度，液化指数越大，场地的喷水冒砂情况和建筑物的液化震害就越严重。

4. 全部消除地基液化沉陷的有效措施之一是采用桩基。《抗震规范》规定了可不进行桩基抗震承载力验算的建筑，但对于其他建筑则应进行桩基的抗震承载力验算。

习　　题

【选择题】

2-1　关于地基土的液化，下列哪句话是错误的？（　　　）

A. 饱和的砂土比饱和的粉土更不容易液化

B. 地震持续时间长，即使烈度低，也可能出现液化

C. 土的相对密度越大，越不容易液化

D. 地下水位越深，越不容易液化

2-2　一般情况下，工程场地覆盖层的厚度应按地面至剪切波速大于（　　　）的土层顶面的距离来定。

A. 200m/s　　　　B. 300m/s　　　　C. 400m/s　　　　D. 500m/s

2-3　在8度地震区，下列哪一种土需要进行液化判别？（　　　）

A. 砂土　　　　B. 饱和粉质黏土　　　　C. 饱和粉土　　　　D. 软弱黏性土

2-4　抗震设计时，全部消除地基液化的措施中，下列哪一项是不正确的？（　　　）

A. 采用桩基，桩端伸入液化土层以下稳定土层中必要的深度

B. 采用筏板基础

C. 采用加密法，处理至液化深度下界

D. 用非液化土替换全部液化土层

2-5 有甲、乙两个建筑场地，甲场地由两层土组成，第一层厚度为 5m，剪切波速为 100m/s，第二层厚度为 10m，剪切波速为 400m/s；乙场地也由两层土组成，第一层厚度为 7.5m，剪切波速为 150m/s，第二层厚度为 7.5m，剪切波速为 250m/s。甲、乙两个场地的等效剪切波速的关系如何？（　　）

A. 二者相等　　　　　　　　　B. 甲场地大于乙场地

C. 乙场地大于甲场地　　　　　D. 不能确定

2-6 某场地地层资料如下：①0～12m 黏土，剪切波速为 130m/s；②12～22m 粉质黏土，剪切波速为 260m/s；③22m 以下泥岩，剪切波速为 900m/s。该建筑场地类别应确定为（　　）。

A. Ⅰ类　　　　B. Ⅱ类　　　　C. Ⅲ类　　　　D. Ⅳ类

2-7 下列对场地的识别，正确的为（　　）。

A. 分层土的剪切波速越小，说明土层越密实坚硬

B. 覆盖层越薄，震害效应越大

C. 场地类别为Ⅰ类，说明土层密实坚硬

D. 场地类别为Ⅳ类，场地震害效应小

2-8 验算天然地基地震作用下的竖向承载力时，按地震作用效应标准组合考虑，下列表述中不正确的是（　　）。

A. 基础底面平均压力不应大于调整后的地基抗震承载力

B. 基础底面边缘最大压力不应大于调整后的地基抗震承载力的 1.5 倍

C. 高宽比大于 4 的高层建筑，在地震作用下基础底面不宜出现拉应力

D. 高宽比不大于 4 的高层建筑及其他建筑，基础底面与地基之间零应力区面积不应超过基础底面积的 15%

2-9 存在饱和砂土或粉土的地基，其设防烈度除（　　）外，应进行液化判别。

A. 6 度　　　　B. 7 度　　　　C. 8 度　　　　D. 9 度

【简答题】

2-10 场地土分为哪几类？是如何划分的？

2-11 什么是场地？怎样划分建筑场地的类别？

2-12 什么是场地土的卓越周期？其与哪些因素有关？研究它的工程意义是什么？

2-13 什么是场地土液化？如何判别？简述可液化地基的抗液化措施。

2-14 桩基的抗震验算应符合哪些规定？

第**3**章
结构地震反应分析

　　本章是全书重点章节之一，主要讲述建筑结构地震反应及地震作用，旨在让学生理解结构地震反应分析的基本概念和原理，掌握结构地震作用计算方法。通过本章学习，应达到以下教学目标：

　　(1) 能够熟练利用设计反应谱计算单自由度弹性体系的地震作用；

　　(2) 熟练掌握地震作用计算的振型分解反应谱法和底部剪力法；

　　(3) 熟悉结构基本周期近似计算方法；

　　(4) 掌握结构竖向地震作用计算方法。

知识要点	能力要求	相关知识
单自由度弹性体系的地震反应	理解单自由度弹性体系的地震作用运动方程建立及状态分析	(1) 计算简图，运动方程； (2) 自由振动，强迫振动
单自由度弹性体系的水平地震作用	熟练利用反应谱法进行水平地震作用计算	(1) 水平地震作用计算公式建立； (2) 地震反应谱、标准反应谱、设计反应谱； (3) 重力荷载代表值计算方法及可变荷载组合系数
多自由度弹性体系的地震反应	(1) 理解多自由度弹性体系的地震作用运动方程建立及分析； (2) 能够利用振型分解法进行地震反应分析	(1) 计算简图，运动方程； (2) 自振频率，主振型，主振型的正交性； (3) 振型分解法思路
多自由度弹性体系的水平地震作用	熟练利用振型分解反应谱法及底部剪力法进行水平地震作用计算	(1) 振型分解反应谱法思路及求解过程； (2) 底部剪力法求解过程及适用范围
结构基本周期	能够对结构基本周期进行计算	(1) 能量法； (2) 顶点位移法
竖向地震作用	能够对结构的竖向地震作用进行计算	(1) 高耸结构和高层建筑结构竖向地震作用的类似底部剪力法； (2) 屋盖结构竖向地震作用的系数法

引例

地震发生时，地震波到达地面引起地面运动，使原来处于静止的结构受到动力作用而产生强迫振动。在振动过程中，作用在结构上的惯性力就是地震作用。在地震作用效应和其他荷载效应的基本组合超出结构构件的承载力，或在地震作用下结构的侧移超过允许值时，建筑物就遭到破坏，以致倒塌。结构的地震作用计算和抗震验算是建筑抗震设计的重要内容。

如果要在中国深圳某住宅小区内新建数栋高层住宅楼，地下室一层、二层为停车场及设备用房，地上 18 层为住宅楼，高度 54m，在进行高层住宅楼抗震设计之前，我们必须了解：结构地震作用主要反应有哪些？地震水平作用选用何种计算方法？设计参数如何选取？哪些建筑结构还需考虑竖向地震作用的影响？竖向地震作用如何计算？

3.1 概 述

建筑结构抗震设计首先要计算结构的地震作用，然后求出结构和构件的地震作用效应，最后验算结构和构件的抗震承载力及变形。结构的地震作用是指地震时由地面加速度振动在结构上产生的惯性力，结构的地震作用效应是指地震作用下在结构中所产生的内力、变形和位移等。

地震作用与一般荷载不同，其不仅与外来干扰作用的大小及其随时间的变化规律有关，而且还与结构的动力特性，如结构自振频率、阻尼等有密切关系。但地震时地面运动是一种随机过程，运动极不规则，且建筑结构一般是由各种不同构件组成的空间体系，其动力特性十分复杂，因此，确定地震作用要比确定一般荷载复杂得多。

目前，在我国和其他许多国家的抗震设计规范中，广泛采用反应谱理论来确定地震作用，其中以加速度反应谱应用最多。应用反应谱理论不仅可以解决单质点体系的地震反应计算问题，而且通过振型分解法还可以计算多质点体系的地震反应。

在工程上，除采用反应谱计算结构地震作用外，对于高层建筑和特别不规则建筑等，还常采用时程分析法来计算结构的地震反应，这个方法选定地震地面加速度曲线，然后用数值积分方法求解运动方程，算出每一时间增量处的结构反应，如位移、速度和加速度反应。

3.2 单自由度弹性体系的地震反应

3.2.1 计算简图

进行结构地震反应分析时，通常把具体的结构体系抽象为质点体系。某些工程结构，如等高单层厂房 [图 3.1(a)]、公路高架桥和水塔 [图 3.1(b)] 等，因其质量大部分集中在顶部，在进行结构的动力计算分析时，可将该结构中参与振动的质量折算至顶部，而将支撑部分视为一个无重量的弹性杆，这样就形成了一个单质点弹性体系。若忽略杆的轴向变形，当体系只做单向振动时，质点只有单向水平位移，故为一个单自由度弹性体系。

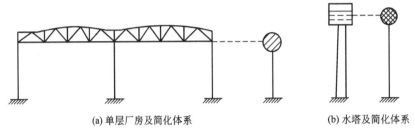

(a) 单层厂房及简化体系　　　　　　　　　　(b) 水塔及简化体系

图 3.1　单质点弹性体系计算简图

3.2.2　运动方程

要研究单质点弹性体系的地震反应，就需建立单质点体系在地震作用下的运动方程。因结构的地震作用比较复杂，在计算弹性体系的地震反应时，一般假定地基不产生转动，而把地基的运动分解为一个竖向和两个水平方向的分量，然后分别计算这些分量对结构的影响。

图 3.2(a)所示为单质点弹性体系在地震时地面水平运动分量作用下的运动状态。其中 $x_0(t)$ 表示地面水平运动位移，是时间 t 的函数，其变化规律可由地震时地面运动实测记录中求得；$x(t)$ 表示质点 m 相对于地面的弹性位移，也是时间 t 的函数，为待求的未知量；$x_0(t)+x(t)$ 表示质点的总位移；$\ddot{x}_0(t)+\ddot{x}(t)$ 是质点的绝对加速度。

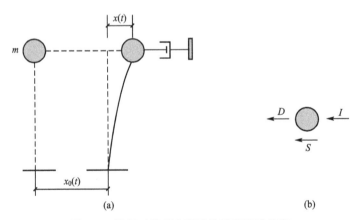

(a)　　　　　　　　　　　　(b)

图 3.2　地震时单质点弹性体系的运动状态

为了建立运动方程，需取质点 m 为隔离体，由结构动力学原理可知，作用在质点 m 上的力有三种，即弹性恢复力、阻尼力和惯性力。

弹性恢复力 S 是使质点从振动位置恢复到平衡位置的一种力，其大小与质点的相对位移 $x(t)$ 成正比，即

$$S = -kx(t) \tag{3-1}$$

式中　k——弹性直杆的侧移刚度系数，即质点发生单位水平位移时在质点上所需施加的

水平力；负号表示 S 的指向总是与质点位移方向相反。

阻尼力 D 是一种使结构振动逐渐衰减的力，即在结构振动过程中，由于材料内摩擦、节点连接件摩擦、介质阻尼等，使得结构的振动能量受到损耗而导致其振幅逐渐衰减的一种力。在工程计算中一般采用黏滞阻尼理论，假定阻尼力的大小与质点的相对速度 $\dot{x}(t)$ 成正比，即

$$D = -c\dot{x}(t) \tag{3-2}$$

式中 c——阻尼系数，负号表示阻尼力与速度 $\dot{x}(t)$ 的方向相反。

惯性力 I 为质点的质量与绝对加速度的乘积，即

$$I = -m[\ddot{x}_0(t) + \ddot{x}(t)] \tag{3-3}$$

式中的负号表示惯性力与绝对加速度的方向相反。

根据达朗贝尔原理，在质点运动的任一瞬时，作用在其上的外力和惯性力相互平衡，于是可列出质点的运动方程为

$$S + D + I = 0 \tag{3-4}$$

即

$$-kx(t) - c\dot{x}(t) - m[\ddot{x}_0(t) + \ddot{x}(t)] = 0 \tag{3-5}$$

或

$$m\ddot{x}(t) + c\dot{x}(t) + kx(t) = -m\ddot{x}_0(t) \tag{3-6}$$

上式就是单质点弹性体系在水平地震作用下的运动方程。由此可见，地震时地面运动加速度 $\ddot{x}_0(t)$ 对单自由度弹性体系引起的动力效应，与在质点上作用一动力荷载 $-m\ddot{x}_0(t)$ 时所产生的动力效应相同。

式(3-6)可简化为

$$\ddot{x} + 2\xi\omega\dot{x} + \omega^2 x = -\ddot{x}_0 \tag{3-7}$$

式中 ω——结构振动圆频率，$\omega = \sqrt{k/m}$；

ξ——结构的阻尼比，$\xi = \dfrac{c}{2\omega m} = \dfrac{c}{2\sqrt{km}}$。

式(3-7)是一个二阶常系数非齐次微分方程，其解包含两部分，一个是齐次解，另一个是特解，前者表示自由振动，后者表示强迫振动。

3.2.3 自由振动

1. 自由振动方程

运动方程式(3-7)的齐次方程为

$$\ddot{x} + 2\xi\omega\dot{x} + \omega^2 x = 0 \tag{3-8}$$

此式右边项为零，表示质点在振动过程中不受外部干扰，即为单自由度弹性体系的自由振动运动方程。

若给定初始位移和初始速度，对于一般结构，由于阻尼较小（$\xi < 1$），体系自由振动反应为

$$x(t) = e^{-\xi\omega t}\left[x(0)\cos\omega't + \frac{\dot{x}(0) + \xi\omega x(0)}{\omega'}\sin\omega't\right] \tag{3-9}$$

式中　$x(0)$、$\dot{x}(0)$——在 $t=0$ 时的初始位移和初始速度；

　　　　ω'——有阻尼体系的自由振动频率，$\omega' = \omega\sqrt{1-\xi^2}$。

　　图 3.3 绘出了在各种阻尼状态下单自由度体系自由振动时的位移时程曲线。由图可知，无阻尼体系($\xi=0$)自由振动时的振幅始终保持不变，而有阻尼体系自由振动时的曲线则是一条逐渐衰减的波动曲线，同时其振幅随体系阻尼增大而衰减增快；当 $\xi \geqslant 1$ 时，体系不产生振动。

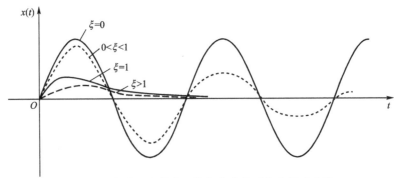

图 3.3　各种阻尼状态下单自由度体系自由振动曲线

2. 自振频率与自振周期

　　由式(3-9)，可推出无阻尼($\xi=0$)时单自由度体系的自由振动曲线方程为

$$x(t) = x(0)\cos\omega t + \frac{\dot{x}(0)}{\omega}\sin\omega t \tag{3-10}$$

　　由于 $\cos\omega t$、$\sin\omega t$ 均为简谐函数，由式(3-10)可知无阻尼单自由度体系的自由振动为简谐周期振动，振动圆频率为 ω，振动周期为

$$T = \frac{2\pi}{\omega} = 2\pi\sqrt{\frac{m}{k}} \tag{3-11}$$

　　因质量 m 与刚度 k 是结构固有的，因此无阻尼体系自振频率或周期也是体系固有的，称为固有频率及固有周期，是结构本身很重要的动力特性。由上式可见，质量越大，刚度越小，则结构的自振周期越长。

　　同样可知，ω' 为有阻尼单自由度体系的自振频率。一般结构的阻尼比很小，其值为 0.01～0.1，故而可取 $\omega' \approx \omega$。

　　当 $\xi=1$ 时，由 ω' 定义可知 $\omega'=0$，这表示结构将不产生振动，故此时的阻尼比称为临界阻尼比，此时的阻尼系数 c 称为临界阻尼系数 c_r，即

$$c_r = 2\omega m = 2\sqrt{km} \tag{3-12}$$

　　也就是说，结构的阻尼比是结构的阻尼系数与其临界阻尼系数 c_r 之比。

3.2.4　强迫振动

　　求运动方程式(3-7)的特解时，可将 $-\ddot{x}_0$ 视为作用于单位质量上的动力荷载。依据结

构动力学原理,强迫振动反应可由下面的杜哈梅(Duhamel)积分给出:

$$x(t)=\int_0^t \mathrm{d}x(t)=-\frac{1}{\omega}\int_0^t \ddot{x}_0(\tau)\mathrm{e}^{-\xi\omega(t-\tau)}\sin\omega'(t-\tau)\mathrm{d}\tau \qquad (3-13)$$

对于一般结构,因 $\omega'\approx\omega$,故上式可简化为

$$x(t)=-\frac{1}{\omega}\int_0^t \ddot{x}_0(\tau)\mathrm{e}^{-\xi\omega(t-\tau)}\sin\omega(t-\tau)\mathrm{d}\tau \qquad (3-14)$$

运动方程式(3-7)的通解,为齐次方程通解与式(3-13)之和,即

$$x(t)=\mathrm{e}^{-\xi\omega t}\left[x(0)\cos\omega't+\frac{\dot{x}(0)+\xi\omega x(0)}{\omega'}\sin\omega't\right]-$$

$$\frac{1}{\omega'}\int_0^t \ddot{x}_0(\tau)\mathrm{e}^{-\xi\omega(t-\tau)}\sin\omega'(t-\tau)\mathrm{d}\tau \qquad (3-15)$$

当体系初始状态为静止时,其初始速度和初始位移均为零,则上式第一大项为零,故杜哈梅积分也就是初始为静止状态的单自由度体系地震位移反应的计算公式。

3.3 单自由度弹性体系的地震作用计算的反应谱

3.3.1 水平地震作用基本公式

当基础做水平运动时,根据式(3-5)可求得作用于单自由度弹性体系质点上的惯性力为

$$F(t)=-m[\ddot{x}_0(t)+\ddot{x}(t)]=kx(t)+c\dot{x}(t) \qquad (3-16)$$

通常阻尼力 $c\dot{x}(t)$ 远小于弹性恢复力 $kx(t)$,工程中求地震作用时可略去阻尼力,故

$$F(t)=-m[\ddot{x}_0(t)+\ddot{x}(t)]\approx kx(t)=m\omega^2 x(t) \qquad (3-17)$$

虽然惯性力不是真实作用于质点上的力,但依据惯性力对结构体系的作用和地震对结构体系的作用效果相当,利用它的最大值来对结构进行抗震验算,就可以使抗震设计这一动力计算问题转化为相当的静力荷载作用下的静力计算问题。

将式(3-14)代入上式得

$$F(t)=-m\omega\int_0^t \ddot{x}_0(\tau)\mathrm{e}^{-\xi\omega(t-\tau)}\sin\omega(t-\tau)\mathrm{d}\tau \qquad (3-18)$$

式(3-18)为结构地震作用随时间变化的表达式,可通过数值积分计算其在各个时刻的值。在结构抗震设计中,一般只需求出地震作用的最大绝对值(用 F 表示)即可,则得

$$F=m\omega\left|\int_0^t \ddot{x}_0(\tau)\mathrm{e}^{-\xi\omega(t-\tau)}\sin\omega(t-\tau)\mathrm{d}\tau\right|_{\max}=mS_{\mathrm{a}} \qquad (3-19)$$

式中　S_{a}——质点振动加速度的最大绝对值,即

$$S_{\mathrm{a}}=\omega\left|\int_0^t \ddot{x}_0(\tau)\mathrm{e}^{-\xi\omega(t-\tau)}\sin\omega(t-\tau)\mathrm{d}\tau\right|_{\max} \qquad (3-20)$$

3.3.2 地震反应谱

地震反应谱是指单自由度体系最大地震反应与体系自振周期的关系曲线，根据反应物理量的不同，又可分为位移反应谱、速度反应谱和加速度反应谱。由于结构所受的地震作用（即质点上的惯性力）与质点运动的加速度直接相关，因此，在工程抗震领域，常采用加速度反应谱计算结构的地震作用。

加速度反应谱，可理解为一个确定的地面运动通过一组阻尼比相同但自振周期各不相同的单自由度体系，所引起的各体系最大加速度反应与相应体系自振周期间的关系曲线。

3.3.3 标准反应谱

为了便于应用，将式（3-19）变换为

$$F = mS_a = mg \cdot \frac{|\ddot{x}_0(t)|_{max}}{g} \cdot \frac{S_a}{|\ddot{x}_0(t)|_{max}} = Gk\beta \qquad (3-21)$$

式中　$|\ddot{x}_0(t)|_{max}$——地面运动最大加速度绝对值；

　　　　g——重力加速度；

　　　　G——质点的重力荷载代表值；

　　　　k——地震系数；

　　　　β——动力系数。

1. 地震系数

地震系数 k 为

$$k = \frac{|\ddot{x}_0(t)|_{max}}{g} \qquad (3-22)$$

它表示地面运动加速度最大绝对值与重力加速度之比。一般来说，地面运动加速度峰值越大，地震烈度越高，故地震系数与地震烈度之间存在一定的对应关系。统计分析表明，烈度每增加一度，k 值将大致增加一倍。《抗震规范》采用的地震系数与地震烈度的对应关系见表 3-1 所列。

表 3-1　地震系数与地震烈度的关系

基本烈度	6 度	7 度	8 度	9 度
地震系数 k	0.05	0.10（0.15）	0.20（0.30）	0.40

注：括号中数值分别用于设计基本地震加速度为 $0.15g$ 和 $0.30g$ 的地区。

2. 动力系数

动力系数 β 为

$$\beta = \frac{S_a}{|\ddot{x}_0(t)|_{max}} \qquad (3-23)$$

它是单自由度弹性体系在地震作用下加速度反应最大绝对值与地面加速度最大绝对值之

比，表示质点最大加速度相对于地面最大加速度放大的倍数。因为当 $|\ddot{x}_0(t)|_{\max}$ 增大或减小时，S_{a} 也相应增大或减小，因此 β 与地震烈度无关，这样就可利用各种不同烈度的地震记录进行计算和统计。

将 S_{a} 表达式(3-20)代入式(3-23)，并注意 $\omega = \dfrac{2\pi}{T}$ 得

$$\beta = \frac{2\pi}{T} \cdot \frac{1}{|\ddot{x}_0(t)|_{\max}} \left| \int_0^t \ddot{x}_0(\tau) \mathrm{e}^{-\xi \frac{2\pi}{T}(t-\tau)} \sin \frac{2\pi}{T}(t-\tau) \mathrm{d}\tau \right|_{\max} = |\beta(t)|_{\max} \quad (3-24)$$

式中

$$\beta(t) = \frac{2\pi}{T} \cdot \frac{1}{|\ddot{x}_0(t)|_{\max}} \int_0^t \ddot{x}_0(\tau) \mathrm{e}^{-\xi \frac{2\pi}{T}(t-\tau)} \sin \frac{2\pi}{T}(t-\tau) \mathrm{d}\tau \quad (3-25)$$

由式(3-25)可知，影响 β 的因素主要有：①地面运动加速度 $\ddot{x}_0(t)$ 的特征；②结构的自振周期 T；③结构的阻尼比 ξ。当给定地面加速度记录 $\ddot{x}_0(t)$ 和阻尼比 ξ 时，动力系数 β 仅与结构体系的自振周期 T 有关。对于给定一周期 T，通过式(3-25)可计算出在该周期下的一条 $\beta(t)$ 时程曲线，该曲线中最大峰值点的绝对值由式(3-24)确定。对每一个给定的周期 T_i，都可按上述方法求得与之相应的一个 β_i 值，从而得到 β 与 T 相对应的函数关系。若以 β 为纵坐标，T 为横坐标，则可得到一条 β 与 T 的关系曲线，即 $\beta-T$ 曲线。对于不同的 ξ 值，可得到不同的这种曲线。这类曲线称为动力系数反应谱曲线，或称 β 谱曲线。由于对给定的地震记录，$|\ddot{x}_0(t)|_{\max}$ 是个定值，所以 β 谱曲线实质上是加速度反应谱曲线。

图 3.4 所示为根据 1940 年美国 El-centro 地震地面加速度记录绘出的 β 谱曲线。由图可见：①β 谱曲线为多峰点曲线；②各条 β 谱曲线均在周期为 T_{g} 的附近达到峰值点，T_{g} 为场地的卓越周期或称特征周期，在结构抗震设计时，应使结构的自振周期远离场地的卓越周期，以免发生共振现象；③当 $T<T_{\mathrm{g}}$ 时，β 值随着周期的增大而急剧增大，在 $T=T_{\mathrm{g}}$ 附近达到峰值，过峰值点($T>T_{\mathrm{g}}$)后，β 值随着周期的增大而逐渐衰减，并逐渐趋于平缓；④阻尼比 ξ 值对 β 谱曲线影响较大，ξ 值小则 β 谱曲线幅值大、峰点多。

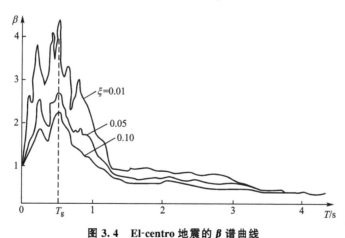

图 3.4 El-centro 地震的 β 谱曲线

3. 标准反应谱

由于地震的随机性，即使在同一地点和同一烈度，每次地震的地面加速度记录也很不

一样，因此需要根据大量的强震记录算出对应于每一条强震记录的反应谱曲线，然后统计出最有代表性的平均曲线作为设计依据，这种曲线称为标准反应谱曲线。

由不同地面运动记录的统计分析可知，场地土的特征、震级及震中距等都对反应谱曲线有比较明显的影响。经分析，在平均反应谱曲线中，当阻尼比 ξ 为 0.05 时，$\beta_{\max}$ 的平均值为 2.25。对于土质松软的场地，β 谱曲线的主要峰点偏于较长的周期，而土质坚硬时则偏于较短的周期，如图 3.5 所示。同时，场地土越松软，并且该松软土层越厚时，在较长周期范围内 β 谱的谱值也就越大。

图 3.6 所示为在同等烈度下不同震中距时的 β 谱曲线，由图可知，震级和震中距对 β 谱的特征也有一定影响。一般来说，在同等烈度下，震中距远时曲线的峰点偏于较长的周期，近时则偏于较短的周期。因此，在离大地震震中较远的地方，高柔结构因其周期较长所受到的地震破坏，将比在同等烈度下较小或中等地震的震中区所受到的破坏更严重，而刚性结构的地震破坏情况则相反。

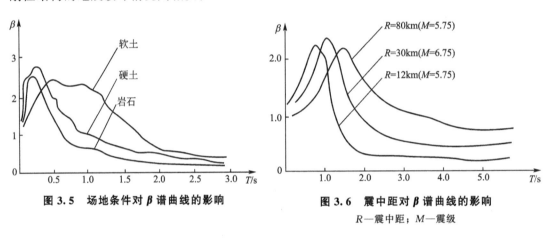

图 3.5　场地条件对 β 谱曲线的影响　　　图 3.6　震中距对 β 谱曲线的影响

R—震中距；M—震级

3.3.4　设计反应谱

为了便于计算，《抗震规范》采用单质点加速度最大绝对值与重力加速度之比即 S_a/g 跟体系自振周期 T 之间的关系作为设计反应谱。用 α 表示 S_a/g，称为地震影响系数，根据定义，α 又可表示为

$$\alpha = \frac{S_a}{g} = k\beta \tag{3-26}$$

则式(3-21)可改写成

$$F = \alpha G \tag{3-27}$$

因此，地震影响系数 α 又可理解为作用于单质点弹性体系上的水平地震作用与质点重力荷载代表值之比。

由表 3-1 可知，在不同烈度下，地震系数为一具体数值。为此，α 曲线的形状由 β 谱决定。通过地震系数 k 与动力系数 β 的乘积，即可得到抗震设计反应谱 α-T 曲线。

《抗震规范》中，地震影响系数 α 是根据地震烈度、场地类别、设计地震分组和结构自振周期以及阻尼比按图 3.7 确定的。

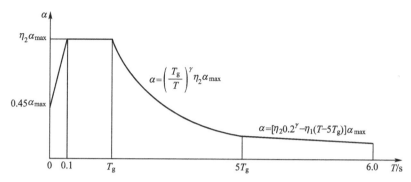

图 3.7 地震影响系数曲线

图 3.7 中，α 为地震影响系数；$\alpha_{\max}$ 为地震影响系数最大值，按表 3-2 确定；T 为结构自振周期（s）；T_g 为特征周期，与场地类别和设计地震分组（《抗震规范》按照地震震级和震中距的影响将设计地震分成三组）有关，按表 3-3 确定。

表 3-2 水平地震影响系数最大值

地震影响	设防烈度			
	6 度	7 度	8 度	9 度
多遇地震	0.04	0.08(0.12)	0.16(0.24)	0.32
罕遇地震	0.28	0.50(0.72)	0.90(1.20)	1.40

注：括号中数值分别用于设计基本地震加速度为 0.15g 和 0.30g 的地区。

表 3-3 特征周期值 单位：s

设计地震分组	场地类别				
	I_0	I_1	II	III	IV
第一组	0.20	0.25	0.35	0.45	0.65
第二组	0.25	0.30	0.40	0.55	0.75
第三组	0.30	0.35	0.45	0.65	0.90

注：计算罕遇地震作用时，特征周期应增加 0.05s。

图 3.7 中，γ 为曲线下降段的衰减指数，按下式计算：

$$\gamma = 0.9 + \frac{0.05 - \xi}{0.3 + 6\xi} \qquad (3-28)$$

η_1 为直线下降段的下降斜率调整系数，按下式计算，当小于 0 时取 0：

$$\eta_1 = 0.02 + \frac{0.05 - \xi}{4 + 32\xi} \qquad (3-29)$$

η_2 为阻尼调整系数，按下式计算，当小于 0.55 时取 0.55：

$$\eta_2 = 1 + \frac{0.05 - \xi}{0.08 + 1.6\xi} \qquad (3-30)$$

式中 ξ——阻尼比，一般对钢筋混凝土结构取 0.05，对钢结构取 0.02。

图 3.7 的 α-T 曲线也可用以下公式表示：

$$\alpha = \begin{cases} [0.45+10(\eta_2-0.45)T]\alpha_{\max} & (0 \leqslant T < 0.1s) \\ \eta_2\alpha_{\max} & (0.1s \leqslant T \leqslant T_g) \\ (T_g/T)^\gamma \eta_2\alpha_{\max} & (T_g < T \leqslant 5T_g) \\ [\eta_2 0.2^\gamma - \eta_1(T-5T_g)]\alpha_{\max} & (5T_g < T \leqslant 6.0s) \end{cases} \quad (3-31)$$

当结构自振周期 $T=0$ 时，结构为刚体，质点地震反应加速度与地面振动相同，即 $\beta=1$，于是有

$$\alpha = k = \frac{k\beta_{\max}}{\beta_{\max}} = 0.45\alpha_{\max} = \frac{\alpha_{\max}}{2.25} \quad (3-32)$$

3.3.5 重力荷载代表值

按式(3-27)计算地震作用时，建筑物的重力荷载代表值 G 应取结构和构件自重标准值和各可变荷载组合值之和。各可变荷载的组合值系数按表 3-4 采用。

表 3-4 可变荷载组合值系数

可变荷载种类		组合值系数
雪荷载		0.5
屋面积灰荷载		0.5
屋面活荷载		不计入
按实际情况计算的楼面活荷载		1.0
按等效均布荷载计算的楼面活荷载	藏书库、档案库	0.8
	其他民用建筑	0.5
起重机悬吊物重力	硬钩吊车	0.3
	软钩吊车	不计入

注：硬钩吊车的吊重较大时，组合值系数应按实际情况采用。

【例 3-1】 某单层钢筋混凝土框架如图 3.8(a)所示，横梁刚度可视为无穷大，忽略柱自重，屋盖自重标准值为 800kN，屋面雪荷载标准值为 180kN，跨度 12m，高度 5m，柱抗侧移刚度系数 $k_1=k_2=2.5\times10^3$kN/m，结构阻尼比 $\xi=0.05$，建筑场地Ⅱ类，设计地震分组为第一组，设防烈度为 7 度。试确定该框架在多遇地震时水平地震作用。

【解】 结构计算时可简化为图 3.8(b)所示的单质点体系。

(1)求结构体系的自振周期。

由表 3-4 知，雪荷载组合值系数为 0.5，则重力荷载代表值为

$$G = 800 + 180 \times 0.5 = 890(kN)$$

质点集中质量为

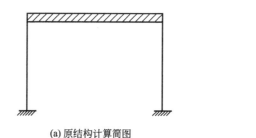

(a) 原结构计算简图　　　　　　　　　　(b) 计算简图

图 3.8　例 3-1 图

$$m=\frac{G}{g}=\frac{890\mathrm{kN}}{9.8\,\mathrm{m/s^2}}=90.8\times10^3\,\mathrm{kg}$$

柱抗侧移刚度为

$$k=k_1+k_2=5.0\times10^6\,\mathrm{N/m}$$

则结构自振周期为

$$T=2\pi\sqrt{\frac{m}{k}}=2\pi\sqrt{\frac{90.8\times10^3}{5.0\times10^6}}=0.846(\mathrm{s})$$

（2）求水平地震影响系数 α。

由表 3-2 查得 $\alpha_{\max}=0.08$，由表 3-3 查得 $T_g=0.35$。因 $T_g<T<5T_g$ 及 $\xi=0.05$（$\gamma=0.9$，$\eta_2=1.0$），故可得

$$\alpha=\left(\frac{T_g}{T}\right)^{\gamma}\eta_2\alpha_{\max}=\left(\frac{0.35}{0.846}\right)^{0.9}\times1.0\times0.08=0.036$$

（3）计算水平地震作用。

由式（3-27）得

$$F=\alpha G=0.036\times890=32.04(\mathrm{kN})$$

3.4 多自由度弹性体系的水平地震反应

3.4.1　计算简图

在进行建筑结构的地震反应分析时，为了简化计算，对于质量比较集中的结构，一般可简化为单质点体系；对于质量比较分散的结构（如多、高层房屋，多跨不等高厂房等），为了能够比较真实反映其动力性能，可将其简化为多质点体系来分析。

图 3.9(a)所示多层房屋及图 3.9(b)所示多跨不等高单层厂房，因其质量主要集中于各层楼盖或屋盖处，故可将结构简化为多质点体系；对于烟囱等结构，则可根据计算要求将其分为若干段，然后将各段折算成质点进行分析［图 3.9(c)］。

一般来说，对于一个多质点体系，若只考虑质点的单向水平振动，则有多少质点就有多少个自由度。

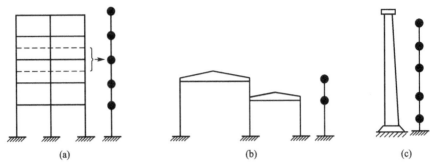

图 3.9　多质点体系

3.4.2　运动方程

为了便于理解，先考虑两个自由度体系的情况，然后再将其推广到两个以上自由度的体系。图 3.10(a)所示为两质点体系在单向地震作用下某一瞬间的变形情况，取质点 1 作为隔离体，如图 3.10(b)所示。

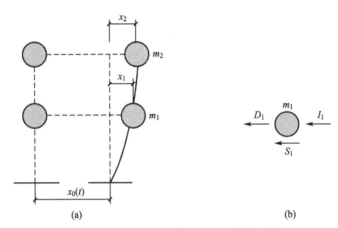

图 3.10　两个自由度体系的瞬时动力平衡

作用在质点 1 上的惯性力为

$$I_1 = -m_1[\ddot{x}_0 + \ddot{x}_1]$$

弹性恢复力为

$$S_1 = -(k_{11}x_1 + k_{12}x_2)$$

阻尼力为

$$D_1 = -(c_{11}\dot{x}_1 + c_{12}\dot{x}_2)$$

根据达朗贝尔原理，质点 1 的运动方程为

$$m_1\ddot{x}_1 + c_{11}\dot{x}_1 + c_{12}\dot{x}_2 + k_{11}x_1 + k_{12}x_2 = -m_1\ddot{x}_0 \tag{3-33}$$

同理，对于质点 2，可得

$$m_2\ddot{x}_2 + c_{21}\dot{x}_1 + c_{22}\dot{x}_2 + k_{21}x_1 + k_{22}x_2 = -m_2\ddot{x}_0 \qquad (3-34)$$

式中 k_{ij}——刚度系数,其物理含义为当 j 自由度产生单位位移,其余自由度不动时,在 i 自由度上需要施加的力;

c_{ij}——阻尼系数,其物理含义为当 j 自由度产生单位速度,其余自由度不动时,在 i 自由度上产生的阻尼力。

对于变形曲线为剪切型的结构,即在振动过程中质点只有平移而无转动的结构,例如图 3.11(a)所示的横梁刚度无限大的框架,设其底层与第二层的层间剪切刚度分别为 k_1 和 k_2,如图 3.11(c)、(d)所示,则由各质点上作用力的平衡可求得各刚度系数为

$$\begin{cases} k_{11} = k_1 + k_2 \\ k_{12} = k_{21} = -k_2 \\ k_{22} = k_2 \end{cases} \qquad (3-35)$$

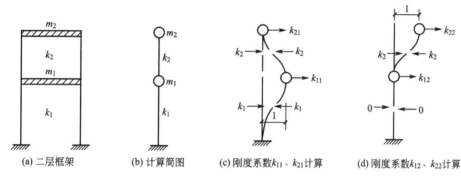

(a) 二层框架   (b) 计算简图   (c) 刚度系数k_{11}、k_{21}计算   (d) 刚度系数k_{12}、k_{22}计算

图 3.11 刚度系数

同理,阻尼系数为

$$\begin{cases} c_{11} = c_1 + c_2 \\ c_{12} = c_{21} = -c_2 \\ c_{22} = c_2 \end{cases} \qquad (3-36)$$

若将式(3-33)、式(3-34)用矩阵形式表示,则有

$$[m]\{\ddot{x}\} + [c]\{\dot{x}\} + [k]\{x\} = -[m]\{1\}\ddot{x}_0 \qquad (3-37)$$

式中

$$[m] = \begin{bmatrix} m_1 & 0 \\ 0 & m_2 \end{bmatrix}, \quad [c] = \begin{bmatrix} c_{11} & c_{12} \\ c_{21} & c_{22} \end{bmatrix}, \quad [k] = \begin{bmatrix} k_{11} & k_{12} \\ k_{21} & k_{22} \end{bmatrix}, \quad \{\ddot{x}\} = \begin{Bmatrix} \ddot{x}_1 \\ \ddot{x}_2 \end{Bmatrix}, \quad \{\dot{x}\} = \begin{Bmatrix} \dot{x}_1 \\ \dot{x}_2 \end{Bmatrix}, \quad \{x\} = \begin{Bmatrix} x_1 \\ x_2 \end{Bmatrix}$$

当为一般的多自由度体系时,式(3-37)中各项为

$$[m] = \begin{bmatrix} m_1 & & & 0 \\ & m_2 & & \\ & & \ddots & \\ 0 & & & m_n \end{bmatrix}, \quad [c] = \begin{bmatrix} c_{11} & c_{12} & \cdots & c_{1n} \\ c_{21} & c_{22} & \cdots & c_{2n} \\ \vdots & \vdots & & \vdots \\ c_{n1} & c_{n2} & \cdots & c_{nn} \end{bmatrix}, \quad [k] = \begin{bmatrix} k_{11} & k_{12} & \cdots & k_{1n} \\ k_{21} & k_{22} & \cdots & k_{2n} \\ \vdots & \vdots & & \vdots \\ k_{n1} & k_{n2} & \cdots & k_{nn} \end{bmatrix}$$

$$\{\ddot{x}\} = \begin{Bmatrix} \ddot{x}_1 \\ \ddot{x}_2 \\ \vdots \\ \ddot{x}_n \end{Bmatrix}, \quad \{\dot{x}\} = \begin{Bmatrix} \dot{x}_1 \\ \dot{x}_2 \\ \vdots \\ \dot{x}_n \end{Bmatrix}, \quad \{x\} = \begin{Bmatrix} x_1 \\ x_2 \\ \vdots \\ x_n \end{Bmatrix}$$

3.4.3 自由振动

1. 自振频率

研究多自由度自由振动时，不考虑阻尼影响，则由式(3-37)得多自由度自由振动方程为

$$[m]\{\ddot{x}\} + [k]\{x\} = 0 \tag{3-38}$$

根据方程，可设方程的解为

$$\{x\} = \{X\}\sin(\omega t + \varphi) \tag{3-39}$$

式中　$\{X\}$——振幅向量，$\{X\} = \{X_1 \quad X_2 \quad \cdots \quad X_n\}^{\mathrm{T}}$；

　　　ω——自振频率；

　　　φ——相位角。

将式(3-39)对时间微分两次，得

$$\{\ddot{x}\} = -\omega^2\{X\}\sin(\omega t + \varphi) \tag{3-40}$$

将式(3-40)、式(3-39)代入式(3-38)得

$$([k] - \omega^2[m])\{X\} = 0 \tag{3-41}$$

因在振动过程中$\{X\} \neq 0$，因此式(3-41)的系数行列式必须为零，即

$$|[k] - \omega^2[m]| = 0 \tag{3-42}$$

上式称为体系的频率方程或特征方程。式(3-42)可进一步写为

$$\begin{vmatrix} k_{11} - \omega^2 m_1 & k_{12} & \cdots & k_{1n} \\ k_{21} & k_{22} - \omega^2 m_2 & \cdots & k_{2n} \\ \vdots & \vdots & & \vdots \\ k_{n1} & k_{n2} & \cdots & k_{nn} - \omega^2 m_n \end{vmatrix} = 0 \tag{3-43}$$

将行列式展开，可得到关于ω^2的n次代数方程，n为体系自由度。求解代数方程可得ω^2的n个根，将其从小到大排列，得体系的n个自振圆频率为ω_1，ω_2，$\cdots$，ω_n。ω_i称为第i自振圆频率，其中ω_1又称为基本自振圆频率。

【例3-2】　计算仅有两个自由度体系的自由振动频率。已知

$$[k] = \begin{bmatrix} k_{11} & k_{12} \\ k_{21} & k_{22} \end{bmatrix}, \quad [m] = \begin{bmatrix} m_1 & 0 \\ 0 & m_2 \end{bmatrix}$$

【解】　由式(3-42)得

$$\left| [k] - \omega^2 [m] \right| = \left| \begin{bmatrix} k_{11} & k_{12} \\ k_{21} & k_{22} \end{bmatrix} - \omega^2 \begin{bmatrix} m_1 & 0 \\ 0 & m_2 \end{bmatrix} \right|$$

$$= m_1 m_2 (\omega^2)^2 - (k_{11} m_2 + k_{22} m_1) \omega^2 + (k_{11} k_{22} - k_{12} k_{21})$$

$$= 0$$

解上方程得

$$\begin{matrix} \omega_1^2 \\ \omega_2^2 \end{matrix} = \frac{1}{2} \left(\frac{k_{11}}{m_1} + \frac{k_{22}}{m_2} \right) \mp \sqrt{\left[\frac{1}{2} \left(\frac{k_{11}}{m_1} + \frac{k_{22}}{m_2} \right) \right]^2 - \frac{k_{11} k_{22} - k_{12} k_{21}}{m_1 m_2}}$$

2. 主振型

将式(3-43)解得的频率值逐一代入振幅方程式(3-41)，便可得到对应于每一个自振频率下各质点的相对振幅比值，由此形成的曲线形式，就是该频率下的主振型，简称振型。

如对两自由度体系，由式(3-41)得

$$\begin{cases} (k_{11} - m_1 \omega^2) X_1 + k_{12} X_2 = 0 \\ k_{21} X_1 + (k_{22} - m_2 \omega^2) X_2 = 0 \end{cases} \tag{3-44}$$

由式(3-39)，对应于 ω_1 的质点位移为

$$\begin{cases} x_{11} = X_{11} \sin(\omega_1 t + \varphi_1) \\ x_{12} = X_{12} \sin(\omega_1 t + \varphi_1) \end{cases} \tag{3-45}$$

对应于 ω_2 的质点位移为

$$\begin{cases} x_{21} = X_{21} \sin(\omega_2 t + \varphi_2) \\ x_{22} = X_{22} \sin(\omega_2 t + \varphi_2) \end{cases} \tag{3-46}$$

则对应于 ω_1 有

$$\frac{x_{12}}{x_{11}} = \frac{X_{12}}{X_{11}} = \frac{m_1 \omega_1^2 - k_{11}}{k_{12}} \tag{3-47}$$

对应于 ω_2 有

$$\frac{x_{22}}{x_{21}} = \frac{X_{22}}{X_{21}} = \frac{m_1 \omega_2^2 - k_{11}}{k_{12}} \tag{3-48}$$

由式(3-47)、式(3-48)可知，比值不仅与时间无关，而且为常数。也就是说，在结构振动过程中的任意时刻，这两个质点的位移比值始终保持不变。体系按 ω_i 振动时称为第 i 振型，其中按 ω_1 振动时又称基本振型。因主振型只取决于质点位移之间的相对值，为了简单起见，通常将其中一个质点的位移值定为1。

一般地，体系有多少个自由度就有多少个频率，相应的就有多少个主振型，它们是体系的固有特性。

在一般初始条件下，体系的振动曲线包含全部振型。即任一质点的振动都是由各主振型的简谐振动叠加而成的复合振动，它不再是简谐振动，而且质点之间位移的比值也不再是常数，其值将随时间而发生变化。

多自由度体系主振型以某一阶圆频率 ω_i 自由振动时，将有一特定的振幅 $\{X_i\}$ 与之相应，它们之间应满足特征方程

$$([k]-\omega_i^2[m])\{X_i\}=0 \tag{3-49}$$

令 $\{X_i\}=[X_{i1}, X_{i2}, \cdots, X_{in-1}, X_{in}]^{\mathrm{T}}=X_{in}[X_{i1}/X_{in}, X_{i2}/X_{in}, \cdots, X_{in-1}/X_{in}, 1]^{\mathrm{T}}$

$$=X_{in}\left\{\begin{array}{c}\{\overline{X}_i\}_{n-1}\\ 1\end{array}\right\}$$

与 $\{X_i\}$ 相应，特征方程可用分块矩阵表达为

$$([k]-\omega_i^2[m])=\begin{bmatrix}[A_i]_{n-1} & \{B_i\}_{n-1}\\ \{B_i\}_{n-1}^{\mathrm{T}} & C_i\end{bmatrix} \tag{3-50}$$

则式(3-49)可写为

$$X_{in}\begin{bmatrix}[A_i]_{n-1} & \{B_i\}_{n-1}\\ \{B_i\}_{n-1}^{\mathrm{T}} & C_i\end{bmatrix}\left\{\begin{array}{c}\{\overline{X}_i\}_{n-1}\\ 1\end{array}\right\}=0 \tag{3-51}$$

将上式展开得

$$[A_i]_{n-1}\{\overline{X}_i\}_{n-1}+\{B_i\}_{n-1}=0 \tag{3-52}$$

$$\{B_i\}_{n-1}^{\mathrm{T}}\{\overline{X}_i\}_{n-1}+C_i=0 \tag{3-53}$$

由上式可解得

$$\{\overline{X}_i\}_{n-1}=-[A_i]_{n-1}^{-1}\{B_i\}_{n-1} \tag{3-54}$$

将式(3-54)代入式(3-53)，可以验证 $\{\overline{X}_i\}_{n-1}$ 的正确性。

【例3-3】 3层框架结构，横梁刚度无限大，集中于楼面和屋面的质量及各楼层层间剪切刚度如图3.12所示，该结构底层高5m，第二、三层高均为4m。求结构的自振频率和振型。

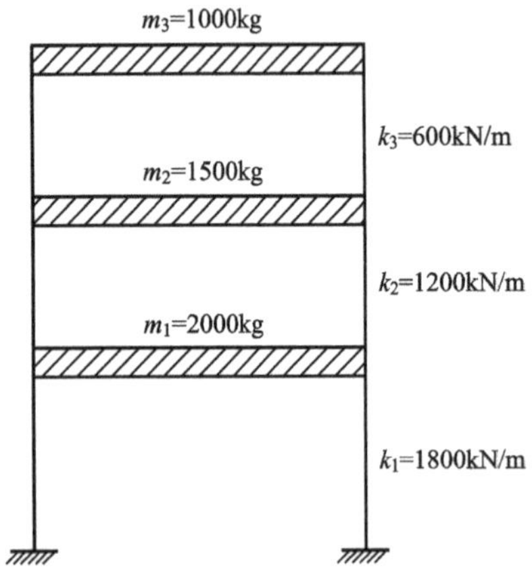

【解】 该结构为3自由度体系，质量矩阵和刚度矩阵分别为

$m_3=1000\text{kg}$

$k_3=600\text{kN/m}$

$m_2=1500\text{kg}$

$k_2=1200\text{kN/m}$

$m_1=2000\text{kg}$

$k_1=1800\text{kN/m}$

图3.12 例3-3图

$$[m]=\begin{bmatrix}2 & 0 & 0\\ 0 & 1.5 & 0\\ 0 & 0 & 1\end{bmatrix}\times10^3\,\text{kg},$$

$$[k]=\begin{bmatrix}3 & -1.2 & 0\\ -1.2 & 1.8 & -0.6\\ 0 & -0.6 & 0.6\end{bmatrix}\times10^6\,\text{N/m}$$

由式(3-43)特征方程求自振频率，令 $B=\omega^2/600$ 可得

$$|[k]-\omega^2[m]|=\begin{vmatrix}5-2B & -2 & 0\\ -2 & 3-1.5B & -1\\ 0 & -1 & 1-B\end{vmatrix}=0$$

将上式展开得

$$B^3 - 5.5B^2 + 7.5B - 2 = 0$$

解得

$$B_1 = 0.351, \quad B_2 = 1.61, \quad B_3 = 3.54$$

由 $\omega = \sqrt{600B}$ 得

$$\omega_1 = 14.5\mathrm{rad/s}, \quad \omega_2 = 31.3\mathrm{rad/s}, \quad \omega_3 = 46.1\mathrm{rad/s}$$

由 $T = 2\pi/\omega$，可得结构的各阶自振周期分别为

$$T_1 = 0.433\mathrm{s}, \quad T_2 = 0.201\mathrm{s}, \quad T_3 = 0.136\mathrm{s}$$

为求第一阶振型，将 $\omega_1 = 14.5\mathrm{rad/s}$ 代入得

$$([k] - \omega_1^2[m]) = \begin{bmatrix} 2579.5 & -1200 & 0 \\ -1200 & 1484.6 & -600 \\ 0 & -600 & 389.8 \end{bmatrix}$$

由式(3-54)得

$$\begin{Bmatrix} \overline{X}_{11} \\ \overline{X}_{12} \end{Bmatrix} = -\begin{bmatrix} 2579.5 & -1200 \\ -1200 & 1484.6 \end{bmatrix}^{-1} \begin{Bmatrix} 0 \\ -600 \end{Bmatrix} = \begin{Bmatrix} 0.301 \\ 0.648 \end{Bmatrix}$$

代入式(3-53)校核如下：

$$[0, \ -600]\begin{Bmatrix} 0.301 \\ 0.648 \end{Bmatrix} + 389.8 \approx 0$$

则第一阶振型为

$$\{\overline{X}_1\} = \begin{Bmatrix} 0.301 \\ 0.648 \\ 1 \end{Bmatrix}$$

同理求得第二阶和第三阶振型分别为

$$\{\overline{X}_2\} = \begin{Bmatrix} -0.676 \\ -0.601 \\ 1 \end{Bmatrix}, \quad \{\overline{X}_3\} = \begin{Bmatrix} 2.47 \\ -2.57 \\ 1 \end{Bmatrix}$$

相应振型图分别表示于图 3.13 之中。

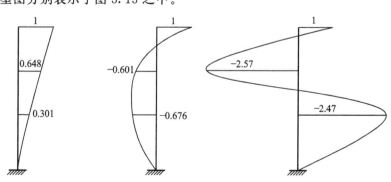

图 3.13 例 3-3 计算结果

49

3. 主振型的正交性

主振型的正交性表现在两个方面：

(1) 主振型关于质量矩阵是正交的，即

$$\{X_j\}^{\mathrm{T}}[m]\{X_i\} = \begin{cases} 0 & (j \neq i) \\ M_j & (j = i) \end{cases} \qquad (3-55)$$

(2) 主振型关于刚度矩阵也是正交的，即

$$\{X_j\}^{\mathrm{T}}[k]\{X_i\} = \begin{cases} 0 & (j \neq i) \\ K_j & (j = i) \end{cases} \qquad (3-56)$$

证明如下：

将体系特征方程改写为

$$[k]\{X\} = \omega^2 [m]\{X\} \qquad (3-57)$$

上式对体系任意第 i 阶和第 j 阶频率和振型均应成立，即

$$[k]\{X_i\} = \omega_i^2 [m]\{X_i\} \qquad (3-58)$$

$$[k]\{X_j\} = \omega_j^2 [m]\{X_j\} \qquad (3-59)$$

对式(3-58)两边左乘$\{X_j\}^{\mathrm{T}}$，并对式(3-59)两边左乘$\{X_i\}^{\mathrm{T}}$，得

$$\{X_j\}^{\mathrm{T}}[k]\{X_i\} = \omega_i^2 \{X_j\}^{\mathrm{T}}[m]\{X_i\} \qquad (3-60)$$

$$\{X_i\}^{\mathrm{T}}[k]\{X_j\} = \omega_j^2 \{X_i\}^{\mathrm{T}}[m]\{X_j\} \qquad (3-61)$$

将式(3-61)两边转置，并注意到刚度矩阵和质量矩阵的对称性得

$$\{X_j\}^{\mathrm{T}}[k]\{X_i\} = \omega_j^2 \{X_j\}^{\mathrm{T}}[m]\{X_i\} \qquad (3-62)$$

将式(3-62)与式(3-60)相减得

$$(\omega_j^2 - \omega_i^2)\{X_j\}^{\mathrm{T}}[m]\{X_i\} = 0 \qquad (3-63)$$

若 $i \neq j$，则 $\omega_i \neq \omega_j$，于是必有如下正交性成立：

$$\{X_j\}^{\mathrm{T}}[m]\{X_i\} = 0 \quad (i \neq j) \qquad (3-64)$$

将式(3-64)代入式(3-60)即得到关于刚度矩阵的正交性：

$$\{X_j\}^{\mathrm{T}}[k]\{X_i\} = 0 \quad (i \neq j) \qquad (3-65)$$

3.4.4　振型分解法

振型分解法是求解多自由度弹性体系动力响应的一种重要方法。由式(3-37)可知，多自由度弹性体系在水平地震作用下的运动方程为一组相互耦联的微分方程，联立求解有一定困难。振型分解法的思路是：利用振型的正交性，将原来耦联的多自由度微分方程组分解为若干彼此独立的单自由度微分方程，由单自由度体系结果分别得出各自独立方程的解，然后再将各自独立解进行叠加组合，由此得出总的反应。

一般主振型关于阻尼矩阵不具有正交关系。为了能利用振型分解法，通常假定阻尼矩阵也能满足正交性，即

$$\{X_j\}^\mathrm{T}[c]\{X_i\}=\begin{cases}0 & (j\neq i)\\ C_j & (j=i)\end{cases} \tag{3-66}$$

在分析中，常采用瑞雷(Rayleigh)阻尼矩阵形式，将阻尼矩阵表达为质量矩阵和刚度矩阵的线性组合，即

$$[c]=a[m]+b[k] \tag{3-67}$$

式中 a、b——比例常数。

将式(3-67)代入式(3-66)可得

$$\{X_j\}^\mathrm{T}[c]\{X_i\}=\begin{cases}0 & (j\neq i)\\ aM_j+bK_j & (j=i)\end{cases} \tag{3-68}$$

由振型的正交性可知，$\{X_1\}$，$\{X_2\}$，$\cdots$，$\{X_n\}$相互独立，根据线性代数理论，n 维向量$\{x\}$总可以表示为 n 个独立向量的线性组合，则体系地震位移反应向量$\{x\}$可表示成

$$\{x\}=[X]\{q\} \tag{3-69}$$

式中 $\{q\}$——引入的广义坐标向量，可写成

$$\{q\}=\begin{Bmatrix}q_1(t)\\ q_2(t)\\ \vdots\\ q_n(t)\end{Bmatrix} \tag{3-70}$$

$[X]$——振型矩阵，是由 n 个彼此正交的主振型向量组成的方阵，

$$[X]=[\{X_1\}\quad \{X_2\}\quad \cdots\quad \{X_n\}]=\begin{bmatrix}X_{11} & X_{12} & \cdots & X_{1n}\\ X_{21} & X_{22} & \cdots & X_{2n}\\ \vdots & \vdots & & \vdots\\ X_{n1} & X_{n2} & \cdots & X_{nn}\end{bmatrix} \tag{3-71}$$

式中 X_{ji}的 j 表示振型序号，i 表示自由度序号。$\{x\}$也可按主振型分解形式写成

$$\{x\}=\{X_1\}q_1(t)+\{X_2\}q_2(t)+\cdots+\{X_n\}q_n(t) \tag{3-72}$$

将式(3-69)代入式(3-37)得

$$[m][X]\{\ddot{q}\}+[c][X]\{\dot{q}\}+[k][X]\{q\}=-[m]\{\ddot{x}_0\} \tag{3-73}$$

将上式两边左乘$\{X_j\}^\mathrm{T}$ 得

$$\{X_j\}^\mathrm{T}[m][X]\{\ddot{q}\}+\{X_j\}^\mathrm{T}[c][X]\{\dot{q}\}+\{X_j\}^\mathrm{T}[k][X]\{q\}=-\{X_j\}^\mathrm{T}[m]\{\ddot{x}_0\} \tag{3-74}$$

根据振型的正交性，上式各项展开相乘后，除第 j 项外，其他各项均为零。因此方程化为如下独立形式

$$M_j\ddot{q}_j(t)+C_j\dot{q}_j(t)+K_jq_j(t)=-\ddot{x}_0(t)\sum_{i=1}^{n}m_iX_{ji} \tag{3-75}$$

或写成

$$\ddot{q}_j(t) + 2\xi_j\omega_j\dot{q}_j(t) + \omega_j^2 q_j(t) = -\gamma_j\ddot{x}_0(t) \quad (j=1, 2, \cdots, n) \tag{3-76}$$

式中　M_j——第 j 振型广义质量，

$$M_j = \{X_j\}^{\mathrm{T}}[m]\{X_j\} = \sum_{i=1}^{n} m_i X_{ji}^2 \tag{3-77}$$

K_j——第 j 振型广义刚度，

$$K_j = \{X_j\}^{\mathrm{T}}[k]\{X_j\} = \omega_j^2 M_j \tag{3-78}$$

C_j——第 j 振型广义阻尼系数，

$$C_j = \{X_j\}^{\mathrm{T}}[c]\{X_j\} = 2\xi_j\omega_j M_j \tag{3-79}$$

γ_j——第 j 振型参与系数，

$$\gamma_j = \frac{\sum\limits_{i=1}^{n} m_i X_{ji}}{\sum\limits_{i=1}^{n} m_i X_{ji}^2} \tag{3-80}$$

ξ_j——第 j 振型阻尼比，由式(3-68)和式(3-79)可知

$$aM_j + bK_j = 2\xi_j\omega_j M_j \tag{3-81}$$

即有

$$\xi_j = \frac{1}{2}\left(\frac{a}{\omega_j} + b\omega_j\right) \tag{3-82}$$

式中系数 a、b 通常根据第一、第二振型的频率和阻尼比，按下式确定：

$$a = \frac{2\omega_1\omega_2(\xi_1\omega_2 - \xi_2\omega_1)}{\omega_2^2 - \omega_1^2} \tag{3-83}$$

$$b = \frac{2(\xi_2\omega_2 - \xi_1\omega_1)}{\omega_2^2 - \omega_1^2} \tag{3-84}$$

在式(3-76)中，依次取 $j=1, 2, \cdots, n$，可得 n 个彼此独立的关于广义坐标 $q_j(t)$ 的运动方程，即在每一个方程中仅含有一个未知量 q_j，由此可分别求解出 q_1，q_2，$\cdots$，q_n。可以看出，式(3-76)在形式上与单自由度体系运动方程式(3-7)基本相同，只是在方程式(3-76)的等号右边多了一个 γ_j，为此方程式(3-76)的解可以参照方程式(3-7)的解即式(3-14)写出：

$$q_j(t) = -\frac{\gamma_j}{\omega_j}\int_0^t \ddot{x}_0(\tau)\mathrm{e}^{-\xi_j\omega_j(t-\tau)}\sin\omega_j(t-\tau)\mathrm{d}\tau = \gamma_j\Delta_j(t) \tag{3-85}$$

式中

$$\Delta_j(t) = -\frac{1}{\omega_j}\int_0^t \ddot{x}_0(\tau)\mathrm{e}^{-\xi_j\omega_j(t-\tau)}\sin\omega_j(t-\tau)\mathrm{d}\tau \tag{3-86}$$

式(3-86)相当于自振频率为 ω_j、阻尼比为 ξ_j 的单自由度弹性体系在地震作用下的位移反应，这个单自由度体系称为与振型 j 相应的振子。

求出广义坐标 $\{q\} = \{q_1(t) \quad q_2(t) \quad \cdots \quad q_n(t)\}^{\mathrm{T}}$ 后，按式(3-69)或式(3-72)进行

组合，求得以原坐标的质点位移。其中第 i 质点的位移 $x_i(t)$ 为

$$x_i(t) = X_{1i}q_1(t) + X_{2i}q_2(t) + \cdots + X_{ni}q_n(t) = \sum_{j=1}^{n} q_j(t)X_{ji} = \sum_{j=1}^{n} \gamma_j \Delta_j(t) X_{ji}$$

$$(3-87)$$

在按振型分解法求解结构地震反应时，通常不需要计算全部振型。理论分析表明，前几阶振型对结构反应贡献最大，高阶振型对反应的贡献很小。对于一般多层房屋结构，通常只需考虑前三阶振型即可满足工程精度要求，这样使计算大为简化。

3.5 多自由度弹性体系的水平地震作用

多自由度弹性体系的水平地震作用可采用振型分解反应谱法求得，在一定条件下还可采用比较简单的底部剪力法。现分别将两种方法介绍如下。

3.5.1 振型分解反应谱法

振型分解反应谱法基本思路为：利用振型分解法的概念，将多自由度体系分解成若干个单自由度系统的组合，然后利用单自由度体系的反应谱理论来计算各振型的地震作用。该法较振型分解法更为简便实用，为《抗震规范》中给出的一种基本计算方法。

1. 一个表达式

因各阶振型 $\{X_i\}(i=1, 2, \cdots, n)$ 是相互独立的向量，则可将单位向量 $\{1\}$ 表示成 $\{X_1\}, \{X_2\}, \cdots, \{X_n\}$ 的线性组合，即

$$\{1\} = \sum_{i=1}^{n} a_i \{X_i\} \qquad (3-88)$$

其中 a_i 为待定系数。为了确定 a_i，将式(3-88)两边左乘 $\{X_j\}^T[m]$，得

$$\{X_j\}^T[m]\{1\} = \sum_{i=1}^{n} a_i \{X_j\}^T[m]\{X_i\} = a_j\{X_j\}^T[m]\{X_j\} \qquad (3-89)$$

由上式解得

$$a_j = \frac{\{X_j\}^T[m]\{1\}}{\{X_j\}^T[m]\{X_j\}} = \gamma_j \qquad (3-90)$$

将式(3-90)代入式(3-88)可得如下表达式

$$\sum_{i=1}^{n} \gamma_i \{X_i\} = \{1\} \qquad (3-91)$$

2. 地震作用

多自由度弹性体系地震时质点所受到的惯性力就是质点的地震作用。若不考虑扭转耦联，则质点 i 上的地震作用为

$$F_i(t) = -m_i [\ddot{x}_0(t) + \ddot{x}_i(t)] \qquad (3-92)$$

式中 m_i——质点 i 的质量；

$\ddot{x}_0(t)$——地面运动加速度；

$\ddot{x}_i(t)$——质点 i 的相对加速度。

根据式(3-91)，$\ddot{x}_0(t)$ 还可写成：

$$\ddot{x}_0(t) = \Big(\sum_{j=1}^{n} \gamma_j X_{ji} \Big) \ddot{x}_0(t) \tag{3-93}$$

又由式(3-87)得

$$\ddot{x}_i(t) = \sum_{j=1}^{n} \gamma_j \ddot{\Delta}_j(t) X_{ji} \tag{3-94}$$

将式(3-93)及式(3-94)代入式(3-92)得

$$F_i(t) = -m_i \sum_{j=1}^{n} \gamma_j X_{ji} [\ddot{x}_0(t) + \ddot{\Delta}_j(t)] \tag{3-95}$$

式中 $[\ddot{x}_0(t) + \ddot{\Delta}_j(t)]$——与第 j 振型相应振子的绝对加速度。

由式(3-95)可知，作用在第 j 振型第 i 质点上的水平地震作用绝对最大标准值为

$$F_{ji}(t) = m_i \gamma_j X_{ji} [\ddot{x}_0(t) + \ddot{\Delta}_j(t)]_{\max} \tag{3-96}$$

令

$$\alpha_j = \frac{[\ddot{x}_0(t) + \ddot{\Delta}_j(t)]_{\max}}{g}$$

$$G_i = m_i g$$

即有

$$F_{ji} = \alpha_j \gamma_j X_{ji} G_i \quad (i=1,2,\cdots,m; \ j=1,2,\cdots,n) \tag{3-97}$$

式中 α_j——相应于第 j 振型自振周期的地震影响系数；

γ_j——第 j 振型参与系数；

X_{ji}——第 j 振型第 i 质点的水平相对位移；

G_i——集中于 i 质点的重力荷载代表值。

3. 振型组合

求出第 j 振型第 i 质点的水平地震作用 F_{ji} 后，就可按一般结构力学计算结构的地震作用效应 S_j(弯矩、剪力、轴向力和变形等)。因根据振型分解反应谱确定的各振型的地震作用 F_{ji} 均为最大值，这样，按 F_{ji} 所求得的地震作用效应 S_j 也是最大值。但是，相应于各振型的最大地震作用效应 S_j 不会同时发生，这样，就出现如何将 S_j 进行组合，以确定合理地震作用效应的问题。

当相邻振型的周期比小于 0.85 时，规范中采用平方和开方的方法确定，即

$$S_{Ek} = \sqrt{\sum S_j^2} \tag{3-98}$$

式中 S_{Ek}——水平地震作用标准值的效应；

S_j——j 振型水平地震作用标准值的效应，可只取前 2~3 个振型，当基本自振周期大于 1.5s 或房屋高宽比大于 5 时，振型个数应适当增加。

【例 3 - 4】 结构同例 3 - 3。已知

$$T_1 = 0.433\text{s}, \quad T_2 = 0.202\text{s}, \quad T_3 = 0.136\text{s}$$

$$\{\overline{X}_1\} = \begin{Bmatrix} 0.301 \\ 0.648 \\ 1 \end{Bmatrix}, \quad \{\overline{X}_2\} = \begin{Bmatrix} -0.676 \\ -0.601 \\ 1 \end{Bmatrix}, \quad \{\overline{X}_3\} = \begin{Bmatrix} 2.47 \\ -2.57 \\ 1 \end{Bmatrix}$$

抗震设防烈度为 8 度(设计基本地震加速度为 0.20g), I_1 类建筑场地,设计地震分组为第一组,结构阻尼比为 0.05。试用振型分解反应谱法计算结构在多遇地震下的层间地震剪力。

【解】 (1)计算地震影响系数 α_j。

查表 3 - 2 得 $\alpha_{max} = 0.16$,查表 3 - 3 得 $T_g = 0.25\text{s}$。

当阻尼比为 0.05 时,由式(3 - 28)和式(3 - 30)可知 $\eta_2 = 1$, $\gamma = 0.9$。

因 $T_g < T_1 < 5T_g$,所以 $\alpha_1 = \left(\dfrac{T_g}{T_1}\right)^{\gamma} \eta_2 \alpha_{max} = \left(\dfrac{0.25}{0.433}\right)^{0.9} \times 0.16 = 0.0976$。

因 $0.1\text{s} < T_2$、$T_3 < T_g$,所以 $\alpha_2 = \alpha_3 = \eta_2 \alpha_{max} = 0.16$。

(2)计算振型参与系数 γ_j。

$$\gamma_1 = \frac{\sum\limits_{i=1}^{n} m_i X_{1i}}{\sum\limits_{i=1}^{n} m_i X_{1i}^2} = \frac{1 + 1.5 \times 0.648 + 2 \times 0.301}{1 + 1.5 \times 0.648^2 + 2 \times 0.301^2} = 1.421$$

$$\gamma_2 = \frac{\sum\limits_{i=1}^{n} m_i X_{2i}}{\sum\limits_{i=1}^{n} m_i X_{2i}^2} = \frac{1 + 1.5 \times (-0.601) + 2 \times (-0.676)}{1 + 1.5 \times (-0.601)^2 + 2 \times (-0.676)^2} = -0.510$$

$$\gamma_3 = \frac{\sum\limits_{i=1}^{n} m_i X_{3i}}{\sum\limits_{i=1}^{n} m_i X_{3i}^2} = \frac{1 + 1.5 \times (-2.57) + 2 \times 2.47}{1 + 1.5 \times (-2.57)^2 + 2 \times 2.47^2} = 0.090$$

(3)计算水平地震作用标准值 F_{ji}。

第一振型各质点水平地震作用为

$$F_{11} = \alpha_1 \gamma_1 X_{11} G_1 = 0.0976 \times 1.421 \times 0.301 \times 2 \times 9.8 = 0.818(\text{kN})$$

$$F_{12} = \alpha_1 \gamma_1 X_{12} G_2 = 0.0976 \times 1.421 \times 0.648 \times 1.5 \times 9.8 = 1.321(\text{kN})$$

$$F_{13} = \alpha_1 \gamma_1 X_{13} G_3 = 0.0976 \times 1.421 \times 1 \times 1.0 \times 9.8 = 1.359(\text{kN})$$

第二振型各质点水平地震作用为

$$F_{21} = 0.16 \times (-0.510) \times (-0.676) \times 2 \times 9.8 = 1.081(\text{kN})$$

$$F_{22} = 0.16 \times (-0.510) \times (-0.601) \times 1.5 \times 9.8 = 0.721(\text{kN})$$

$$F_{23} = 0.16 \times (-0.510) \times 1 \times 1.0 \times 9.8 = -0.800(\text{kN})$$

第三振型各质点水平地震作用为

$$F_{31}=0.16\times0.09\times2.47\times2\times9.8=0.697(kN)$$

$$F_{32}=0.16\times0.09\times(-2.57)\times1.5\times9.8=-0.529(kN)$$

$$F_{33}=0.16\times0.09\times1\times1.0\times9.8=0.141(kN)$$

（4）计算层间地震剪力。

根据以上计算结果，对应于各振型的剪力如图 3.14(a)～(c)所示。

地震作用下结构各层剪力为

$$V_1=\sqrt{3.498^2+1.002^2+0.309^2}=3.652(kN)$$

$$V_2=\sqrt{2.680^2+0.079^2+0.388^2}=2.709(kN)$$

$$V_3=\sqrt{1.359^2+0.800^2+0.141^2}=1.583(kN)$$

结构的层间剪力图如图 3.14(d)所示。

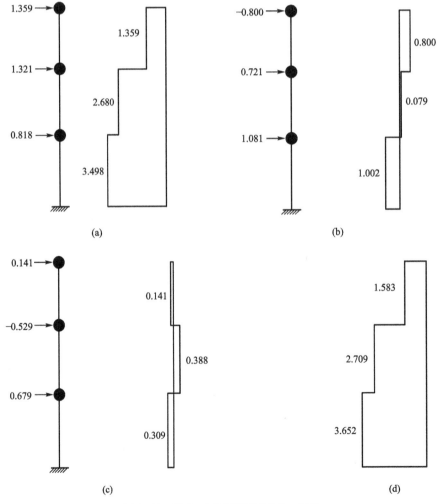

图 3.14　例 3-4 计算结果（单位：kN）

3.5.2 底部剪力法

按振型分解反应谱法求解多自由度体系的地震反应时，需计算结构的各阶频率和振型，运算较繁。为了简化计算，规范中进一步提出了近似计算的底部剪力法。底部剪力法主要思路为：先计算出作用于结构的总水平地震作用，即底部剪力，然后将总水平地震作用按照一定的规律分配到各个质点上，从而得到各个质点的水平地震作用。

1. 基本公式

理论分析表明，当建筑物高度不超过 40m、结构以剪切变形为主且质量和刚度沿高度分布较均匀，以及结构近似于单质点体系时，结构的地震位移反应以基本振型为主，而基本振型接近于倒三角形分布。根据以上特点，假定只考虑第一振型贡献，并将第一振型处理为倒三角形直线分布，如图 3.15 所示。因此，体系振动时质点 i 处的振幅与该质点距地面的高度成正比，即有

$$X_{1i} = \eta H_i \tag{3-99}$$

式中 η——比例常数。

将上式代入式(3-97)，得

$$F_i = \alpha_1 \gamma_1 \eta H_i G_i \tag{3-100}$$

结构总水平地震作用标准值（底部剪力）为

$$F_{Ek} = \sum_{i=1}^{n} F_i = \alpha_1 \gamma_1 \eta \sum_{i=1}^{n} H_i G_i \tag{3-101}$$

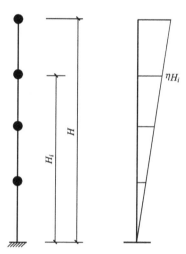

图 3.15 底部剪力法计算简图

从而有

$$\alpha_1 \gamma_1 \eta = \frac{F_{Ek}}{\sum_{i=1}^{n} H_i G_i} \tag{3-102}$$

将上式代入式(3-100)，得出计算 F_i 的表达式为

$$F_i = \frac{H_i G_i}{\sum_{j=1}^{n} H_j G_j} F_{Ek} \tag{3-103}$$

式中 F_{Ek}——总水平地震作用标准值（结构底部剪力）；

F_i——质点 i 的水平地震作用标准值；

H_i、H_j——质点 i、j 的计算高度；

G_i、G_j——集中于质点 i、j 的重力荷载代表值。

将多质点体系等效为一个与基本周期相同的单质点体系，则结构底部剪力的计算可简化为

$$F_{Ek} = \alpha_1 G_{eq} \tag{3-104}$$

式中 α_1——相应于结构基本自振周期的水平地震影响系数；

G_{eq}——结构等效总重力荷载，可写成

$$G_{eq} = \beta \sum_{i=1}^{n} G_i \qquad (3-105)$$

式中 β——等效系数。对于单质点体系，取 $\beta = 1$；对于多质点体系，经大量计算分析结果的统计，β 值一般在 $0.8 \sim 0.9$ 之间，《抗震规范》取 $\beta = 0.85$。

2. 基本公式的修正

对于自振周期比较长的建筑结构，经计算发现，在结构顶部的地震剪力按式(3-103)计算结果偏小，故需要修正。《抗震规范》对 $T_1 > 1.4 T_g$ 的长周期结构，给出了如下的修正：

$$\begin{cases} \Delta F_n = \delta_n F_{Ek} \\ F_i = \dfrac{H_i G_i}{\sum\limits_{j=1}^{n} H_j G_j} F_{Ek}(1 - \delta_n) \quad (i = 1, 2, \cdots, n) \end{cases} \qquad (3-106)$$

式中 ΔF_n——顶部附加水平地震作用。

δ_n——顶部附加地震系数。对于多层钢筋混凝土房屋和钢结构房屋，按表 3-5 采用；对于多层内框架砖房，可取 $\delta_n = 0.2$；其他房屋可取 $\delta_n = 0$。

表 3-5 顶部附加地震作用系数

T_g/s	$T_1 > 1.4 T_g$	$T_1 \leqslant 1.4 T_g$
$T_g \leqslant 0.35$	$0.08 T_1 + 0.07$	
$0.35 < T_g \leqslant 0.55$	$0.08 T_1 + 0.01$	0.0
$T_g > 0.55$	$0.08 T_1 - 0.02$	

震害表明，突出屋面的小建筑(如屋顶间、女儿墙、烟囱等)，由于该部分结构的质量和刚度突然变小，地震时将产生鞭端效应，使得局部突出屋面小建筑的地震反应特别强烈，其程度取决于突出物与建筑物的质量比和刚度比以及场地条件等。规范规定，采用底部剪力法时，对这些结构的地震作用效应，宜乘以增大系数 3，此增大部分不应往下传递。

【例 3-5】 结构同例 3-3，设计基本地震加速度及场地条件同例 3-4。试用底部剪力法计算结构在多遇地震下的层间地震剪力。

【解】（1）计算底部剪力。

由例 3-4 已求得 $\alpha_1 = 0.0976$。

而结构总重力荷载为

$$G_{eq} = \beta \sum_{i=1}^{n} G_i = 0.85 \times (1.0 + 1.5 + 2.0) \times 9.8 = 37.485 (\text{kN})$$

底部剪力为

$$F_{Ek} = \alpha_1 G_{eq} = 0.0976 \times 37.485 = 3.659 (\text{kN})$$

（2）计算各质点的水平地震作用。

因 $T_g = 0.25 \text{s}$，$T_1 = 0.433 \text{s} > 1.4 T_g = 0.35 \text{s}$，所以需考虑结构顶部附加地震作用。由表 3-5 知 $\delta_n = 0.08 T_1 + 0.07 = 0.08 \times 0.433 + 0.07 = 0.105$，则可得

$$\Delta F_n = \delta_n F_{\text{Ek}} = 0.105 \times 3.659 = 0.384(\text{kN})$$

由已知条件得 $H_1 = 5\text{m}$，$H_2 = 9\text{m}$，$H_3 = 13\text{m}$，从而可得

$$\sum_{j=1}^{n} G_j H_j = (2 \times 5 + 1.5 \times 9 + 1 \times 13) \times 9.8 = 357.7(\text{kN} \cdot \text{m})$$

$$F_1 = \frac{G_1 H_1}{\sum\limits_{j=1}^{n} G_j H_j}(1 - \delta_n)F_{\text{Ek}} = \frac{2 \times 5 \times 9.8}{357.7} \times (1 - 0.105) \times 3.659 = 0.897(\text{kN})$$

$$F_2 = \frac{1.5 \times 9 \times 9.8}{357.7} \times (1 - 0.105) \times 3.659 = 1.211(\text{kN})$$

$$F_3 = \frac{1.0 \times 13 \times 9.8}{357.7} \times (1 - 0.105) \times 3.659 = 1.166(\text{kN})$$

计算结果与振型分解法的比较如图 3.16 所示。

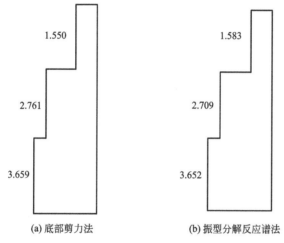

图 3.16　例 3 - 5 图(单位: kN)

3.6 结构基本周期的近似计算

采用底部剪力法进行结构地震作用计算时，需知道结构的基本周期值。本节介绍两种常用的计算结构基本周期的近似方法：能量法和顶点位移法。

3.6.1　能量法

能量法又称瑞利法，是根据能量守恒原理确定结构基本周期的一种近似方法。公式为

$$T_1 = 2\pi \sqrt{\frac{\sum\limits_{i=1}^{n} G_i \Delta_i^2}{g \sum\limits_{i=1}^{n} G_i \Delta_i}} \approx 2 \sqrt{\frac{\sum\limits_{i=1}^{n} G_i \Delta_i^2}{\sum\limits_{i=1}^{n} G_i \Delta_i}} \tag{3-107}$$

式中　g——重力加速度（m/s^2）；

G_i——质点 i 的重力荷载代表值；

Δ_i——在各假想水平荷载 G_i 共同作用下，质点 i 处的水平弹性位移（m）。

3.6.2　顶点位移法

顶点位移法是常用的求解结构体系基本周期的一种近似方法。其基本思路是将体系的基本周期用在重力荷载水平作用下的顶点位移来表示。

考虑一质量均匀的悬臂直杆，如图 3.17(a) 所示，当杆按弯曲型振动时，其基本周期可按下式计算：

$$T_b = 1.78 \sqrt{\frac{qH^4}{gEI}} \qquad (3-108)$$

当杆按剪切型振动时，则有

$$T_s = 1.28 \sqrt{\frac{\mu qH^2}{GA}} \qquad (3-109)$$

式中　EI、GA——杆的弯曲刚度和剪切刚度；

μ——剪力分布不均匀系数。

悬臂杆在均布重力荷载水平作用下 ［图 3.17(b)］，弯曲变形和剪切变形时顶点位移 ［图 3.17(c)、(d)］分别为

$$\Delta_b = \frac{qH^4}{8EI} \qquad (3-110)$$

$$\Delta_s = \frac{\mu qH^2}{2GA} \qquad (3-111)$$

将式(3-110)和式(3-111)分别代入式(3-108)和式(3-109)，得

$$T_b = 1.6 \sqrt{\Delta_b} \qquad (3-112)$$

$$T_s = 1.8 \sqrt{\Delta_s} \qquad (3-113)$$

若体系按弯剪振动 ［图 3.17(e)］，当顶点位移用 Δ 表示时，其基本周期可按下式计算：

$$T_s = 1.7 \sqrt{\Delta} \qquad (3-114)$$

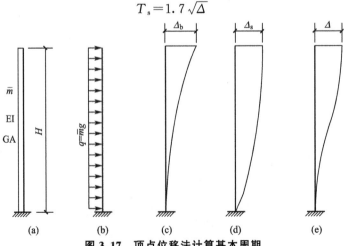

图 3.17　顶点位移法计算基本周期

上述各公式中，顶点位移单位为 m，周期单位为 s。对于一般多层框架结构，只要求得框架在集中于楼层的重力荷载水平作用时的顶点位移，即可求出其基本周期值。

3.6.3 基本周期的修正

按能量法和顶点位移法求解结构基本周期时，一般只考虑承重构件的刚度，并未考虑非承重构件对刚度的影响，这将使理论计算值偏长。为了使计算结果更接近于实际情况，应对理论计算结果进行折减。折减系数取值如下：

框架结构：	0.6～0.7
框架-剪力墙结构：	0.7～0.8
框架-核心筒结构：	0.8～0.9
剪力墙结构：	0.8～1.0

3.7 竖向地震作用

一般来说，水平地震作用是导致建筑结构破坏的主要原因。但当烈度较高时，高层建筑、烟囱、电视塔等高耸结构、长悬臂结构和大跨度结构的竖向地震作用也是不能忽视的。规范规定，8 度和 9 度时的大跨度结构、长悬臂结构、烟囱和类似高耸结构，以及 9 度时的高层建筑，应考虑竖向地震作用的影响。

3.7.1 高耸结构和高层建筑

分析表明，高耸结构和高层建筑的竖向自振周期较短，其反应以第一振型为主，则其竖向地震作用的简化计算可采用类似于水平地震作用的底部剪力法，即先确定结构的总竖向地震作用，然后在各质点上进行分配，如图 3.18 所示。公式为

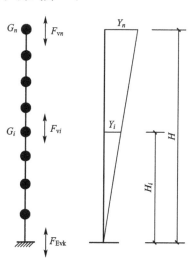

$$F_{\mathrm{Evk}} = \alpha_{\mathrm{v1}} G_{\mathrm{eq}} \qquad (3-115)$$

$$F_{\mathrm{vi}} = \frac{G_i H_i}{\sum\limits_{j=1}^{n} G_j H_j} F_{\mathrm{Evk}} \qquad (3-116)$$

式中　F_{Evk}——结构总竖向地震作用标准值。

F_{vi}——质点 i 竖向地震作用标准值。

α_{v1}——相应于结构基本周期的竖向地震影响系数；因竖向基本周期较短，一般在 0.1～0.2s 之间，故 $\alpha_{\mathrm{v1}} = \alpha_{\mathrm{vmax}}$，$\alpha_{\mathrm{vmax}}$ 是竖向地震影响系数的最大值，可取水平地震影响系数最大值的 65%。

G_{eq}——结构等效总重力荷载，可取其重力荷载代表值的 75%。

图 3.18　结构竖向地震作用计算简图

对于 9 度时的高层建筑，楼层的竖向地震作用效应可按各构件承受的重力荷载代表值的比例分配，并宜乘以增大系数 1.5。

3.7.2 屋盖结构

《抗震规范》规定，对于平板型网架屋盖和跨度大于 24m 的屋架、屋盖横梁及托架的竖向地震作用标准值，宜按下式计算：

$$F_{vi} = \zeta_v G_i \tag{3-117}$$

式中 G_i——结构或构件的重力荷载代表值；

F_{vi}——结构或构件的竖向地震作用标准值；

ζ_v——竖向地震作用系数，按表 3-6 采用。

表 3-6   竖向地震作用系数

结构类型	烈度	场地类别		
		I	II	III、IV
平板型网架、钢屋架	8 度	可不计算(0.10)	0.08(0.12)	0.10(0.15)
	9 度	0.15	0.15	0.20
钢筋混凝土屋架	8 度	0.10(0.15)	0.13(0.19)	0.13(0.19)
	9 度	0.20	0.25	0.25

注：括号中数值用于设计基本地震加速度为 $0.30g$ 的地区。

3.7.3 其他结构

除了上述高耸结构和屋盖结构外，对于长悬臂和其他大跨度结构的竖向地震作用标准值，8 度和 9 度时可分别取该结构、构件重力荷载代表值的 10% 和 20%；设计基本地震加速度为 $0.30g$ 时，可取该结构、构件重力荷载代表值的 15%。

本 章 小 结

1. 单自由度弹性体系的地震反应：依据达朗贝尔原理，建立了单质点弹性体系在水平地震作用下的运动方程；在自由振动中，强调了自振周期、自振频率、阻尼系数和阻尼比等基本概念及部分自由振动的重要特性；在强迫振动中，运用瞬时冲量原理及杜哈梅积分，给出了强迫振动反应解析。

2. 单自由度弹性体系的地震作用：讲解了地震反应谱的概念、特性和计算方法，强调了地震系数、动力系数、标准反应谱、设计反应谱及水平地震作用等基本概念。

3. 多自由度弹性体系的水平地震反应：建立了多质点弹性体系在水平地震作用下的运动方程；在自由振动中，强调了自振频率、主振型及其正交性；在强迫振动中，主要介绍了振型分解法。振型分解法是将多自由度体系的振动问题转化为单自由度体系振动问题的计算方法。

4. 多自由度弹性体系的水平地震作用：详细讲解了振型分解反应谱法和底部剪力法的计算原理和方法。振型分解反应谱法和底部剪力法是结构抗震设计的基本方法，学习时应重点掌握。

5. 结构基本周期：介绍了两种常用的计算结构基本周期的近似方法，即能量法和顶点位移法。

6. 竖向地震作用：《抗震规范》规定，8度和9度时的大跨度结构、长悬臂结构、烟囱和类似高耸结构，9度时的高层建筑，应考虑竖向地震作用的影响。重点介绍了高耸结构和高层建筑、屋盖结构的竖向地震作用计算方法。

习　　题

【选择题】

3-1　地震作用大小的确定取决于地震影响系数曲线，地震影响系数曲线与（　　）无关。

A. 结构自重 　　　　　　　　　B. 建筑结构的阻尼比

C. 卓越周期 　　　　　　　　　D. 特征周期

3-2　我国《建筑抗震设计规范》所给的地震影响系数曲线中，结构自振周期的范围是（　　）。

A. 0～3s 　　　　B. 0～4s 　　　　C. 0～5s 　　　　D. 0～6s

3-3　某多层钢筋混凝土框架结构，建筑场地类别为Ⅱ类，抗震设防烈度为9度，设计地震分组为第二组。计算罕遇地震作用时的特征周期应取（　　）。

A. 0.30s 　　　　B. 0.35s 　　　　C. 0.40s 　　　　D. 0.45s

3-4　一栋钢筋混凝土结构的高层建筑，其抗震设防烈度为8度($0.3g$)，场地类别为Ⅱ类，设计地震分组为第一组，结构的自振周期为1.2s，阻尼比为0.05，地震影响系数与（　　）最接近。

A. 0.050 　　　　B. 0.060 　　　　C. 0.070 　　　　D. 0.080

3-5　一栋多层钢筋混凝土框架结构，结构内力计算采用振型分解反应谱法计算横向水平地震作用，得到一框架柱三个振型产生的三个柱脚弯矩标准值，即由第1、2、3振型计算得到柱脚弯矩值分别为80kN·m、30kN·m、−20kN·m，这三个振型产生的柱脚组合弯矩标准值(kN·m)应为（　　）。

A. 87.75 　　　　B. 90.75 　　　　C. 85.75 　　　　D. 95.75

3-6　计算地震作用时，重力荷载代表值应取（　　）。

A. 结构和构件自重标准值

B. 结构和构件自重标准值＋各可变荷载组合值

C. 结构和构件自重设计值

D. 结构和构件自重设计值＋各可变荷载组合值

3-7　某一跨两层钢筋混凝土框架结构，集中于楼盖和屋盖处的重力荷载代表值相等，$G_1 = G_2 = 1200$kN，梁的刚度 $EI = \infty$，场地为 Ⅱ 类，抗震设防烈度为 7 度，设计地震分组为第二组，设计基本地震加速度为 $0.10g$。该结构基本自振周期 $T_1 = 1.028$s。在多遇地震作用下，第一、二楼层地震剪力标准值(kN)与 (　　)最接近。

A. 69.36；48.37　　B. 69.36；48.37　　C. 66.36；40.37　　D. 69.36；40.67

【计算题】

3-8　某两跨三层钢筋混凝土框架结构，层高均为 6m，各楼层重力荷载代表值分别为(由下至上)$G_1 = 1200$kN、$G_2 = 1000$kN、$G_3 = 650$kN，场地土为 Ⅱ 类，设计地震分组为第二组，设防烈度为 8 度，设计基本地震加速度为 $0.20g$，前三个振型的自振周期分别为 $T_1 = 0.68$s、$T_2 = 0.24$s、$T_3 = 0.16$s，第一自振周期对应的振型为 $x_{11} = 1.000$、$x_{12} = 1.735$、$x_{13} = 2.148$，第二自振周期对应的振型为 $x_{21} = 1.000$、$x_{22} = 0.139$、$x_{23} = -1.138$，第三自振周期对应的振型为 $x_{31} = 1.000$、$x_{32} = -1.316$、$x_{33} = 1.467$，结构阻尼比 $\xi = 0.05$。试按振型分解法求该框架结构的层间地震剪力标准值。

3-9　某四层钢筋混凝土框架结构，建造于基本烈度为 8 度的地区，场地为 Ⅱ 类，设计地震分组为第三组，结构底层层高为 4.36m，其他各层层高为 3.36m，各层重力代表值分别为(由下至上)$G_1 = 1122.7$kN、$G_2 = 1039.5$kN、$G_3 = 1039.6$kN、$G_4 = 831.6$kN，取一榀典型框架进行分析，结构的基本周期为 0.56s。试求各层水平地震作用标准值。

3-10　某框架结构中的悬挑梁，长度为 2500mm，重力荷载代表值在该梁上形成的均布线荷载为 $q = 20$kN/m。该框架所处地区抗震设防烈度为 8 度，设计基本地震加速度值为 $0.20g$。试求其支座竖向地震作用下的负弯矩设计值 M_0(kN·m)。

【简答题】

3-11　什么是地震作用？什么是地震反应？

3-12　什么是反应谱？如何用反应谱法确定单质点弹性体系的水平地震作用？

3-13　地震系数和动力系数的物理意义是什么？

3-14　简述确定结构地震作用的振型分解反应谱法和底部剪力法的基本原理和步骤。

3-15　哪些结构需要考虑竖向地震作用？怎样确定结构的竖向地震作用？

第**4**章
高层建筑发展与荷载作用

主要讲述高层建筑发展与荷载作用，旨在让学生了解高层建筑定义及发展历程，掌握高层建筑荷载作用特性及效应组合。通过本章学习，应达到以下教学目标：

(1) 掌握高层建筑竖向荷载计算方法；

(2) 熟练掌握风荷载计算方法；

(3) 掌握荷载效应组合分类及计算方法。

知识要点	能力要求	相关知识
高层建筑的发展概况	(1) 了解高层建筑定义； (2) 了解高层建筑发展特点； (3) 了解高层建筑发展趋势	(1) 目前世界高层建筑定义； (2) 古代与近现代高层建筑发展特点； (3) 高层建筑发展趋势
高层建筑的荷载作用	(1) 理解高层建筑作用效应的控制因素； (2) 能独立进行高层建筑荷载作用计算	(1) 水平荷载作用效应； (2) 恒荷载，活荷载； (3) 风荷载标准值计算方法，横风向风振，总风荷载和局部荷载
荷载效应组合	能够承担实际工程结构荷载作用效应组合计算工作	(1) 非抗震设计时的组合； (2) 有地震作用效应的组合

引例

随着时代的发展，高层建筑的高度在一定程度上反映了一个国家的综合实力和科技水平。在人口密集、资源有限的城市，高层建筑乃至超高层建筑越来越受到人们的青睐。近年来，我国的高层建筑发展十分迅速，建筑功能不断增加，结构体系不断创新，建筑高度不断刷新。高层建筑竖向荷载的影响与建筑高度成正比，而风荷载和地震作用的影响与建筑高度呈非线性增长，因而在高层建筑设计中，风荷载与地震作用占主导控制地位。高层建筑荷载作用应满足《建筑抗震设计规范》《建筑结构荷载规范》《高层建筑混凝土结构技术规程》等的要求。

如果要在中国深圳某住宅小区内新建数栋高层住宅楼，地下室一层、二层为停车场及设备用房，地上18层为住宅楼，高度54m，则荷载作用计算及作用效应组合为设计重要步骤。在进行高层住宅楼设计前，我们需明确：设计对象在高度上为哪一类建筑？针对此类建筑哪类荷载效应起主导的控制作用？不同类型荷载特别是风荷载如何计算？荷载效应如何组合？

4.1 高层建筑的定义

高层建筑是指层数较多、高度较高的建筑。高层建筑定义的确立，需要考虑建筑消防、荷载作用与受力反应等因素，但目前有关高层建筑的定义尚未有统一规定。世界高层建筑委员会 1972 年建议将高层建筑分为以下四类：

第一类高层建筑——9～16 层（高度不超过 50m）；

第二类高层建筑——17～25 层（高度不超过 75m）；

第三类高层建筑——26～40 层（高度不超过 100m）；

第四类高层建筑——40 层以上（高度超过 100m，即超高层建筑）。

美国规定高度为 22～25m 以上或 7 层以上的建筑物为高层建筑；德国规定 22m 以上的建筑物为高层建筑；法国规定 28m 以上，居住建筑高度在 50m 以上的建筑物为高层建筑；日本规定 8 层以上或建筑高度超过 31m 的建筑物为高层建筑，而 30 层以上旅馆、办公楼和 20 层以上的住宅为超高层建筑。

我国《高层建筑混凝土结构技术规程》将 10 层及 10 层以上或房屋高度大于 28m 的住宅建筑，以及房屋高度大于 24m 的其他民用建筑称为高层建筑。我国《高层民用建筑设计防火规范》规定 10 层及 10 层以上的居住建筑和建筑高度超过 24m 的公共建筑为高层建筑。

为此，可以认为 10 层及 10 层以上的住宅和约 24m 以上高度的其他建筑为高层建筑。也可把超过 100m 的建筑单列出来称为超高层建筑，而把 9 层及以下或高度不超过 24m 的建筑称为中高层建筑（7～9 层）、多层建筑（4～6 层）和低层建筑（≤3 层）。

4.2 高层建筑的发展概况

4.2.1 高层建筑的发展

高层建筑在古代就开始修建，随着经济的发展及科技的进步，高层建筑建造的数量越来越多，规模越来越大，地域越来越广。

1. 古代高层建筑

具有代表性的古代高层建筑有：

公元前 280 年，埃及亚历山大港灯塔，135m 高，石结构；

公元 338 年，巴比伦城巴贝尔塔，90m 高；

公元 523 年，河南登封嵩岳寺塔，41m 高左右，密檐式砖塔，如图 4.1(a)所示；

公元 652 年，西安大雁塔，64.5m 高，楼阁式砖塔；

公元 1049 年，开封祐国寺塔，55.6m 高，琉璃饰面砖塔；

公元 1055 年，河北定县开元寺塔，84m 高，中国现存最高砖塔；

公元 1056 年，山西应县佛宫寺释迦塔，67.3m 高，中国现存最早楼阁式木塔，如图 4.1(b)所示。

(a) 登封嵩岳寺塔　　　　　　　　　(b) 应县佛宫寺释迦塔

图 4.1　我国部分古代高层建筑

古代高层建筑的特点如下：

（1）主要用于防御、宗教或航海等；

（2）以砖、石、木及土为主要建筑材料；

（3）多采用圆形或正多边形，造型优美、结构刚度大，受力性能好；

（4）立体线条明显，各层外壁逐渐收进，简洁、古朴、厚重；

（5）多未考虑防雷、防火设施，没有现代垂直交通设施。

2. 近代与现代高层建筑

近代高层建筑主要用于商业和居住，是城市化、工业化和科学技术发展的产物。

美国是近代高层建筑的发源地。早在 19 世纪末和 20 世纪初，美国就建造了芝加哥家庭保险公司大楼、纽约 Park Row 大厦、纽约帝国大厦等一批高层建筑；到了 20 世纪 70 年代，美国又建造了芝加哥希尔斯大厦和纽约世界贸易中心等知名高层建筑，使得建筑的高度提升到 442m。欧洲高层建筑也在不断发展，20 世纪 50 年代东欧建造了莫斯科国立大学主楼（240m）和波兰华沙文化宫大厦（231m）两座高层建筑，到了 20 世纪 90 年代后，德国建造了法兰克福商品交易会大厦，高度达到 257m。

21 世纪以前，世界高层建筑的重心在美国。1985 年年底，世界最高 100 幢建筑中，美国占 78 幢，中国大陆没有。20 世纪 80 年代以后，随着中国和亚洲经济的迅速崛起，高层建筑的重心开始向中国、亚洲转移。2010 年年底，世界最高 100 幢建筑中，美国占 30 幢，中国大陆占 24 幢；美洲有 32 幢，亚洲有 62 幢。

2013 年统计的世界十大高层建筑见表 4－1 所列及如图 4.2 所示，2013 年统计的我国内地十大高层建筑见表 4－2 所列。

表 4－1　世界最高十大建筑（截至 2012 年年底）

排名	建筑名称	城市	建成年份	层数	高度/m
1	哈利法塔	迪拜	2010	162	828
2	台北 101	台北	2004	101	508
3	上海环球金融中心	上海	2008	101	492
4	香港环球贸易广场	香港	2008	118	484

（续）

排名	建筑名称	城市	建成年份	层数	高度/m
5	吉隆坡双子塔	吉隆坡	1996	88	452
6	紫峰大厦	南京	2010	89	450
7	韦莱集团大厦	芝加哥	1974	110	443
8	京基100	深圳	2011	100	442
9	广州国际金融中心	广州	2009	107	438
10	金茂大厦	上海	1998	88	421

(a) 迪拜哈利法塔

(b) 中国台北101

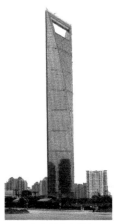
(c) 上海环球金融中心

(d) 香港环球贸易广场

(e) 吉隆坡双子塔

(f) 南京紫峰大厦

(g) 芝加哥韦莱集团大厦

(h) 深圳京基100

(i) 广州国际金融中心

(j) 上海金茂大厦

图 4.2　2012 年年底世界上最高的十大建筑

表 4 − 2　我国内地最高十大建筑(截至 2012 年年底)

排名	建筑名称	城市	建成年份	层数	高度/m
1	上海环球金融中心	上海	2008	101	492
2	紫峰大厦	南京	2010	89	450
3	京基100	深圳	2011	100	442
4	广州国际金融中心	广州	2009	107	438
5	金茂大厦	上海	1998	88	421
6	中信广场	广州	1997	80	391
7	信兴广场	深圳	1996	69	384
8	世贸国际广场	上海	2007	60	333
9	民生银行大厦	武汉	2010	68	331
10	北京国贸大厦	北京	2007	80	330

高层建筑结构体系的发展过程大致可归纳于表 4 − 3 中。

表 4 − 3　高层建筑结构体系发展过程

始用年代	结构体系和特点
1885 年	砖墙、铸铁柱、钢梁
1889 年	钢框架
1903 年	钢筋混凝土框架
20 世纪初	钢框架＋支撑
第二次世界大战后	钢筋混凝土框架＋剪力墙，钢筋混凝土剪力墙，预制钢筋混凝土结构
20 世纪 50 年代	钢框架＋钢筋混凝土核心筒，钢骨钢筋混凝土结构
20 世纪 60 年代末和 70 年代初	框筒，筒中筒，束筒，悬挂结构，偏心支撑和带缝剪力墙板框架
20 世纪 80 年代	巨型结构，应力蒙皮结构，隔震结构
20 世纪 80 年代中期	被动耗能结构，主动控制结构，混合控制结构

4.2.2　高层建筑的发展趋势

未来高层建筑可能有如下发展趋势：

（1）世界高层建筑的重心仍然在亚洲；

（2）建筑高度将不断被超越；

（3）高层建筑将更加智能化；

（4）高层建筑功能朝综合化方向发展；

（5）建筑材料朝轻质、高强、耐火、复合方向发展；

（6）消能减震技术将得到更广泛的应用；

（7）新型结构形式将向复杂结构发展。

4.3 高层建筑的荷载作用

4.3.1　控制因素

高层建筑结构同时承受的荷载与作用有：竖向荷载（包括恒荷载和活荷载）、风荷载、地震作用，以及其他因素如温度变化、地基不均匀沉降等。

荷载作用对结构产生的内力侧移效应随建筑物的高度增加而变化。对于低层建筑结构，起控制作用的是竖向荷载，水平作用的影响相对较小，通常可以忽略不计。随着建筑高度的增加，水平荷载作用（风荷载或地震作用）产生的内力和侧移迅速增大。若把建筑物视为一竖向悬臂结构，如图 4.3 所示，则荷载作用效应（轴力、弯矩及侧移）可用下列公式表示。

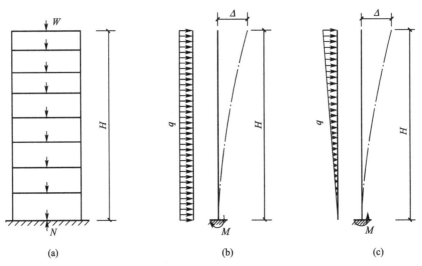

图 4.3　建筑物受力示意图

（1）竖向荷载作用下，轴力与高度呈线性关系：

$$N = WH = f(H) \tag{4-1}$$

（2）水平荷载作用下，弯矩与高度成二次方关系：

$$M = \frac{qH^2}{2} = f(H^2)（均布） \tag{4-2}$$

$$M = \frac{qH^2}{3} = f(H^2)（倒三角） \tag{4-3}$$

（3）水平荷载作用下，侧移与高度成四次方关系：

$$\Delta = \frac{qH^4}{8EI} = f(H^4) \text{（均布）} \tag{4-4}$$

$$\Delta = \frac{11qH^4}{120EI} = f(H^4) \text{（倒三角）} \tag{4-5}$$

式中　q——沿建筑物高度水平荷载；

　　　W——沿建筑物高度竖向荷载。

由此可知，随着建筑的高度增加，水平荷载作用下的内力侧移效应按二次方或四次方增加。在高层建筑结构设计中，水平荷载作用（风荷载或地震作用）对结构设计起着决定性作用，除了要保证结构有足够的承载力之外，更要使结构有较大的刚度以抵抗结构过大的侧向变形。

竖向荷载主要使建筑结构产生竖向位移，对高层建筑侧向影响较小，荷载计算较为简单。

4.3.2　恒荷载

恒荷载包括结构本身的自重和附加于结构上的各种永久荷载，如结构构件、维护构件、面层及装饰、固定设备、长期储存物品的自重等。结构自重的标准值可按结构构件的设计尺寸与材料单位体积的自重计算确定，材料自重可按《建筑结构荷载规范》（以下简称《荷载规范》）取值。

固定隔墙的自重可按永久荷载考虑，位置可灵活布置的隔墙自重应按可变荷载考虑。

4.3.3　活荷载

楼面、屋面活荷载按《荷载规范》取用。设计楼面梁、墙、柱及基础时，楼面活荷载标准值应乘以规定的折减系数，折减系数按《荷载规范》取用。同时应注意下列情况：

（1）施工中采用附墙塔、爬塔等对结构受力有影响的起重机械或其他施工设备时，应根据具体情况确定对结构产生的施工荷载；

（2）旋转餐厅轨道和驱动设备的自重，应按实际情况确定；

（3）擦窗机等清洗设备，应按其实际情况确定其自重的大小和作用位置；

（4）直升机的活荷载按《高层建筑混凝土结构技术规程》第4.1.5条取用。

对于我国钢筋混凝土高层建筑，竖向荷载（恒荷载与活荷载）大约如下：框架、框架-剪力墙结构体系为 $12\sim14\text{kN/m}^2$；剪力墙、简体结构体系为 $14\sim16\text{kN/m}^2$。其中活荷载平均为 $1.5\sim2\text{kN/m}^2$，仅占 $10\%\sim15\%$，活荷载不利布置所产生的影响较小。另外，高层建筑层数和跨数都很多，不利布置方式繁多，计算工作量极大。所以在实际工程设计中，一般将恒荷载与活荷载合并计算，按满载考虑。如果活荷载较大，可按满布荷载所得的框架梁跨中弯矩乘以 $1.1\sim1.3$ 的放大系数。但是当楼面活荷载大于 4.0kN/m^2 时，活荷载不利布置所引起梁弯矩的增大应予考虑。

4.4 风 荷 载

空气的流动受到建筑物的阻碍，会在建筑物表明形成压力或吸力，这些压力或吸力即为建筑物所受的风荷载。

4.4.1 风荷载标准值

在进行高层建筑主体结构计算时，垂直于建筑物表面的单位面积风荷载标准值应按下式计算：

$$w_k = \beta_z \mu_s \mu_z w_0 \tag{4-6}$$

式中　w_k——风荷载标准值（kN/m^2）；

　　　w_0——基本风压（kN/m^2）；

　　　μ_s——风荷载体型系数；

　　　μ_z——风压高度变化系数；

　　　β_z——高度 z 处的风振系数。

以上参数分述如下。

1. 基本风压值 w_0

基本风压值 w_0 是以当地比较空旷平坦的地面上离地 10m 处，重现期 50 年（或 100 年）的 10min 平均最大风速 v_0 为标准值，按 $w_0 = 0.5\rho v_0^2$（ρ 为空气密度，单位 kg/m^3）确定的风压值。

《荷载规范》给出的 w_0 适用于一般的多层建筑。基本风压应按《荷载规范》所给出的 50 年重现期的风压采用，但不得小于 0.3kN/m^2。对风荷载比较敏感的高层建筑，基本风压值的取值应适当提高，并符合有关结构设计规范的规定。如对风荷载比较敏感的高层建筑，承载力设计时应按基本风压的 1.1 倍采用。

2. 风荷载体型系数 μ_s

风荷载体型系数是指建筑物表面实际风压与基本风压的比值，它表示不同体型建筑物表面风力的大小。当风流经过建筑物时，对建筑物不同部位会产生不同的效应，即产生压力或吸力。风压值沿建筑物表面的分布并不均匀，如图 4.4 所示，迎风面的风压力在建筑物的中部最大，侧风面和背风面的风吸力在建筑物的角区最大。风荷载体型系数 μ_s 与高层建筑物的体型、尺度、表面位置、表面状况和房屋高宽比等因素有关。

在计算主体结构的风荷载效应时，风荷载体型系数 μ_s 可按下列规定采用：

（1）圆形平面建筑区取 0.8。

（2）正多边形及截角三角形平面建筑，由下式计算：

$$\mu_s = 0.8 + 1.2/\sqrt{n} \tag{4-7}$$

式中　n——多边形的边数。

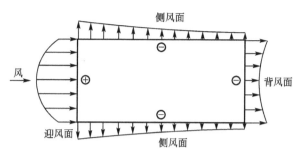

图 4.4 风压在建筑物平面上的分布

⊕—压力；⊖—吸力

（3）高宽比 H/B 不大于 4 的矩形、方形、十字形平面建筑取 1.3。

（4）下列建筑取 1.4：V 形、Y 形、弧形、双十字形、井字形平面建筑；L 形、槽形和高宽比 H/B 大于 4 的十字形平面建筑；高宽比 H/B 大于 4、长宽比 L/B 不大于 1.5 的矩形、鼓形平面建筑。

（5）在需要更细致进行风荷载计算的场合，风荷载体型系数可按《高层建筑混凝土结构技术规程》附录 B 采用，或由风洞试验确定。

当多栋或群集的高层建筑相互间距较近时，宜考虑风力相互干扰的群体效应。一般可将单栋建筑的体型系数 μ_s 乘以相互干扰增大系数，该系数可参考类似条件的试验资料确定；必要时宜通过风洞试验确定。

房屋高度大于 200m 或有下列情况之一时，宜进行风洞试验判断确定建筑物的风荷载：

（1）平面形状或立面形状复杂；

（2）立面开洞或连体建筑；

（3）周围地形和环境复杂。

檐口、雨篷、遮阳板、阳台等水平构件，计算局部上浮风荷载时，风荷载体型系数 μ_s 不宜小于 2.0。

3. 风压高度变化系数 μ_z

风速大小与高度有关，距离地面越高，空气流动受地面摩擦力的影响越小，因而风速越大，风压也越大。

风速与地貌及环境有关，一般来说，地面越粗糙，风的阻力越大，风速越小。《荷载规范》将地面粗糙度分为 A、B、C、D 四类：

A 类指近海海面和海岛、海岸、湖岸及沙漠地区；

B 类指田野、乡村、丛林、丘陵以及房屋比较稀疏的乡镇；

C 类指有密集建筑群的城市市区；

D 类指有密集建筑群且房屋较高的城市市区。

《荷载规范》给出了各类地区风压沿高度变化系数，见表 4-4 所列。

对于山区的建筑物，风压高度变化系数除可按平坦地面的粗糙度类别由表 4-4 确定外，还应考虑地形条件的修正，具体修正参见《荷载规范》的有关规定。对于远海海面和海岛的建筑物或构筑物，风压高度变化系数除可按 A 类粗糙度类别由表 4-4 确定外，还应考虑表 4-5 中给出的修正系数。

表 4 - 4　风压高度变化系数

离地面或海平面高度/m	地面粗糙度类别			
	A	B	C	D
5	1.09	1.00	0.65	0.51
10	1.28	1.00	0.65	0.51
15	1.42	1.13	0.65	0.51
20	1.52	1.23	0.74	0.51
30	1.67	1.39	0.88	0.51
40	1.79	1.52	1.00	0.60
50	1.89	1.62	1.10	0.69
60	1.97	1.71	1.20	0.77
70	2.05	1.79	1.28	0.84
80	2.12	1.87	1.36	0.91
90	2.18	1.93	1.43	0.98
100	2.23	2.00	1.50	1.04
150	2.46	2.25	1.79	1.33
200	2.64	2.46	2.03	1.58
250	2.78	2.63	2.24	1.81
300	2.91	2.77	2.43	2.02
350	2.91	2.91	2.60	2.22
400	2.91	2.91	2.76	2.40
450	2.91	2.91	2.91	2.58
500	2.91	2.91	2.91	2.74
≥500	2.91	2.91	2.91	2.91

表 4 - 5　远海海面和海岛的修正系数

距离海岸距离/km	η
<40	1.0
40~60	1.0~1.1
60~100	1.1~1.2

4. 风振系数 β_z

风对建筑结构的作用不是规则的,通常把风作用的平均值看成稳定风压(即平均风压),实际风压是在平均风压上下波动的。平均风压使建筑物产生一定侧移,而波动风压会使建筑物在平均侧移附近左右摇摆,从而产生动力效应。风振系数反映了风荷载对结构产生动力反应的影响。

《荷载规范》规定,对于高度大于 30m 且高宽比大于 1.5 的房屋,以及基本自振周期 T_1 大于 0.25s 的各种高耸结构,应考虑风压脉动对结构产生的顺风向风振的影响。对于一般竖向悬臂结构,例如高层建筑和构架、塔架、烟囱等高耸结构,均可仅考虑结构第一振型的影响,结构的顺风向风荷载可按式(4 - 6)计算。高层建筑 z 高度处的风振系数 β_z

可按下式计算：

$$\beta_z = 1 + 2gI_{10}B_z\sqrt{1+R^2} \tag{4-8}$$

式中　g——峰值因子，可取 2.5；

　　I_{10}——10m 高度名义湍流强度，对应 A、B、C、D 类地面粗糙度，可分别取 0.12、0.14、0.23、0.39；

　　R——脉动风荷载的共振分量因子，按《荷载规范》取值；

　　B_z——脉动风荷载的背景分量因子，按《荷载规范》取值。

4.4.2　横风向风振

当建筑高宽比较大，结构顶点风速大于临界风速时，可能引起较明显的结构横风向振动，甚至出现横风向振动效应大于顺风向的情况。因此对于横风向振动作用明显的高层建筑，应考虑横风向风振的影响。横风向风振的计算范围、方法以及顺风向与横风向效应的组合应符合《荷载规范》的有关规定。考虑横风向风振影响时，结构顺风向及横风向的侧移应分别符合《高层建筑混凝土结构技术规程》的有关规定。

4.4.3　总风荷载和局部荷载

在建筑结构设计时，应分别计算风荷载对建筑物的总体效应及局部效应。总体效应是指作用在建筑物上的全部风荷载使结构产生的内力和位移等。局部效应是指风荷载对建筑物某个局部产生的内力及变形等。

1. 总风荷载

计算总体效应时，要考虑建筑承受的总风荷载，它是各个表面承受风力的合力，并且是沿高度变化的分布荷载。

z 高度处总风荷载值可按下式计算：

$$\omega_z = \beta_z\mu_z\omega_0\sum_{i=1}^{n}\mu_{si}B_i\cos\alpha_i = \beta_z\mu_z\omega_0(\mu_{s1}B_1\cos\alpha_1 + \mu_{s2}B_2\cos\alpha_2 + \cdots + \mu_{sn}B_n\cos\alpha_n)$$

$$\tag{4-9}$$

式中　n——建筑物外围表面数；

　　B_i——第 i 个表面的宽度；

　　μ_{si}——第 i 个表面的风荷载体型系数；

　　α_i——第 i 个表面的法线与风荷载作用方向的夹角。

注意：在计算时要区别是风压力还是风吸力，以便作矢量相加。

2. 局部风荷载

实际上风压在建筑物表面是不均匀的，在某些风压较大的部位，要考虑局部风压对某些构件的不利作用。

4.5 荷载效应组合

结构设计时，要考虑可能发生的各种荷载的最大值以及它们同时作用在结构上所产生的综合效应。各种荷载性质不同，发生的概率和对结构的影响也不同，《荷载规范》规定了必须采用荷载效应组合的方法，一般先将各种不同荷载分别作用在结构上，逐一计算每种荷载下结构的内力和位移，然后用分项系数和组合系数来加以组合。

4.5.1 非抗震设计时的组合

非抗震设计时，荷载效应组合设计值按下式确定：

$$S_d = \gamma_G S_{Gk} + \gamma_L \psi_Q \gamma_Q S_{Qk} + \psi_w \gamma_w S_{wk} \tag{4-10}$$

式中　S_d——荷载组合的效应设计值；

γ_G——永久荷载分项系数；

γ_Q——楼面活荷载分项系数；

γ_w——风荷载的分项系数；

γ_L——考虑结构设计使用年限的荷载调整系数，设计使用年限为 50 年时取 1.0，设计使用年限为 100 年时取 1.1；

S_{Gk}——永久荷载效应标准值；

S_{Qk}——楼面活荷载效应标准值；

S_{wk}——风荷载效应标准值；

ψ_Q、ψ_w——楼面活荷载组合值系数和风荷载组合值系数，当永久荷载效应起控制作用时分别取 0.7 和 0.0，当可变荷载效应起控制作用时分别取 1.0 和 0.6，或 0.7 和 1.0（注意，对书库、档案室、储藏室、通风机房和电梯机房，本条楼面活荷载组合值系数取 0.7 的场合应取为 0.9）。

各分项系数应按下列规定采用：

（1）永久荷载的分项系数 γ_G：当其效应对结构承载力不利时，对由可变荷载效应控制的组合应取 1.2，对由永久荷载效应控制的组合应取 1.35；当其效应对结构承载力有利时，应取 1.0。

（2）楼面活荷载的分项系数 γ_Q：一般情况下应取 1.4。

（3）风荷载的分项系数 γ_w：应取 1.4。

（4）位移计算时，分项系数均应取 1.0。

高层建筑中，当活荷载占的比例很小时，常将恒荷载和活荷载合并为竖向荷载，按满载计算，这时竖向荷载效应的分项系数 γ_G 可取为 1.25。

依据以上规定，由式（4-10）可以有很多种组合，最主要的如下：

$$S_d = 1.35 S_{Gk} + 0.7 \times 1.4 \gamma_L S_{Qk} \tag{4-11}$$

$$S_d = 1.25(S_{Gk} + \gamma_L S_{Qk}) \tag{4-12}$$

$$S_d = 1.2 S_{Gk} + 1.0 \times 1.4 \gamma_L S_{Qk} \pm 0.6 \times 1.4 S_{wk} \tag{4-13}$$

$$S_d = 1.2 S_{Gk} + 0.7 \times 1.4 \gamma_L S_{Qk} \pm 1.0 \times 1.4 S_{wk} \qquad (4-14)$$

$$S_d = 1.0 S_{Gk} + 1.0 \times 1.4 \gamma_L S_{Qk} \pm 0.6 \times 1.4 S_{wk} \qquad (4-15)$$

$$S_d = 1.0 S_{Gk} + 0.7 \times 1.4 \gamma_L S_{Qk} \pm 1.0 \times 1.4 S_{wk} \qquad (4-16)$$

4.5.2 有地震作用效应的组合

地震设计状态下，当作用与作用效应按线性关系考虑时，荷载和地震作用基本组合的效应设计值应按下式确定：

$$S_d = \gamma_G S_{GE} + \gamma_{Eh} S_{Ehk} + \gamma_{Ev} S_{Evk} + \psi_w \gamma_w S_{wk} \qquad (4-17)$$

式中　S_d——荷载和地震作用组合的效应设计值；

S_{GE}——重力荷载代表值的效应；

S_{Ehk}——水平地震作用标准值的效应，尚应乘以相应的增大系数、调整系数；

S_{Evk}——竖向地震作用标准值的效应，尚应乘以相应的增大系数、调整系数；

γ_G——重力荷载分项系数；

γ_w——风荷载分项系数；

γ_{Eh}——水平地震作用分项系数；

γ_{Ev}——竖向地震作用分项系数；

ψ_w——风荷载的组合值系数，应取 0.2。

各分项系数应按下列规定采用：

(1) 承载力计算时，分项系数按表 4-6 采用。当重力荷载效应对结构的承载力有利时，表 4-6 中 γ_G 不应大于 1.0。

(2) 位移计算时，式(4-17)中的各项分项系数均应取 1.0。

表 4-6　地震设计状态时荷载和作用的分项系数

参与组合的 荷载和作用	γ_G	γ_{Eh}	γ_{Ev}	γ_w	说　　明
重力荷载及 水平地震作用	1.2	1.3	—	—	抗震设计的高层建筑结构均应考虑
重力荷载及 竖向地震作用	1.2	—	1.3	—	9 度抗震设计时考虑；水平长悬臂和大跨度结构 7 度(0.15g)、8 度、9 度抗震设计时考虑
重力荷载、水平地震及 竖向地震作用	1.2	1.3	0.5	—	9 度抗震设计时考虑；水平长悬臂和大跨度结构 7 度(0.15g)、8 度、9 度抗震设计时考虑
重力荷载、水平地震 作用及风荷载	1.2	1.3	—	1.4	60m 以上的高层建筑考虑

（续）

参与组合的 荷载和作用	γ_G	γ_{Eh}	γ_{Ev}	γ_w	说　明
重力荷载、水平地震 作用、竖向地震作用 及风荷载	1.2	1.3	0.5	1.4	60m 以上的高层建筑，9 度抗震设计时 考虑；水平长悬臂和大跨度结构 7 度 (0.15g)、8 度、9 度抗震设计时考虑
	1.2	0.5	1.3	1.4	水平长悬臂结构和大跨度结构，7 度 (0.15g)、8 度、9 度抗震设计时考虑

注：① g 为重力加速度；

② "—"表示组合不考虑该项荷载或作用效应。

本 章 小 结

1. 目前高层建筑的定义尚未有统一规定，一般可以认为 10 层及 10 层以上的住宅和约 24m 以上高度的其他建筑为高层建筑，也可把超过 100m 的建筑单列出来称为超高层建筑。

2. 古代高层建筑主要用于防御、宗教或航海等，近代高层建筑主要用于商业和居住。21 世纪以前，世界高层建筑的重心在美国，20 世纪 80 年代以后，高层建筑的重心开始向中国、亚洲地区转移。现代高层建筑在不断向高度、智能、复合化等方向发展。

3. 高层建筑竖向荷载主要指恒荷载和活荷载。一般情况下，高层建筑活荷载占全部竖向荷载比例较小，为了简化计算，实际工程设计中可将恒荷载与活荷载合并计算，按满载考虑。

4. 在高层建筑设计中，风荷载与地震作用占主导控制地位。一般来讲，建筑结构所受风荷载的大小与建筑地点的地貌、离地面或海平面高度、风的性质、风速、风向以及高层建筑结构自振特性、体型、平面尺寸、表面状况等因素有关。复杂高柔的建筑，宜根据风洞试验来确定风压。

5. 与一般结构相同，设计高层建筑结构时，应先分别计算各种荷载作用下的内力和位移，然后从不同工况的荷载组合中找到最不利内力及相应位移，进行结构设计。设计时应注意，有无地震作用，则组合的项目、分项系数、组合值系数都不尽相同。

习 　 题

【选择题】

4-1　依据我国《高层建筑混凝土结构技术规程》，下列（　　）可不认为是高层建筑。

A. 房屋高度大于 28m 的住宅建筑　　　B. 房屋高度大于 28m 的公共建筑

C. 房屋高度大于 24m 的住宅建筑　　　D. 房屋高度大于 24m 的公共建筑

4-2　某建筑物考虑结构抗震，当对其中一框架梁进行变形及裂缝宽度验算时，在整

个计算过程中应采用相应的下列哪项荷载值才是正确的？（　　）

  A. 荷载准永久值 B. 荷载组合值   C. 荷载代表值   D. 荷载设计值

  4-3 风荷载是高层建筑的主要荷载，对一般高层建筑（丙类建筑）应按多少年一遇的基本风压设计？（　　）

  A. 50 年   B. 80 年   C. 100 年   D. 120 年

  4-4 以下论述哪项不符合相关规范或规程？（　　）

  A. 基本风压值 w_0 可根据重现期为 50 年的最大风速 v_0 及 $w_0 = 0.5\rho v_0^2$（ρ 为空气密度）来确定

  B. 设计使用年限为 50 年或 100 年，高度大于 60m 的高层建筑，承载力设计时风荷载计算可按 50 年或 100 年的基本风压的 1.1 倍采用

  C. 高层建筑对风荷载敏感，主要与高层建筑的体型、结构体系和自振特性有关，目前尚无实用的划分标准

  D. 对风荷载敏感的高层建筑，如何提高基本风压值，可由各结构设计规范根据结构的自身特点作出规定，没有规定的可以考虑适当降低重现期来确定基本风压

  4-5 拟设计房屋高度为 30m 的高层建筑，在抗风设计时，要求选用合适的体型以减少风压值。试问下列哪个形状的建筑风荷载体型系数最小？（　　）

  A. 圆形   B. 高宽比不大于 4 的矩形

  C. 正多边形   D. Y 形

【简答题】

  4-6 什么是高层建筑？为何要区分高层建筑与多层建筑？

  4-7 简述高层建筑结构未来发展的趋势。

  4-8 高层建筑的基本风压及体型系数如何取值？

  4-9 什么是风振系数？如何取值？

  4-10 高层建筑结构荷载效应和地震作用效应如何组合？

第5章
高层建筑结构设计基本规定

主要讲述高层建筑的结构体系及结构布置原则，旨在让学生熟悉常见高层建筑结构体系优缺点及适用范围，具备独立进行高层建筑结构选型及结构布置的能力。通过本章学习，应达到以下教学目标：

(1) 掌握常见结构的受力特性及适用范围；

(2) 掌握高层建筑结构布置原则及高层建筑位移限值与舒适度要求；

(3) 掌握高层建筑构件承载力计算；

(4) 熟悉结构简化计算原则及结构概念设计内容。

知识要点	能力要求	相关知识
高层建筑结构体系	(1) 熟悉高层建筑常用结构体系的受力性能及适用范围； (2) 能够独立进行高层建筑结构体系合理选型	框架结构体系、剪力墙结构体系、框架-剪力墙结构体系、简体结构体系、巨型结构体系
高层建筑结构布置	(1) 理解高层建筑结构布置原则； (2) 能独立进行高层建筑结构合理布置	(1) 适用高度和高宽比、结构平面布置原则、结构竖向布置原则、变形缝设置原则； (2) 结构截面尺寸初估； (3) 基础结构布置
水平位移和舒适度	能够依据规范对高层建筑水平位移及舒适度进行限定	(1) 地震作用下水平位移限定； (2) 风荷载作用下风振舒适度限定
构件承载力计算	(1) 能够对高层建筑结构构件进行验算； (2) 能独立进行高层建筑抗震等级确定并熟悉抗震措施	(1) 构件承载力计算公式； (2) 结构抗震等级
结构简化计算	理解高层建筑结构简化计算原则	弹性工作状态、平面结构假定、整体工作性能、平面内无限刚性、考虑轴向变形影响
结构概念设计	掌握高层建筑结构概念设计	(1) 选择有利的场地和地基、选择合适的抗震结构体系，结构平面布置宜刚度均匀、结构沿竖向刚度宜均匀； (2) 加强或削弱某些部位，设计延性结构和延性构件，重视构件承受竖向荷载的安全，加强结构整体性及完成变形缝设置、填充墙布置和材料选用

引例

在进行某个特定高层建筑结构设计之前，设计者必需熟悉和掌握常用结构体系受力性能及适用范围、高层建筑结构布置原则、高层建筑水平位移限值和舒适度要求、高层建筑结构概念设计内容等，从而进行高层建筑结构选型与结构布置，熟悉高层建筑结构简化计算原则及掌握构件承载力验算方法，在此基础上，才能进行高层建筑结构设计。

结构体系选定和结构布置，是结构概念设计过程中的重要内容。

如果要在中国深圳某住宅小区内新建数栋高层住宅楼，地下室一层、二层为停车场及设备用房，地上18层为住宅楼，高度54m，烈度为7度，场地Ⅱ类，在高层住宅楼设计之前，我们应明确：住宅楼选用哪种结构体系更为合理？针对此结构体系如何进行结构布置？结构构件各种参数如何选用？基础类型如何选定？基础结构如何布置？在设计过程中要特别注意哪些概念设计内容？高层建筑水平位移及舒适度如何保证？结构如何简化计算？

5.1 高层建筑结构体系

结构体系是指结构构件受力与传力的结构组成方式。在高层建筑中，房屋承受的水平荷载作用需通过抗侧力体系传到基础，抗侧力体系的选择与组成，是高层建筑结构设计的关键问题。

高层建筑常用的结构体系有框架结构体系、剪力墙结构体系、框架-剪力墙结构体系和简体结构体系等。高层建筑的承载能力、抗侧刚度、抗震性能、材料用量和造价高低，与其所采用的结构体系密切相关。不同的结构体系，适用于不同的层数、高度和功能。

5.1.1 框架结构体系

框架结构体系是由梁和柱通过节点构成的承载结构，如图5.1所示。钢筋混凝土框架结构按施工方法的不同，可分为四种：①梁、板、柱全部现场浇筑的现浇框架；②楼板预制，梁、柱现场浇筑的现浇框架；③梁、板预制，柱现场浇筑的半装配式框架；④梁、板、柱全部预制的全装配式框架等。

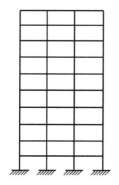 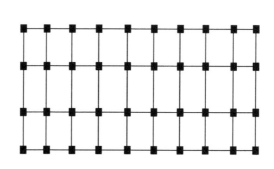

图 5.1 框架结构

框架结构最主要的优点是建筑平面布置灵活，分割方便，可做成具有大空间的会议室、餐厅、办公室、实验室等，同时便于门窗的灵活布置，可满足各种不同用途建筑的需要；整体性好、延性大、耗能能力强是框架结构另一个主要优点。但因其结构抗侧刚度小、侧移大，使得它的适用高度受到限制。框架结构适用于层数不多、高度不太大的建筑，如商场、车站、宾馆等。

在水平力作用下，框架的侧移变形由两部分组成：①弯曲变形，即框架结构产生整体弯曲，由柱子的拉伸和压缩所引起的水平位移，如图 5.2(a) 所示；②剪切变形，即框架结构整体受剪，层间梁柱杆件发生弯曲而引起的水平位移(因框架层间剪力是其上部水平荷载的合力，则层间位移下大上小)。当高宽比 $H/B \leqslant 4$ 时，框架结构以剪切变形为主，因而框架结构的侧移曲线常表现为剪切型，如图 5.2(b) 所示。柱的层间剪切变形相对于柱的层间弯曲变形要小得多，故通常忽略柱的剪切变形。

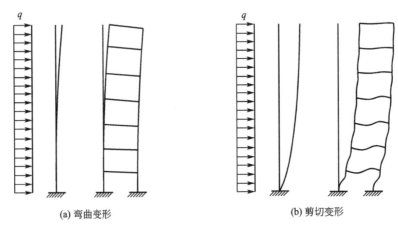

(a) 弯曲变形   (b) 剪切变形

图 5.2　框架结构在侧向力作用下的侧移曲线

框架结构因其抗侧刚度较小，在强震下结构整体位移和层间位移都较大，易产生震害。震害表明，节点也常常是导致框架结构破坏的薄弱环节。此外，在强震作用下，非结构性破坏如填充墙、建筑装修等的破坏比较严重。

5.1.2　剪力墙结构体系

剪力墙结构体系为由墙体承受竖向荷载和抵御水平作用的结构，用于抗震结构时又称抗震墙。剪力墙结构一般用钢筋混凝土作为建筑材料，其基本的承重单体和抗侧力结构单元均为钢筋混凝土墙体。根据施工方法的不同，剪力墙可分为三种：①全部现浇的剪力墙；②全部用预制墙板装配而成的剪力墙；③部分现浇、部分预制装配的剪力墙。

剪力墙结构的优点有：整体性好，抗侧刚度大，结构顶点水平位移和层间位移通常较小，能够满足高层建筑对抵抗较大水平力作用的要求，同时剪力墙的截面面积大，竖向承载力要求也比较容易满足。该结构缺点在于剪力墙的间距受到楼板构件跨度的限制，不易形成大空间，因而比较适用于具有较小房间的公寓住宅、旅馆等建筑。

在承受水平力作用时，剪力墙结构相当于一根悬臂深梁，其水平位移由弯曲变形和剪切变形两部分组成。高层建筑剪力墙结构以弯曲变形为主，其位移曲线呈弯曲形，特点是结构层间位移随楼层的增高而增加,如图 5.3 所示。

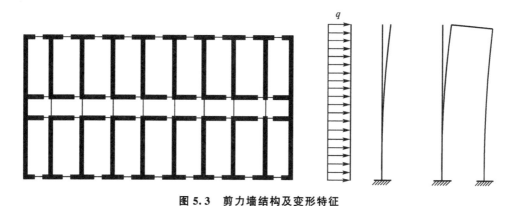

图 5.3 剪力墙结构及变形特征

历次地震中,剪力墙结构都表现了良好的抗震性能,震害较轻。

5.1.3 框架-剪力墙结构体系

框架-剪力墙结构体系是把框架和剪力墙两种结构共同组合在一起形成的结构体系。竖向荷载由框架和剪力墙共同承担,水平荷载则主要由剪力墙承担。这种结构既具有框架结构布置灵活、使用方便的特点,又有较大的刚度和较强的抗震能力,因而框架-剪力墙结构广泛应用于高层办公建筑和旅馆建筑中。

由于剪力墙承担了大部分的剪力,框架的受力状况和内力分布得到改善。主要表现为框架所承受的水平剪力减小,且沿高度分布比较均匀。剪力墙所承担的剪力越接近结构底部越大,有利于控制框架的变形;而在结构的上部,框架水平位移有比剪力墙位移小的趋势,剪力墙承受框架约束的负剪力,如图 5.4 所示。框架-剪力墙结构很好地综合了框架的剪切变形和剪力墙的弯曲变形两种受力性能,它们的协同工作使各层层间变形趋于均匀,改善了纯框架或纯剪力墙结构中上部和下部楼层层间变形相差较大的缺点。

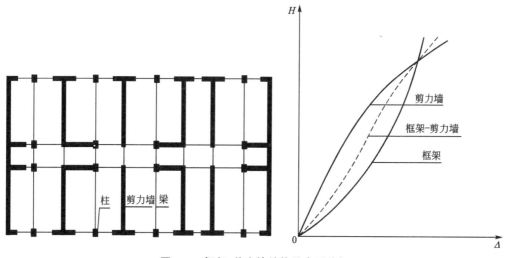

图 5.4 框架-剪力墙结构及变形特征

5.1.4 筒体结构体系

高层建筑结构随着高度的不断增大，承受的水平作用大大增加，当建筑向上延伸到一定高度时，此时常规的三大结构体系往往不能满足要求。可将剪力墙在平面内围合成箱形，形成一个竖向布置的空间刚度很大的薄壁筒体。

筒体结构的基本特征是主要由一个或多个空间受力的竖向筒体承受水平力。筒体可以由剪力墙组成，也可由密柱深梁构成。筒体是空间整截面工作的，如同一个竖在地面上的箱形悬臂梁。筒体在水平力作用下，不仅平行于水平力作用方向的框架（腹板框架）起作用，而且垂直于水平力方向上的框架（翼缘框架）也共同受力。

筒体结构类型很多，根据筒的布置、组成和数量等可再分为框架-筒体结构体系、筒中筒结构体系、成束筒结构体系等，如图 5.5 所示。

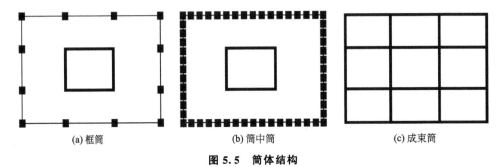

| (a) 框筒 | (b) 筒中筒 | (c) 成束筒 |

图 5.5　筒体结构

（1）框架-筒体结构体系：一般由中部的内筒和外周边大柱距的框架所组成。此类结构外周框架不参与内筒整体空间工作，其抗侧力性能类似框架-剪力墙结构。

（2）筒中筒结构体系：由内外几层筒体组合而成，通常核心筒为剪力墙薄壁筒，外围筒为框筒。

（3）成束筒结构体系：又称组合筒结构体系，通常在平面内设置多个筒体组合在一起，形成整体刚度很大的结构形式。成束筒结构的刚度和承载力比筒中筒结构更大，因此可用于更高的建筑。

5.1.5 巨型结构体系

巨型框架结构又称主次框架结构，由多级结构组成，一般有巨型框架结构和巨型桁架结构，如图 5.6 所示。

巨型结构通常采用筒体柱，有时也用矩形、工字形等大截面实腹柱，每隔若干层设置高度很大的巨型梁。它们组成刚度极大的巨型框架（主框架），是承受主要的水平力和竖向荷载的一级结构；上、下层巨型框架梁之间的楼层梁柱组成次框架，为二级结构，其荷载直接传递到一级结构，因而自身承受的荷载较小，构件截面较小，增加了建筑布置的灵活性和有效使用面积。

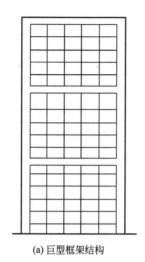
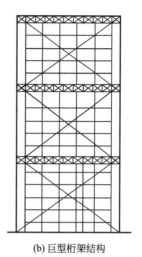

(a) 巨型框架结构　　　　　　　(b) 巨型桁架结构

图 5.6　巨型结构

5.2 高层建筑结构布置原则

结构体系确定后，应进行结构总体布置，使建筑物具有良好的造型和合理的传力路线。建筑结构的总体布置，是指对其高度、平面、立面和体系等的选择，除应考虑建筑使用功能、建筑美学要求外，还应考虑强度、刚度和稳定性的结构要求。确定结构布置方案的过程就是结构概念设计的一个过程。

5.2.1 房屋适用高度和高宽比

钢筋混凝土高层建筑结构的最大适用高度应区分为 A 级和 B 级。A 级高度的高层建筑是指常规的、一般的建筑，B 级高度的高层建筑是指较高的、设计有更严格要求的建筑。

A 级高度钢筋混凝土乙类和丙类高层建筑的最大适用高度应符合表 5 - 1 的规定，B 级高度钢筋混凝土乙类和丙类高层建筑的最大适用高度应符合表 5 - 2 的规定。平面和竖向均不规则的高层建筑结构，其最大适用高度宜适当降低。

表 5 - 1　A 级高度钢筋混凝土高层建筑的最大适用高度　　　　　单位：m

结构体系		非抗震设计	抗震设防烈度				
			6 度	7 度	8 度		9 度
					0.20g	0.30g	
框架		70	60	50	40	35	—
框架-剪力墙		150	130	120	100	80	50
剪力墙	全部落地剪力墙	150	140	120	100	80	60
	部分框支剪力墙	130	120	100	80	50	不应采用

（续）

结构体系		非抗震设计	抗震设防烈度				
			6 度	7 度	8 度		9 度
					0.20g	0.30g	
简体	框架-核心筒	160	150	130	100	90	70
	筒中筒	200	180	150	120	100	80
板柱-剪力墙		110	80	70	55	40	不应采用

注：① 表中框架不含异形柱框架；

② 部分框支剪力墙结构指地面以上有部分框支剪力墙的剪力墙结构；

③ 甲类建筑，6、7、8 度时宜按本地区抗震设防烈度提高一度后符合本表的要求，9 度时应专门研究；

④ 框架结构、板柱-剪力墙结构以及 9 度抗震设防的表列其他结构，当房屋高度超过本表数值时，结构设计应有可靠依据，并采取有效的加强措施。

表 5-2　B 级高度钢筋混凝土高层建筑的最大适用高度　　　　单位：m

结构体系		非抗震设计	抗震设防烈度			
			6 度	7 度	8 度	
					0.20g	0.30g
框架-剪力墙		170	160	140	120	100
剪力墙	全部落地剪力墙	180	170	150	130	110
	部分框支剪力墙	150	140	120	100	80
简体	框架-核心筒	220	210	180	140	120
	筒中筒	300	280	230	170	150

注：① 部分框支剪力墙结构指地面以上有部分框支剪力墙的剪力墙结构；

② 甲类建筑，6、7 度时宜按本地区抗震设防烈度提高一度后符合本表的要求，8 度时应专门研究；

③ 当房屋高度超过表中数值时，结构设计应有可靠依据，并采取有效的加强措施。

　　高宽比是对结构刚度、整体稳定、承载能力和经济合理性的宏观控制。为了合理确定结构体系布置，须要确定各种结构体系的高宽比。钢筋混凝土高层建筑结构的高宽比不宜超过表 5-3 的规定。

表 5-3　钢筋混凝土高层建筑适用的最大高宽比

结构体系	非抗震设计	抗震设防烈度		
		6 度、7 度	8 度	9 度
框架	5	4	3	—
板柱-剪力墙	6	5	4	—
框架-剪力墙、剪力墙	7	6	5	4
框架-核心筒	8	7	6	4
筒中筒	8	8	7	5

房屋高度指室外地面至房屋主要屋面高度，不包括局部突出屋面的电梯、机房、水箱、构架等高度。在复杂体型的高层建筑中，可按所考虑方向的最小投影宽度计算高宽比。对于不宜采用最小投影宽度计算高宽比的情况，应根据实际情况确定合理的计算方法。对带有裙房的高层建筑，当裙房的面积和刚度相对较大时，计算高宽比时的房屋高度和宽度可按裙房以上部分考虑。

5.2.2 结构平面布置原则

高层建筑结构平面布置必须考虑有利于抵抗竖向与水平荷载作用。在高层建筑的一个独立结构单元内，结构平面形状宜简单、规则，质量、刚度和承载力分布宜均匀。不应采用严重不规则的平面布置。平面不规则的类型见表5-4所列。

表5-4 平面不规则的主要类型

不规则类型	定义和参考指标
扭转不规则	在规定的水平力作用下，楼层的最大弹性水平位移（或层间位移），大于该楼层两端弹性水平位移（或层间位移）平均值的1.2倍
凹凸不规则	平面凹进的尺寸，大于相应投影方向总尺寸的30%
楼板局部不连续	楼板的尺寸和平面刚度急剧变化，如有效楼板宽度小于该楼层典型宽度的50%，或开洞面积大于该楼层面积的30%，或有较大的楼层错层

当结构平面布置出现表5-4中一项及以上的不规则指标时，即称为平面不规则；当出现表5-4中多项指标，或某一项超过指标较多，具有明显的抗震薄弱部位，将会引起不良后果时，称为特别不规则；当结构体型复杂，多项不规则指标超过表5-4规定，或大大超过规定值，具有严重的抗震薄弱环节，将导致地震破坏等严重后果时，称为严重不规则。

高层结构平面布置应考虑下列问题：

（1）高层建筑的开间、进深尺寸及构件类型应尽量协调模数，减少种类，以利于建筑工业化。

（2）高层建筑宜选用风作用效应较小的平面形状。

（3）抗震设计的混凝土高层建筑，其平面布置选用应符合如下规定：①平面宜简单、规则、对称，减少偏心；②平面长度不宜过大（图5.7），L/B 宜符合表5-5的要求；③平面突出部分的长度 l 不宜过大，宽度 b 不宜过小（图5.7），l/B_{max}、l/b 宜符合表5-5的要求；④建筑平面不宜采用角部重叠或细腰形平面布置。

（4）结构平面布置应减少扭转的影响。在考虑偶然偏心影响的规定水平地震力作用下，楼层竖向构件最大的水平位移和层间位移，A级高度高层建筑不宜大于该楼层平均值的1.2倍，不应大于该楼层平均值的1.5倍；B级高度高层建筑，超过A级高度的混合结构及《高层建筑混凝土结构技术规程》第10章所指的复杂高层建筑，不宜大于该楼层平均值的1.2倍，不应大于该楼层平均值的1.4倍。结构扭转为主的第一自振周期 T_t 与平动为主的第一自振周期 T_1 之比，A级高度高层建筑不应大于0.9；B级高度高层建筑，超过A级高度的混合结构及《高层建筑混凝土结构技术规程》第10章所指的复杂高层建筑，不应大于0.85。

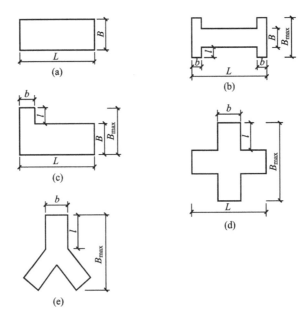

图 5.7 建筑平面参数示意图

表 5 - 5 平面尺寸及突出部位尺寸的比例限值

设防烈度	L/B	l/B_{max}	l/b
6、7 度	≤6.0	≤0.35	≤2.0
8、9 度	≤5.0	≤0.30	≤1.5

(5) 当楼板平面较长、有较大的凹入或开洞时，应在设计中考虑其对结构产生的不良影响。有效楼板宽度不宜小于该层楼面宽度的 50%；楼板开洞总面积不宜超过楼面面积的 30%；在扣除凹入或开洞后，楼板在任一方向的最小净宽度不宜小于 5m，且开洞后每一边的楼板净宽度不应小于 2m。

(6) ╫字形、井字形等外伸长度较大的建筑，当中央部分楼板有较大削弱时，应加强楼板以及连接部位墙体的构造措施，必要时还可在外伸段凹槽处设置连接梁或连接板。楼板开大洞削弱后，宜采取下列措施：①加强洞口附近楼板，提高楼板的配筋率，采用双层双向配筋；②洞口边缘设置边梁、暗梁；③在楼板洞口角部集中配置斜向钢筋。

5.2.3 结构竖向布置原则

高层建筑的竖向体型宜规则、均匀，避免有过大的外挑和收进。结构的侧向刚度宜下大上小，逐渐均匀变化。不应采用竖向布置严重不规则的结构，竖向不规则性定义和参考指标见表 5 - 6。特别不规则和严重不规则的含义，可参照前述平面布置。

表 5-6 竖向不规则的主要类型

不规则类型	定义和参考指标
侧向刚度不规则	该层的侧向刚度小于相邻上一层的 70%，或小于其上相邻三个楼层侧向刚度平均值的 80%；除顶层或出屋面小建筑外，局部收进的水平向尺寸大于相邻下一层的 25%
竖向抗侧力构件不连续	竖向抗侧力构件(柱、剪力墙、抗震支撑)的内力由水平转换构件(梁、桁架等)向下传递
楼层承载力突变	抗侧力结构的层间受剪承载力小于相邻上一楼层的 80%

沿竖向出现刚度突变的主要原因如下：

(1) 结构的竖向体型突变。如建筑顶部内收形成塔楼、楼层外挑内收等。

(2) 结构体系的变化。如建筑底部大空间需要使若干剪力墙不落地、中部楼层部分楼层剪力墙中断、顶层设置大空间取消部分剪力墙或柱等。

高层结构竖向布置应考虑下列问题：

(1) 抗震设计时，高层建筑相邻楼层的侧向刚度变化应符合如下规定：①对于框架结构，楼层与其相邻上层的侧向刚度比 γ_1 不宜小于 0.7，与其相邻上部三层刚度平均值的比值不宜小于 0.8。②对于框架-剪力墙结构、板柱-剪力墙结构、剪力墙结构、框架-核心筒结构、筒中筒结构，楼层与其相邻上层的侧向刚度比 γ_2 不宜小于 0.9；当本层层高大于相邻上层层高的 1.5 倍时，该比值不宜小于 1.1；对结构底部嵌固层，该比值不宜小于 1.5。γ_1 和 γ_2 计算公式分别为

$$\gamma_1 = \frac{V_i \Delta_{i+1}}{V_{i+1} \Delta_i} \tag{5-1}$$

$$\gamma_2 = \frac{V_i \Delta_{i+1}}{V_{i+1} \Delta_i} \frac{h_i}{h_{i+1}} \tag{5-2}$$

式中　γ_1——楼层侧向刚度比；

　　　γ_2——考虑层高修正的楼层侧向刚度比；

V_i、V_{i+1}——第 i 层、第 $i+1$ 层的地震剪力标准值(kN)；

Δ_i、Δ_{i+1}——第 i 层、第 $i+1$ 层的地震作用标准值作用下的层间位移(m)。

(2) A 级高度高层建筑的楼层抗侧力结构的层间受剪承载力，不宜小于其相邻上一层受剪承载力的 80%，不应小于其相邻上一层受剪承载力的 65%；B 级高度高层建筑的楼层抗侧力结构的层间受剪承载力，不应小于其相邻上一层受剪承载力的 75%。

(3) 抗震设计时，结构竖向抗侧力构件宜上、下连续贯通。

(4) 抗震设计时，当结构上部楼层收进部位到室外地面的高度 H_1 与房屋高度 H 之比大于 0.2 时，上部楼层收进后的水平尺寸 B_1 不宜小于下部楼层水平尺寸 B 的 75% [图 5.8(a)、(b)]；当上部结构楼层相对于下部楼层外挑时，上部楼层水平尺寸 B_1 不宜大于下部楼层的水平尺寸 B 的 1.1 倍，且水平外挑尺寸 a 不宜大于 4m [图 5.8(c)、(d)]。

(5) 楼层质量沿高度宜均匀分布，楼层质量不宜大于相邻下部楼层质量的 1.5 倍。

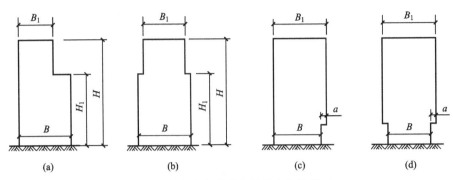

图 5.8 结构竖向收进和外挑参数示意图

5.2.4 变形缝设置原则

变形缝包括沉降缝、伸缩缝和防震缝。高层建筑变形缝的设置，可以解决产生过大变形和内力的问题。但是在建筑中设缝也会带来一些问题，例如设缝会影响建筑立面、多用料，使结构复杂、防水处理困难等，设缝的结构在强烈地震下相邻结构可能发生碰撞而导致局部损坏，有时还会因为将房屋分成小块而降低每个结构单元的稳定、刚度和承载力，反而削弱了结构，因此，常常通过采取措施来避免设缝。多年高层建筑结构设计和施工经验表明：高层建筑结构宜调整平面形状、尺寸和结构布置，采取构造和施工措施，尽量不设缝或少设缝。若必须设缝时，则应保证必要的缝宽以防止震害。

1. 伸缩缝

伸缩缝又称温度缝，可释放房屋因温度变化和混凝土收缩所产生的内力。

高层钢筋混凝土建筑结构的温度—收缩问题，通常根据施工经验和实践效果，由构造措施来解决。基础可不设缝，但缝必须贯通基础以上的房屋建筑。

《高层建筑混凝土结构技术规程》规定伸缩缝的最大间距宜符合表 5-7 的要求。

表 5-7 伸缩缝的最大间距

结构体系	施工方法	最大间距/m
框架结构	现浇	55
剪力墙结构	现浇	45

注：① 框架-剪力墙的伸缩缝间距可根据结构的具体布置情况取表中框架结构与剪力墙结构之间的数值；

② 当屋面无保温或隔热措施、混凝土的收缩较大或室内结构因施工导致外露时间较长时，伸缩缝间距应适当减小；

③ 位于气候干燥地区、夏季炎热且暴雨频繁地区的结构，伸缩缝的间距宜适当减小。

当采用有效的构造措施和施工措施减小温度和混凝土收缩对结构的影响时，可适当放宽伸缩缝的间距。这些措施可包括但不限于下列方面：

（1）顶层、底层、山墙和纵墙端开间等受温度变化影响较大的部位提高配筋率；

（2）顶层加强保温隔热措施，外墙设置外保温层；

（3）每 30～40m 间距留出施工后浇带，带宽 800～1000mm，钢筋采用搭接接头，后浇带混凝土宜在 45d 后浇筑；

（4）采用收缩小的水泥、减少水泥用量、在混凝土中加入适宜的外加剂；

（5）提高每层楼板的构造配筋率或采用部分预应力结构。

2. 沉降缝

许多高层建筑由主体结构和层数较少的裙房组成。裙房和主体结构的高度及重量相差悬殊，可能导致结构构件产生较大的内力和变形，因此可采用沉降缝将裙房和主体结构从顶部到基础全部断开，使各部分自由沉降，避免因沉降不一导致结构破坏的发生。沉降缝的宽度应符合防震最小宽度要求。

是否设置沉降缝，应根据具体情况综合考虑。设置沉降缝后，上部结构应在缝的两侧分别布置抗侧力结构，形成双梁、双柱和双墙。但同时又产生新的建筑结构问题，如立面处理困难、地下室渗漏等。当高层建筑与裙房之间不设置沉降缝时，宜在裙房一侧设置后浇带，后浇带的位置宜设置在距主楼边的第二跨内。

3. 防震缝

对于体型复杂、平立面不规则的高层建筑，为了防止建筑物各部分由于地震作用引起结构产生过大扭转、应力集中、局部破坏等现象而设置的垂直缝为防震缝。

防震缝应从基层顶面断开，并贯穿建筑物全高。抗震设计时，高层建筑宜调整平面形状和结构布置，避免设置防震缝。体型复杂、平立面不规则的建筑，应根据不规则程度、地基基础条件和技术经济等因素的比较分析，来确定是否设置防震缝。

抗震设防的高层建筑在下列情况下宜设置防震缝：

（1）平面长度和外伸长度尺寸超过了规程限值而又没有采取加强措施时；

（2）各部分结构刚度相差很远，采取不同材料和不同结构体系时；

（3）各部分质量相差很大时；

（4）各部分有较大错层时。

当各结构单元之间设置了伸缩缝或沉降缝时，此伸缩缝或沉降缝可同时兼作防震缝，但其缝宽应满足防震缝宽度的要求。

防震缝宽度应符合下列规定：框架结构房屋，高度不超过 15m 时不应小于 100mm；超过 15m 时，6 度、7 度、8 度和 9 度下分别每增加高度 5m、4m、3m 和 2m 宜加宽 20mm；框架-剪力墙结构房屋不应小于框架结构房屋规定数值的 70%，剪力墙结构房屋不应小于框架结构房屋规定数值的 50%，且二者均不宜小于 100mm。防震缝两侧结构体系不同时，防震缝宽度应按不利的结构类型确定；防震缝两侧的房屋高度不同时，防震缝宽度可按较低的房屋高度确定。当相邻结构的基础存在较大沉降差时，宜增大防震缝的宽度。

8、9 度抗震设计的框架结构房屋，防震缝两侧结构层高度相差较大时，防震缝两侧框架柱的箍筋应沿房屋全高加密，并可根据需要沿房屋全高在缝两侧各设置不少于两道垂直于防震缝的抗震墙。

防震缝宜沿房屋全高设置，地下室、基础可不设置防震缝，但在与上部防震缝对应处应加强构造和连接。

结构单元之间或主楼与裙房之间不宜采用牛腿托梁的做法设置防震缝，否则应采取可靠措施。

5.2.5 结构截面尺寸初估

1. 柱截面尺寸的估算

柱截面尺寸一般可由轴压比控制来进行初步估算。轴压比 μ_c 由下式计算：

$$\mu_c = \frac{N}{A_c f_c} \tag{5-3}$$

式中　N——柱轴向力设计值；

　　　A_c——柱截面面积；

　　　f_c——混凝土抗压强度设计值。

轴压比可按本书第 6 章采用。

2. 梁截面尺寸的估算

梁截面高跨比可参见表 5-8，梁截面宽高比一般为 1/4～1/2，且至少比柱宽小 50mm。特殊情况下也可设计宽扁梁，扁梁的宽度不宜大于柱宽。

表 5-8　梁截面高跨比

梁的种类	高跨比	梁的种类	高跨比
单跨梁	1/12～1/8	悬臂梁	1/8～1/6
连续梁	1/15～1/12	井字梁	1/20～1/15
扁梁	1/18～1/12	框支墙托梁	1/7～1/5
单向密肋梁	1/22～1/18	单跨预应力梁	1/18～1/12
双向密肋梁	1/25～1/22	多跨预应力梁	1/20～1/18

3. 板厚的估算

楼板厚度可按表 5-9 选用。

表 5-9　楼板的厚度与跨度之比

板的类型	厚跨比	板的类型	厚跨比
单向板	1/30～1/25	楼梯平台	1/30
单向连续板	1/40～1/35	无粘接预应力板	1/40
双向板（短边）	1/45～1/40	无柱帽无梁板（重载）	1/30
悬挑板	1/12～1/10	无柱帽无梁板（轻载）	1/35

5.2.6 基础结构布置

高层建筑基础结构布置，应根据上部结构形式、荷载特点、工程地质条件、施工条件等因素综合确定。

1. 基础类型

高层建筑的基础有筏基、箱基和桩基等类型。基础底面积的形心，应与上部结构永久荷载的合力中心相重合。

（1）钢筋混凝土筏形基础：当高层建筑层数不多、地基土质较好、上部结构轴线间距较小且荷载不大时，可采用钢筋混凝土筏形基础。

（2）箱形基础：是高层建筑广泛采用的一种基础类型，其具有较大的结构刚度和整体性，适用于上部结构荷载较大而地基土较软弱的情况。

（3）桩基：也是高层建筑广泛采用的一种基础类型。桩基具有承载力可靠、沉降小的优点，适用于软弱地基土和可能液化的地基条件。

2. 基础选型原则

（1）当地基土质均匀、承载力大而沉降量小时，可采用天然地基和竖向刚度较小的地基；反之，则采用人工地基或竖向刚度较大的整体式基础。

（2）当高层建筑基础直接搁置于未风化或微风化的岩层上，或者层数较少独立裙房，可采用单独基础和条形基础；采用独立基础时，应设置纵横向的拉梁。

（3）当采用桩基时，应尽可能采用单根、单排大直径桩或扩底墩，使上部结构的荷载直接由柱或墙体传至桩顶，基础底板因此可以做得较薄。

3. 基础埋深

高层建筑的基础应有足够的埋置深度。埋置深度必须满足地基变形和稳定的要求，以减少建筑的整体倾斜和滑移。基础埋深不宜小于表 5 - 10 中的数值。

表 5 - 10 基 础 埋 深

基础结构形式	钢筋混凝土结构	钢结构
天然地基	$H/12$	$H/15$
桩基	$H/15$	$H/18$

注：H 为室外地坪至屋顶檐口的高度。

5.3 水平位移限值和舒适度要求

在正常使用条件下，高层建筑结构应具有足够的刚度，避免产生过大的位移而影响结构的承载力、稳定性和使用要求。

5.3.1 多遇地震作用下水平位移限值

按弹性方法计算的风荷载或多遇地震标准值作用下的楼层层间最大水平位移与层高之比 $\Delta u/h$ 宜符合下列规定（抗震设计时，楼层位移计算可不考虑偶然偏心的影响）：

（1）高度不大于 150m 的高层建筑，其楼层层间最大位移与层高之比 $\Delta u/h$ 不宜大于表 5 - 11 的限值。

表 5-11　楼层层间最大位移与层高之比的限值

结构体系	$\Delta u/h$ 限值
框架结构	1/550
框架-剪力墙结构、框架-核心筒结构、板柱-剪力墙结构	1/800
筒中筒结构、剪力墙结构	1/1000
除框架结构外的转换层	1/1000

(2) 高度不小于 250m 的高层建筑，其楼层层间最大位移与层高之比 $\Delta u/h$ 不宜大于 1/500。

(3) 高度在 150～250m 之间的高层建筑，其楼层层间最大位移与层高之比 $\Delta u/h$ 的限值可按(1)和(2)的限值线性插入取用。

5.3.2　罕遇地震作用下水平位移限值

高层建筑结构在罕遇地震作用下有时需要进行弹塑性变形验算，防止结构因局部楼层变形过大而倒塌破坏。结构薄弱层(部位)层间弹塑性位移应符合下式规定：

$$\Delta u_p \leqslant [\theta_p] h \tag{5-4}$$

式中　Δu_p——层间弹塑性位移。

$[\theta_p]$——层间弹塑性位移角限值，可按表 5-12 采用。对框架结构，当轴压比小于
0.4 时，可提高 10%；当柱子全高的箍筋构造采用比最小配箍特征值大
30% 时，可提高 20%，但累计提高不宜超过 25%。

h——层高。

表 5-12　层间弹塑性位移角限值

结构体系	$[\theta_p]$
框架结构	1/50
框架-剪力墙结构、框架-核心筒结构、板柱-剪力墙结构	1/100
剪力墙结构和筒中筒结构	1/120
除框架结构外的转换层	1/120

5.3.3　风振舒适度要求

房屋高度不小于 150m 的高层混凝土建筑结构，应满足风振舒适度要求。在现行《荷载规范》规定的 10 年一遇的风荷载标准值作用下，结构顶点的顺风向和横风向振动最大加速度不应超过表 5-13 的限值。结构顶点的顺风向和横风向振动最大加速度可按行业标准的有关规定计算，也可通过风洞试验结果判断确定。

表 5-13 结构顶点风振加速度限值 $\alpha_{\lim}$

使用功能类型	$\alpha_{\lim}/(\text{m/s}^2)$
住宅、公寓	0.15
办公楼、旅馆	0.25

5.4 构件承载力计算

5.4.1 计算公式

高层建筑结构构件的承载力应按下列公式验算：

无地震作用组合时

$$\gamma_0 S_d \leqslant R_d \tag{5-5}$$

有地震作用组合时

$$S_d \leqslant R_d / \gamma_{RE} \tag{5-6}$$

式中　γ_0——结构重要性系数。对安全等级为一级或设计使用年限为 100 年及以上的结构构件，不应小于 1.1；对安全等级为二级或设计使用年限为 50 年的结构构件，不应小于 1.0。

　　S_d——作用效应组合的设计值。

　　R_d——构件承载力设计值。

　　γ_{RE}——构件承载力抗震调整系数。

抗震调整系数的引入主要考虑动荷载下材料强度要比静力荷载下高，以及地震偶然作用下结构的抗震可靠度要求可比承受其他荷载的要求低。抗震设计时，钢筋混凝土构件的承载力抗震调整系数应按表 5-14 采用；型钢混凝土构件和钢构件的承载力抗震调整系数应分别按表 5-15 和表 5-16 采用。当仅考虑竖向地震作用组合时，各类结构构件的承载力抗震调整系数均应取 1.0。

表 5-14 承载力抗震调整系数

构件类别	梁	轴压比小于 0.15 的柱	轴压比不小于 0.15 的柱	剪力墙		各类构件	节点
受力状况	受弯	偏压	偏压	偏压	局部承压	受剪、偏拉	受剪
γ_{RE}	0.75	0.75	0.80	0.85	1.0	0.85	0.85

表 5-15 型钢(钢管)混凝土构件承载力抗震调整系数

正截面承载力计算				斜截面承载力计算
型钢混凝土梁	型钢混凝土柱及钢管混凝土柱	剪力墙	支撑	各类构件及节点
0.75	0.80	0.85	0.80	0.85

表 5-16　钢构件承载力抗震调整系数

强度破坏（梁、柱、支撑、节点板件、螺栓、焊缝）	屈曲稳定（柱、支撑）
0.75	0.80

5.4.2　结构抗震等级

（1）各抗震设防类别的高层建筑结构，其抗震措施应符合下列要求：

① 甲类、乙类建筑：应按本地区抗震设防烈度提高一度的要求加强其抗震措施，但抗震设防烈度为 9 度时应按比 9 度更高的要求采取抗震措施；当建筑场地为 I 类时，应允许仍按本地区抗震设防烈度的要求采取抗震构造措施。

② 丙类建筑：应按本地区抗震设防烈度确定其抗震措施；当建筑场地为 I 类时，除 6 度外，应允许按本地区抗震设防烈度降低一度的要求采取抗震构造措施。

（2）当建筑场地为 III、IV 类时，对设计基本地震加速度为 0.15g 和 0.30g 的地区，宜分别按抗震设防烈度 8 度（0.2g）和 9 度（0.4g）时各类建筑的要求采取抗震构造措施。

（3）抗震设计时，高层建筑钢筋混凝土结构构件应根据抗震设防分类、烈度、结构类型和房屋高度采用不同的抗震等级，并符合相应的计算和构造措施要求。A 级高度丙类建筑钢筋混凝土结构的抗震等级应按表 5-17 确定。当本地区的设防烈度为 9 度时，A 级高度乙类建筑的抗震等级应按特一级采用，甲类建筑应采取更有效的抗震措施。

表 5-17　A 级高度的高层建筑结构抗震等级

结构类型			设防烈度						
			6 度		7 度		8 度		9 度
框架结构			三		二		一		一
框架-剪力墙结构	高度/m		≤60	>60	≤60	>60	≤60	>60	≤50
	框架		四	三	三	二	二	一	一
	剪力墙		三		二		一		一
剪力墙结构	高度/m		≤80	>80	≤80	>80	≤80	>80	≤60
	剪力墙		四	三	三	二	二	一	一
部分框支剪力墙结构	非底部加强部位的剪力墙		四	三	三	二	二		
	底部加强部位的剪力墙		三	二	二	一	一		
	框支框架		二		二		一		
简体结构	框架-核心筒	框架	三		二		一		一
		核心筒	二		二		一		一
	简中简	外筒	三		二		一		一
		内筒							

（续）

结构类型		设防烈度						
		6 度		7 度		8 度		9 度
板柱-剪力墙结构	高度/m	≤35	>35	≤35	>35	≤35	>35	
	框架、板柱及柱上板带	三	二	二	二	一	一	—
	剪力墙	二	二	二	一	二	一	

注：① 接近或等于高度分界时，应结合房屋不规则程度及场地、地基条件适当确定抗震等级；
　　② 底部带转换层的筒体结构，其转换框架的抗震等级应按表中部分框支剪力墙结构的规定采用；
　　③ 当框架-核心筒结构的高度不超过 60m 时，其抗震等级应允许按框架-剪力墙结构采用。

（4）抗震设计时，B 级高度丙类建筑钢筋混凝土结构的抗震等级应按表 5-18 确定。

表 5-18　B 级高度的高层建筑结构抗震等级

结构类型		设防烈度		
		6 度	7 度	8 度
框架-剪力墙	框架	二	一	一
	剪力墙	二	一	特一
剪力墙	剪力墙	二	一	一
部分框支剪力墙	非底部加强部位剪力墙	二	一	一
	底部加强部位剪力墙	一	一	特一
	框支框架	一	特一	特一
框架-核心筒	框架	二	一	一
	筒体	二	一	特一
筒中筒	外筒	二	一	特一
	内筒	二	一	特一

注：底层带转换层的筒体结构，其转化框架和底部加强部位筒体的抗震等级应按表中部分框支剪力墙结构的规定采用。

（5）抗震设计的高层建筑，当地下室顶层作为上部结构的嵌固端时，地下一层相关范围的抗震等级应按上部结构采用，地下一层以下抗震构造措施的抗震等级可逐层降低一级，但不应低于四级；地下室中超出上部主楼相关范围且无上部结构的部分，其抗震等级可根据具体情况采用三级或四级。

（6）抗震设计时，与主楼连为整体的裙房的抗震等级，除应按裙房本身确定外，相关范围不应低于主楼的抗震等级；主楼结构在裙房顶板上、下各一层应适当加强抗震构造措施。裙房与主楼分离时，应按裙房本身确定抗震等级。

（7）甲、乙类建筑按规定提高一度确定抗震措施时，或Ⅲ、Ⅳ类场地且设计基本地震加速度为 0.15g 和 0.30g 的丙类建筑按规定提高一度确定抗震构造措施时，如果房屋高度超过提高一度后对应的房屋最大适用高度，则应采取比对应抗震等级更有效的抗震构造措施。

5.5 结构简化计算原则

高层建筑是一个复杂的空间结构体系，要对其进行精确的模型计算是十分困难的。在进行内力和位移计算时，为了简化计算同时又能充分反映实际结构的受力状况，必须引入不同程度的计算假定进行计算模型的简化。

1. 弹性工作状态

高层建筑结构的内力与位移按弹性方法计算，在非抗震设计时，在竖向荷载和风荷载作用下，结构应保持正常使用状态，结构处于弹性工作阶段；在抗震设计时，结构计算是对多遇的小震进行的，此时结构处于不裂的弹性阶段。所以，从结构整体来说，基本上都处于弹性工作状态，可按弹性方法计算。

但对于某些局部构件，由于按弹性计算所得的内力过大，出现截面设计困难、配筋不合理的情况，因此在某些情况下可以考虑局部构件的塑性变形内力重分布，对内力适当予以调整。例如连梁的刚度折减系数可按照具体情况决定，但考虑到连梁的塑性变形能力十分有限，刚度折减系数不应小于 0.55。

对于罕遇地震的第二阶段设计，绝大多数结构不要求进行内力和位移计算，"大震不倒"通过构造要求予以保证。实际上由于在强震下结构已进入弹塑性阶段，处于开裂、破坏状态，构件刚度难以确切给定，因而此时内力计算已无重要意义。

2. 平面结构假定

任何建筑结构都是空间结构，但在结构分析时，常将高层建筑这一空间结构简化为若干片平面结构进行分析。

平面结构是一种简化假定，假定结构只能在自身平面内具有有限刚度。例如平面框架、剪力墙结构，只能抵抗平面内的作用力；在平面外刚度为零，且不产生平面外的内力。多数结构符合该条件，但有些结构必须考虑与平面外有相互传力关系，如框筒的角柱、空间框架、框架桁架等，对此则必须按空间杆件计算。

3. 考虑整体工作性能

高层建筑结构在风力和地震作用下，由于各片抗侧力结构的刚度、形式不同，变形特征也不相同，所以作用力不能简单地按受荷面积、构件间距分配，否则，会使刚度大、承担主要作用的结构分配的水平力过小，偏于不安全。

由于高层建筑中楼板在自身平面内的刚度是很大的，几乎不产生变形，因而在不考虑扭转影响时，同层各构件水平位移相同，剪力墙结构中各片墙的水平力大致按等效刚度分配，框架结构中的各片框架的水平力大致按其抗侧刚度分配；框架-剪力墙和筒体结构则受力较为复杂，要进行专门分析计算。

4. 楼板平面内无限刚性

高层建筑楼板的整体性能好，在平面内的刚度非常大。进行高层建筑内力和位移计算时，可假定楼板在其自身平面内为无限刚性，在平面内只有刚体位移(平动和转动)。

因采用了楼板平面内无限刚性的假定，所以设计时应采取相应的措施保证楼板平面内的整体刚度。一般情况下，现浇楼面是可以满足要求的，但装配式楼面须加现浇层。

在下列情况下，楼板可能产生较明显的面内变形，楼板无限刚性的假定不适用，因而在计算时应考虑楼板的面内变形影响，或对采用楼板面内无限刚性假定计算方法的计算结果进行适当调整：

(1) 楼面内有很大的开洞或缺口，宽度削弱；

(2) 楼面有较长的外伸段；

(3) 底层大空间剪力墙结构的转换层楼面；

(4) 楼面整体性较差。

相对于抗侧力结构的刚度，楼板的平面外刚度较小，一般情况下可以不考虑其作用。但在无梁楼盖中，由于没有框架梁，楼板起等效框架梁的作用，这时楼板的平面外刚度即作为等效框架梁的刚度。

5. 考虑轴向变形影响

通常在低层建筑结构分析中，只考虑弯矩影响，因轴力和剪切影响很小，一般可以不考虑。对高层建筑结构，因层数较多，高度大，轴力值很大，再加上沿高度积累的轴向变形显著，因而进行结构分析时不可忽略其轴向变形，否则会造成较大的误差。

高层建筑结构分析中，对于简化的手算方法，除考虑各杆件的弯曲变形外，对于高宽比大于4的结构，宜考虑柱和墙的轴向变形的影响；剪力墙宜考虑剪切变形。

高层建筑结构按空间整体工作计算分析，采用计算机计算时，应考虑下列变形：

(1) 梁的弯曲、剪切、扭转变形，必要时考虑轴向变形；

(2) 柱的弯曲、剪切、轴向、扭转变形；

(3) 墙的弯曲、剪切、轴向、扭转变形。

轴向变形的影响在结构计算中应当考虑，但是，结构所受的竖向荷载不是在结构完成后一次施加的。特别是，占绝大部分的结构自重是在施工过程中逐层施加的，轴向压缩变形已在施工过程中分阶段完成。

高层建筑结构在进行重力荷载作用效应分析时，柱、墙、斜撑等构件的轴向变形宜采用适当的计算模型考虑施工过程的影响；复杂高层建筑及房屋高度大于150m的其他高层建筑结构应考虑施工过程的影响。不能简单按一次加载考虑，否则会出现一些不合理的计算结果。

5.6 结构概念设计

概念设计涉及的面很广，从方案、结构布置到计算简图的选取，从截面配筋到构件的配筋构造等都存在概念设计的内容。设计概念可通过理性规律、震害教训、试验研究、工程实践经验等多渠道建立。

地震是一种随机振动，要准确预测建筑物所遭受地震的特性和参数，目前尚难做到。在结构分析方面，由于未能充分考虑结构的空间作用、非弹性性质、材料时效、阻尼变化等多种因素，也存在着不准确性。因此，工程抗震问题不能完全依赖"计算设计"解决。

而立足工程抗震基本理论及长期工程抗震经验总结的工程抗震基本概念，往往是得到良好结构性能的决定因素，即所谓的"抗震概念设计"。概念设计强调，在工程设计一开始，就应把握好能量输入、房屋体型、结构体系、刚度分布、构件延性等几个方面，从根本上消除建筑中的抗震薄弱环节，再辅以必要的计算和构造措施，就有可能使设计出的房屋具有良好的抗震性能和足够的抗震可靠度。

本节主要在震害经验教训的基础上，汇总了部分较为宏观的、与总体方案布置及与结构控制等有关的概念设计重要内容。

1. 选择有利的场地和地基

地震波从震源经基岩传播到建筑场地后，地表土相当于一个放大器和一个滤波器，它一方面把基岩的加速度放大，表土越深，土质越差，放大作用越显著，对建筑物产生的震害越大；另一方面，由各种不同频率组成的地震波通过表土时，与场地土自振周期一致的成分得到放大，不一致的成分衰减，表土起了滤波器的作用，使地震波的主频率与场地卓越周期的频率一致，当建筑物的自振周期与场地卓越周期一致或接近时，由于共振而使震害更加严重。

选择建筑场地时，应根据工程需要和地震活动情况、工程地质和地震地质的有关资料，对地震有利、一般、不利和危险地段做出综合评价。对于不利地段，应提出避开要求，无法避开时应采取有效的措施；对于危险地段，严禁建造甲、乙类的建筑，不应建造丙类的建筑。有关各类地段的划分见表 5-19 所列。

表 5-19 场地地段类别划分

地段类别	地质、地形、地貌
有利地段	稳定基岩，坚硬土，开阔、平坦、密实、均匀的中硬土等
一般地段	指不属于有利、不利和危险的地段
不利地段	软弱土，液化土，条状突出的山嘴，高耸孤立的山丘，陡坡，陡坎，河岸和边坡的边缘，平面分布上成因、岩性、状态明显不均匀的土层(含故河道、疏松的断层破碎带、暗埋的塘浜沟谷和半填半挖地基)，高含水量可塑黄土，地表存在结构性裂隙等
危险地段	地震时可能发生滑坡、崩塌、地陷、地裂、泥石流等及发震断裂带上可能发生地表位错的部位

2. 选择合适的抗震结构体系

抗震结构体系是抗震设计应考虑的关键问题，结构方案的选取是否合理，对安全性和经济性起决定的作用。结构体系应根据建筑的抗震设防类别、抗震设防烈度、建筑高度、场地条件、地基、结构材料和施工等因素，经技术、经济和使用条件综合比较确定。

建筑抗震结构体系应符合下列要求：①应具有明确的计算简图和合理的地震作用传递途径。②应避免因部分结构或构件破坏而导致整个结构丧失抗震能力或对重力荷载的承载能力。在建筑抗震设计中，可以利用多种手段实现设置多道防线的目的，如增加结构超静定次数、有目的地设置人工塑性铰、利用框架的填充墙、设置耗能元件或耗能装置等。

③应具备必要的抗震承载力、良好的变形能力和消耗地震能量的能力。结构抵抗强烈地震的能力，主要取决于其吸能和耗能的能力，这种能力依靠结构或构件在预定部位产生塑性铰，即结构可承受反复塑性变形而不倒塌，仍具有一定的承载能力。为实现上述目的，可利用结构各部位的联系构件形成耗能元件，或将塑性铰控制在一系列有利部位，使这些并不危险的部位首先形成塑性铰或发生可以修复的破坏，从而保护主要承重体系。④对可能出现的薄弱部位，应采取措施提高抗震能力。

历次大地震都说明高层建筑框架结构的震害相比剪力墙结构要大，主要是因为剪力墙刚度大。对于高层建筑抗震设计，不能做出结构"刚一些好"还是"柔一些好"这样的结论，应该结合结构的具体高度、体系和场地条件综合判断，无论如何，重要的是设计时要进行变形限制，将变形限制在规范许可的范围内，要使结构有足够的刚度，设置部分剪力墙的结构有利于减小结构的变形和提高结构承载力；同时，应根据场地条件来设计结构，硬土地基上的结构可柔一些，软土地基上的结构可刚一些。

抗震结构不仅要设计超静定结构，还应该做成具有多道设防的结构，第一道设防结构中的某一部分屈服或破坏只会使结构减少一些超静定次数。要注意分析并且控制结构的屈服或破坏部位，控制出铰次序及破坏过程。有些部位允许屈服或甚至允许破坏，而有些部位只允许屈服，不允许破坏，甚至有些部位不允许屈服。在抗震结构中设计双重抗侧力体系便于实现多道设防，是安全而可靠的结构体系。联肢剪力墙、框架-剪力墙、筒体、框架-核心筒、筒中筒等结构都可能成为双重抗侧力体系，也应该设计成双重抗侧力体系，以便实现抗震设计的多道设防。

建筑抗震结构体系宜符合下列要求：①宜有多道抗震防线；②宜具有合理的刚度和承载力分布，避免因局部削弱或突变形成薄弱部位，产生过大的应力集中或塑性变形集中；③结构在两个主轴方向的动力特性宜相近。

3. 结构平面布置宜刚度均匀

抗震结构平面布置宜简单、规则，尽量减少突出、凹进等复杂平面，但是，更重要的是结构平面布置时要尽可能使平面刚度均匀，即"刚心"与"质心"应尽可能靠近，以减少地震作用下的扭转。

为了减少地震作用下的扭转，还应注意平面上的质量分布，质量偏心会引起扭转，质量集中在周边也会加大扭转。

对于有些平面上有突出部分的建筑，如 L 形、T 形、H 形的平面，即使总体平面对称，还会表现出局部扭转。因此，一般不宜设计突出部分过长的 L 形、T 形、H 形平面，突出部分较大时，可在其端部设置刚度较大的剪力墙或井筒，以减小突出部分端部的侧向位移，可减少局部扭转。

较高的高层建筑不宜做成长宽比很大的长条形平面，因为它不符合楼板在自身平面内无限刚性的假定。

不规则的建筑方案应按规定采取加强措施；特别不规则的建筑方案应进行专门研究和论证，采取特别的加强措施；不应采用严重不规则的建筑方案。

4. 结构沿竖向刚度宜均匀

结构宜做成上下等宽或由下向上逐渐减小的体型，更重要的是结构抗侧刚度应当沿高度均匀，或沿高度逐渐减小，避免抗侧力结构的侧向刚度和承载力突变而形成薄弱层。竖向刚度是否均匀，也主要涉及剪力墙的布置。框支剪力墙是典型的沿高度刚度突变的结构，它的主要危险在于框支层的变形大，框支层总是表现为薄弱层，全部由框支剪力墙组成的结构几乎不可避免地遭受严重震害。

通常引起竖向刚度不均匀的情况还有：在某个中间楼层抽去剪力墙，或在某个楼层设置刚度很大的实腹梁作为加强或转换构件，楼层的刚度突然减小或加大都会使该层及其附近楼层的地震反应发生突变而产生危害。

由于建筑物立面有较大的收进或顶部有小面积的突出小房间造成建筑立面体型沿高度变化，或者为了加大建筑空间而顶部减少剪力墙等，都可能使结构顶部少数层刚度突然变小，这可能加剧地震作用下的鞭梢效应，顶部的侧向甩动变形过大也会使结构遭受破坏。

5. 加强或削弱某些部位

结构各层的承载力宜自下而上均匀地减小，减小的幅度应符合地震作用的内力包络图，避免出现承载力薄弱层。应当注意的是，由于地震作用下构件内力是通过振型组合得到的，振型组合使构件内力丧失平衡关系，不能只盲目地按照内力组合结果配置钢筋，而应当从概念设计角度均衡上下各层构件承载力，使其自下而上均匀地减小，避免出现中间某一层承载力突然减小的情况。

要尽可能预见所设计结构的可能破坏部位，在复杂结构中更是要通过概念分析和结构计算估计受力不利部位和薄弱部位。结构设计应预期结构的合理破坏模式，应通过必要的内力调整控制结构的破坏模式。有些部位有意识地使它提前屈服，有些部位则应有意识地提高其承载力，推迟它的屈服或破坏，例如强柱弱梁就是设计时一种有意识的控制，是尽可能使框架按有利抗震的梁铰机制设计构件屈服次序的措施；有些部位可提高承载力，甚至使它在大地震时也不屈服，例如某些框支构件和不允许出现破坏的关键部位。

还有些部位则宜减弱其承载力，使它早出现塑性铰，以便保护其相邻的重要构件，例如将长度较大的剪力墙用开洞和弱连梁的方法断成长度较短的剪力墙，由于弱连梁容易出铰，长度很大的剪力墙被分割成截面高度较小的、长细比较大的剪力墙，延性较易得到保证。又如，与剪力墙相交、又不在剪力墙平面内的大梁的端弯矩可能使剪力墙平面外受弯，如果将大梁端部配筋减弱，使它提早出现塑性铰，可以减小剪力墙平面外弯矩和变形，从而保护剪力墙。

6. 设计延性结构和延性构件

延性是指构件和结构屈服后，具有承载力不降低或基本不降低，且有足够塑性变形能力的一种性能，一般用延性比表示延性（即塑性变形能力大小）。塑性变形可以耗散地震能量，大部分抗震结构在中震作用下都有部分构件进入塑性状态而耗能，耗能性能也是延性好坏的一个指标。延性不好的结构，则须用足够大的承载力抵抗地震，这将导致用更多的材料。采用延性结构是一种经济、合理而安全的设计对策。

要保证钢筋混凝土结构有一定的延性，除了必须保证梁、柱、墙等构件均具有足够的延性外，还要采取措施使框架及剪力墙都具有较大的延性，主要体现在如下方面：

（1）抗震框架形成梁铰屈服机制；

（2）形成强柱弱梁的框架体系；

（3）形成强墙弱梁的剪力墙；

（4）设计延性构件。

7. 重视构件承受竖向荷载的安全性

结构倒塌往往是由竖向构件破坏造成的，既抵抗竖向荷载又抗侧力的竖向构件属于重要构件，竖向构件的设计不仅应当考虑抵抗水平力时的安全，更要考虑在水平力作用下出现裂缝或塑性铰以后，是否仍然能够安全地承受竖向荷载。

短肢剪力墙（截面高度较小的单肢剪力墙，$h_w/b_w = 5 \sim 8$）和异形柱在弹塑性阶段是否能够持续、安全地承受竖向荷载的问题值得引起注意。在高层建筑中，一般不采用异形柱，而短肢剪力墙却是常用的构件。较大面积地连续布置短肢剪力墙（如承受竖向荷载面积超过 30%～50%）将对弹塑性阶段抵抗地震作用和抵抗竖向荷载造成危险。在具有较多短肢剪力墙的剪力墙结构中，要采取措施防止局部倒塌和连续倒塌，不但要加强筒体（或较长墙肢的剪力墙）的承载力和延性，还要加强短肢剪力墙的承载力和延性（严格限制轴压比，并提高其竖向荷载承载力以及抗剪能力等），避免一字形短肢剪力墙平面外与跨度较大的梁连接，注意强墙弱梁、强剪弱弯的构件设计要求，推迟或减小短肢墙墙肢的屈服和破坏等。

8. 加强结构整体性及变形缝设置

不规则结构的薄弱部位容易造成震害，过去一般采取防震缝将其划分为若干独立的抗震单元，使各个结构单元成为规则的独立结构，目前工程设计更倾向于不设防震缝，而采取加强结构整体性的措施，加强薄弱部位防止破坏。

如果在高层建筑中无法避免伸缩缝，或沉降缝，或防震缝，则都须按照防震缝的要求设置其宽度，避免地震时相邻部分互相碰撞而破坏。

9. 填充墙布置和材料选用

要注意框架中填充墙材料的选用和布置。从减轻结构自重的角度，填充墙应选择轻质材料，选用大块的、能与主体结构形成柔性连接的填充墙。

当使用具有较大刚度的材料做填充墙时，填充墙的布置不但会影响框架结构沿高度的刚度分布，也会影响结构在平面上刚度分布。应避免由于填充墙的布置不当形成上刚下柔的结构，或形成房屋两端一端刚、一端柔的平面。在框架柱之间填充墙部分，会使柱中部出现支撑点而形成短柱，或由于砖墙对柱的附加推力而使柱破坏。

由于填充墙不进入结构分析，应从概念设计角度充分估计其不利作用而加以避免。设计时必须关心和考虑非结构的填充墙的材料和布置。

本 章 小 结

1. 高层建筑常用的结构体系有框架结构体系、剪力墙结构体系、框架-剪力墙结构体系和筒体结构体系等。框架结构平面布置灵活，分割方便，但抗侧刚度小、侧移大；剪力墙结构整体性好，抗侧刚度大，但不易形成大空间；框架-剪力墙结构既布置灵活，又有较大的刚度和较强的抗震能力。

2. 高层建筑结构布置原则，主要涉及房屋使用高度和高宽比、结构平面布置原则、结构竖向布置原则、变形缝设置原则、结构截面尺寸初估及基础结构布置，在高层建筑设计中应当特别关注。

3. 在正常使用条件下，高层建筑结构应具有足够的刚度，避免产生过大的位移而影响结构的承载力、稳定性和使用要求。房屋高度不小于150m的高层混凝土建筑结构，应满足风振舒适度要求。

4. 考虑动荷载作用下材料强度性能及抗震可靠度要求，在地震作用组合验算公式中引入抗震调整系数。国家规范规定了高层建筑结构抗震等级。

5. 在进行高层建筑结构内力和位移计算时，引入不同程度的计算假定，即弹性工作状态、平面结构假定、考虑整体工作性能、楼板平面内无限刚性、考虑轴向变形影响等。

6. 结构概念设计在某些情况下要比结构具体计算更为重要。在总结震害经验教训的基础上，本章汇总了部分较为宏观的、与总体方案布置以及与结构控制等有关的概念设计重要内容。

习　　题

【选择题】

5-1　某高层建筑屋面上皮标高为120.00m，屋面上有一高为33m的尖塔和高9m的局部建筑，室内外高差1.20m。则确定抗震等级时，房屋计算高度为（　　）。

A. 120.00m　　　　B. 121.20m　　　　C. 154.20m　　　　D. 130.20m

5-2　某大底盘单塔楼钢筋混凝土高层建筑，裙房与主楼连成一体。主楼为方形（26m×26m），高58m（仅主塔）；裙房也为方形（62m×62m），高28m。本地区抗震设防烈度为7度，建筑场地为Ⅱ类。假定裙房的面积、刚度相对于其上部塔楼较大时，则该房屋主楼的高宽比取值，最接近下列哪项数值？（　　）

A. 1.4　　　　B. 2.2　　　　C. 3.4　　　　D. 3.7

5-3　下列论述哪项不正确？（　　）

A. 框架剪力墙结构的水平荷载主要由剪力墙承担，框架受剪力墙约束为负剪力

B. 剪力墙结构侧向位移主要以弯曲变形为主，其位移呈弯曲型

C. 框架结构高宽比小于4时，其侧向位移以剪切变形为主

D. 筒体在水平力作用下，平行于和垂直于水平力作用方向的结构构件均受力

5-4　以下论述哪项不符合相关规范或规程？（　　）

A. 房屋高度不小于150m的高层混凝土建筑结构应满足风振舒适度要求，即结构顶点的振动最大位移不应超过一定限制

B. 高层建筑的基础主要有筏形基础、箱形基础和桩基等类型

C. 高层建筑采用独立基础时，应设置纵横向的拉梁

D. 在一定条件下，伸缩缝或沉降缝可同时兼作防震缝

5-5　关于结构简化计算原则表述不准确的是（　　）。

A. 在结构分析时，常将空间结构简化为若干平面结构进行分析，则简化结构在平面外刚度可视为零

B. 在抗震设计时，结构内力计算按弹性方法计算

C. 框架结构中的各榀框架的水平力大致按其抗侧刚度分配

D. 高层建筑结构在进行重力荷载作用效应分析时，一次加载合理

5-6 下列关于抗震调整系数 γ_{RE} 表述错误的是(　　)。

A. 抗震调整系数为小于或等于1且大于零的数值

B. 梁、柱等构件正截面承载力除以相应的 γ_{RE}

C. 局部受压承载力除以 1.0

D. 引入抗震调整系数主要是考虑结构的重要性

5-7 某18层钢筋混凝土框架-剪力墙结构，房屋高度为58m，7度设防，丙类建筑，Ⅱ类建筑场地。则该结构抗震等级应为下列何项？(　　)

A. 框架三级，剪力墙三级　　　　　B. 框架三级，剪力墙二级

C. 框架二级，剪力墙三级　　　　　D. 框架二级，剪力墙二级

【简答题】

5-8 试论述高层建筑常用结构体系的特点及适用范围。

5-9 为什么要限制高层建筑的高宽比？

5-10 高层建筑平面及竖向布置应分别遵循什么原则？

5-11 高层建筑中，如何考虑变形缝的设置？

5-12 为什么对楼层层间位移作出规定限制？

5-13 高层建筑结构计算的基本假定意义是什么？

5-14 概念设计对高层建筑结构设计的重要性如何？

第6章
高层框架结构设计

本章是本书的重点章节之一，主要讲述与框架结构设计相关的知识和设计要求，旨在让学生熟悉和掌握高层框架结构设计的一般规定、结构内力及位移简化计算方法、结构基本构件设计方法，具备解决框架结构工程实际问题的能力。通过本章学习，应达到以下教学目标：

(1) 掌握框架结构的概念设计；

(2) 重点掌握框架结构竖向及水平内力近似计算方法，能独立进行框架结构设计；

(3) 掌握框架结构延性设计方法。

教学要求

知识要点	能力要求	相关知识
框架结构一般规定	熟悉框架结构一般规定	结构体系、楼梯间位置、维护结构的稳定性、结构承重方式、中心线重合与偏位
框架结构的简化计算	(1) 理解结构计算简图简化方法； (2) 熟练掌握框架结构内力近似计算方法； (3) 掌握框架结构侧向位移近似计算方法； (4) 掌握框架结构内力组合方法	(1) 计算单元、节点简化、跨度和层高确定、抗弯刚度计算； (2) 竖向及水平荷载作用下内力计算方法：分层法、反弯点法、D值法； (3) 控制截面积最不利组合、梁端弯矩调幅
框架结构构件设计	(1) 掌握框架结构基本构件设计方法； (2) 理解框架结构延性设计理念	(1) 框架梁受力性能、承载力计算、构造要求； (2) 框架柱受力性能、承载力计算、构造要求； (3) 框架节点受力性能、承载力计算、构造要求

 引例

在进行某个特定类型的高层框架结构设计之前，除了一般高层结构的设计原理之外，设计者还必须了解和掌握框架结构形式及特点、概念设计、结构计算、结构构件的设计与构造、相应类型等，在此基础上，才能结合特定地域、场地条件及设计任务书中的各项要求，开始具体的设计进程。

框架结构适用于层数不多、高度不太大的建筑，如商场、车站、宾馆等。框架体系最主要的优点是建筑平面布置灵活，分割方便，可做成具有大空间的会议室、餐厅、办公室、实验室等，同时便于门窗的灵活布置，可满足各种不同用途建筑的需要；整体性好、延性大、耗能能力强是框架结构另一个主要优点。但因其结构抗侧刚度小、侧移大，使得它的适用高度受到限制，非抗震设计高限为70m。在开始设计前，设计者需对框架结构设计的相关知识和要求做充分了解和掌握。

如果要在中国深圳拟建高层框架结构办公楼，丙类建筑，设防烈度为7度，场地Ⅱ类，地下室一层、二层为停车场及设备用房，地上10层为住宅楼，高度35m，在开始着手该办公楼的结构方案设计之前，我们需要了解和掌握框架结构的哪些形式及特点？应完成哪些概念设计？怎样进行结构计算？怎样完成结构构件的设计与构造？应该为这个高层框架结构的设计确定一个什么样的目标？在设计中应遵循哪些基本原则？施工图设计包括哪些内容？作为高层建筑结构中应用十分普遍的框架结构，还有哪些要求需要我们特别关注和应对？

6.1 一般规定

关于框架结构设计的一般规定如下：

（1）框架结构应设计成双向梁柱抗侧体系，如图6.1所示。主体结构除个别部位外，不应采用铰接。

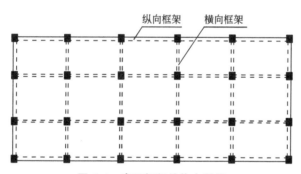

图6.1 高层框架结构布置图

（2）抗震设计的框架结构不应采用单跨框架。

（3）框架结构的填充墙及隔墙宜选用轻质墙体。抗震设计时，框架结构如采用砌体填充墙，其布置应符合下列规定：

① 避免形成上、下层刚度变化过大；

② 避免形成短柱；

③ 减少因抗侧刚度偏心而造成的结构扭转。

（4）抗震设计时，框架结构的楼梯间应符合下列规定：

① 楼梯间的布置应尽量减小其造成的结构平面不规则性；

② 宜采用现浇钢筋混凝土楼梯，楼梯结构应有足够的抗倒塌能力；

③ 宜采用措施减少楼梯对主体结构的影响；

④ 当钢筋混凝土楼梯与主体结构整体连接时，应考虑楼梯对地震作用及其效应的影响，并应对楼梯构件进行抗震承载力验算。

（5）抗震设计时，砌体填充墙及隔墙应具有自身稳定性，并应符合下列规定：

① 砌体的砂浆强度等级不应低于 M5，当采用砖及混凝土砌块时，砌块的强度等级不应低于 MU5；采用轻质砌块时，砌块的强度等级不应低于 MU2.5。墙顶应与框架梁或楼板密切结合。

② 砌体填充墙应沿框架柱全高每隔 500mm 左右设置两根直径 6mm 的拉筋，6 度时拉筋宜沿墙全长贯通，7、8、9 度时拉筋沿墙全长贯通。

③ 墙长大于 5m 时，墙顶与梁（板）宜有钢筋拉结；墙长大于 8m 或层高的 2 倍时，宜设置间距不大于 4m 的钢筋混凝土构造柱；墙高超过 4m 时，墙体半高处（或门洞上皮）宜设置与柱连接且沿墙全长贯通的钢筋混凝土水平系梁。

④ 楼梯间采用砌体填充墙时，应设置间距不大于层高且不大于 4m 的钢筋混凝土构造柱，并应采用钢丝网砂浆面层加强。

（6）框架结构按抗震设计时，不应采用部分由砌体墙承重之混合形式。框架结构中的楼、电梯间及局部出屋顶的电梯机房、楼梯间、水箱间等，应采用框架承重，不应采用砌体墙承重。

（7）框架梁、柱中心线宜重合。当梁柱中心线不能重合时，在计算中应考虑偏心对梁柱节点核心区受力和构造的不利影响，以及梁荷载对柱子的偏心影响。

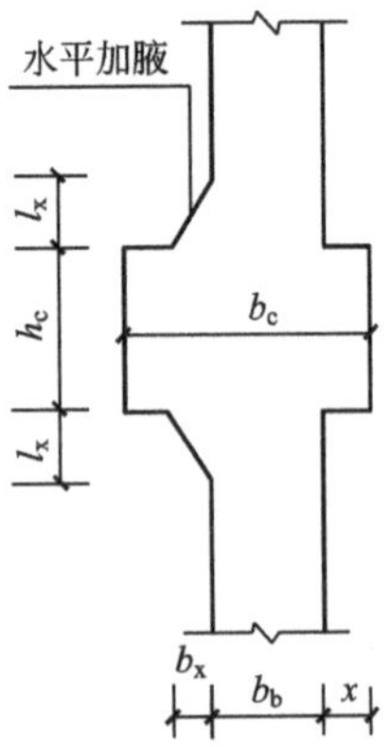

梁、柱中心线之间的偏心距，9 度抗震设计时不应大于柱截面在该方向宽度的 1/4；非抗震设计和 6～8 度抗震设计时不宜大于柱截面在该方向宽度的 1/4，如果偏心距大于该方向柱宽的 1/4，可采取增设梁的水平加腋（图 6.2）等措施。设置水平加腋后，仍须考虑梁柱偏心的不利影响。

① 梁的水平加腋厚度可取梁截面高度，其水平尺寸宜满足下列要求：

$$b_x/l_x \leqslant 1/2 \qquad (6-1)$$

$$b_x/b_b \leqslant 2/3 \qquad (6-2)$$

$$b_b + b_x + x \geqslant b_c/2 \qquad (6-3)$$

图 6.2　水平加腋梁

式中　b_x——梁水平加腋宽度；

l_x——梁水平加腋长度；

b_b——梁截面宽度；

b_c——沿偏心方向柱截面宽度；

x——非加腋侧梁边到柱边的距离。

② 梁采用水平加腋时，框架节点有效宽度 b_j 宜符合下列要求：

当 $x=0$ 时，b_j 计算公式为

$$b_j \leqslant b_b + b_x \qquad (6-4)$$

当 $x \neq 0$ 时，b_j 取式（6-5）和式（6-6）计算的较大值，且应满足式（6-7）的要求：

$$b_j \leqslant b_b + b_x + x \qquad (6-5)$$

$$b_j \leqslant b_b + 2x \qquad (6-6)$$

$$b_j \leqslant b_b + 0.5h_c \qquad (6-7)$$

式中　h_c——柱截面高度。

（8）不与框架柱相连的次梁，可按非抗震要求进行设计。

6.2 计 算 简 图

框架结构一般有按空间结构分析和按简化成平面结构分析两种方法。计算机计算一般是按空间结构进行分析，手算方法一般是按简化平面结构进行分析。手算方法虽然计算精度较低，但概念明确，能够了解各类高层建筑结构的受力特点，除此之外，手算方法在初步设计中作为快速估算结构内力和变形的方法也非常有用。

1. 计算单元

在各榀框架（包括纵向、横向框架）中选出一榀或几榀有代表性的框架作为计算单元，如图6.3所示。

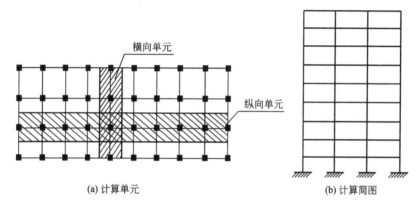

图 6.3 框架结构的计算简图

2. 节点的简化

按平面框架进行结构分析，框架节点可简化为刚接节点、铰接节点和半铰节点。在现浇钢筋混凝土结构中，梁和柱内的纵向受力钢筋都将穿过节点或锚入节点区，节点为刚接节点；装配式框架结构根据施工方案和构造措施，节点通常简化为铰接节点或半铰节点；装配整体式框架结构，因节点处梁顶和梁底均有钢筋固定并现场浇筑混凝土，节点可认为是刚接节点。

3. 跨度和层高的确定

在结构计算简图中，框架跨度为柱轴线间的距离。框架层高为相应建筑层高（该层楼面至上层楼面的距离），底层框架层高应从基础顶面算起。注意：

（1）当上下柱截面尺寸变化时，一般取以最小截面形心来确定框架宽度，计算杆件内力时要考虑偏心影响；

（2）当梁的坡度 $i \leqslant 1/8$ 时，可简化为水平梁；

（3）对于不等跨框架，当各跨跨度相差不大于10%时，可简化为等跨框架；

（4）对于加腋梁，当截面高度比不大于1.6时，可简化等截面梁。

4. 抗弯刚度的计算

在计算框架梁截面惯性矩 I 时，应考虑楼板的影响。在框架梁的跨中，梁受正弯矩，楼板处于受压区而形成 T 截面梁，楼板对梁的截面抗弯刚度影响较大；而在梁两端节点附近，梁受负弯矩，顶部楼板受拉，楼板对梁的抗弯刚度影响较小。在工程设计中，仍可简化梁的截面惯性矩 I 沿轴线不变，即有如下选择（I_0 为矩形截面梁的截面惯性矩）：

（1）对于现浇楼盖，中框架取 $I = 2I_0$，边框架取 $I = 1.5I_0$；

（2）对于装配整体式楼盖，中框架取 $I = 1.5I_0$，边框架取 $I = I_0$；

（3）对于装配式楼盖，取 $I = I_0$。

6.3 竖向荷载作用下的近似计算

竖向荷载作用下的框架结构内力计算，可近似采用分层法。

（1）基本假定：

① 在竖向荷载作用下，框架侧移小，可忽略不计；

② 每层梁的荷载对其他各层梁的影响很小，可忽略不计。

根据假定，每层梁上的荷载只在该层梁和与该层梁相连的柱上分配和传递。图 6.4(a) 所示的四层框架可简化为四个只带一层横梁的刚架 ［图 6.4(b)］分别计算，然后将内力叠加。

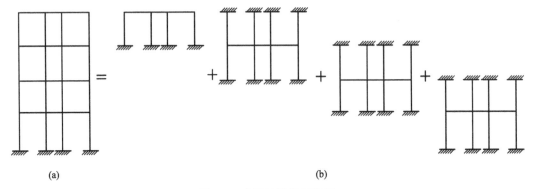

(a)   (b)

图 6.4 分层法计算示意图

（2）注意事项：

① 除底层外，其余各层柱的线刚度均乘以 0.9 的修正系数，且其传递系数由 1/2 改为 1/3。

② 梁的弯矩为最终弯矩，柱的弯矩为与之相连两层计算弯矩的叠加。若节点弯矩不平衡程度较大，可再分配一次，重新分配的弯矩不再考虑传递。

③ 在内力与位移计算中，所有构件均可采用弹性刚度。

【例 6-1】 对图 6.5 所示两跨两层框架，试用分层法绘制弯矩图。括号内的数字表示梁柱相对线刚度值。

【解】 （1）求各节点的分配系数，见表 6-1 所列。

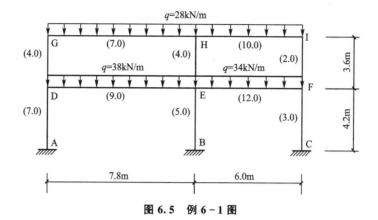

图 6.5 例 6-1 图

表 6-1 各节点的分配系数

层次	节点	相对线刚度				相对线刚度总和	分配系数			
		左梁	右梁	上柱	下柱		左梁	右梁	上柱	下柱
顶层	G	—	7.00	—	4.0×0.9=3.60	10.60	—	0.660	—	0.340
	H	7.00	10.00	—	4.0×0.9=3.60	20.60	0.340	0.485	—	0.175
	I	10.00	—	—	2.0×0.9=1.8	11.80	0.847	—	—	0.153
底层	D	—	9.00	4.0×0.9=3.60	7.00	19.60	—	0.459	0.184	0.357
	E	9.00	12.00	4.0×0.9=3.60	5.00	29.60	0.304	0.405	0.122	0.169
	F	12.00	—	2.0×0.9=1.8	3.00	16.80	0.714		0.107	0.179

（2）计算固端弯矩：

$$M_{GH} = -M_{HG} = -\frac{1}{12} \times 28 \times 7.8^2 = -141.96(\text{kN} \cdot \text{m})$$

$$M_{HI} = -M_{IH} = -\frac{1}{12} \times 28 \times 6.0^2 = -84.00(\text{kN} \cdot \text{m})$$

$$M_{DE} = -M_{ED} = -\frac{1}{12} \times 38 \times 7.8^2 = -192.66(\text{kN} \cdot \text{m})$$

$$M_{EF} = -M_{FE} = -\frac{1}{12} \times 34 \times 6.0^2 = -102.00(\text{kN} \cdot \text{m})$$

然后利用分层法计算各节点弯矩。

图 6.6 所示为顶层计算简图及过程。

图 6.7 所示为底层计算简图及过程。

最后的弯矩图是顶层和底层分层计算弯矩图的叠加，此处从略。最后计算结果中节点弯矩可能不平衡，可以将不平衡弯矩在各自节点上分配。

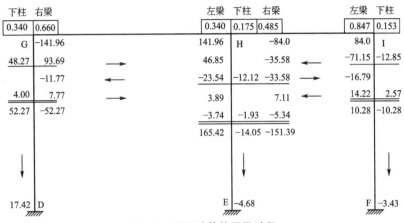

图 6.6 顶层计算简图及过程

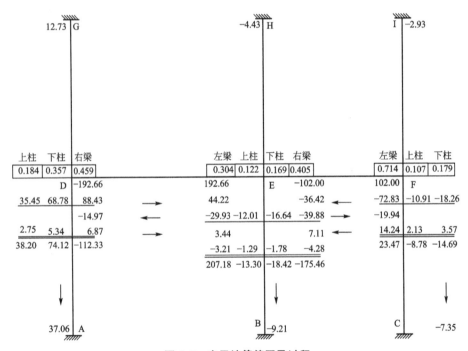

图 6.7 底层计算简图及过程

6.4 水平荷载作用下的内力计算

6.4.1 反弯点法

（1）基本假定：

① 梁的线刚度与柱线刚度之比大于 3 时，可认为梁刚度为无限大；

② 梁、柱轴向变形均可忽略不计。

（2）反弯点位置：

底层柱反弯点距下端为 2/3 层高，其余各层柱的反弯点在柱的中点，如图 6.8 所示。

（3）反弯点处剪力计算：

反弯点处弯矩为零，剪力不为零。自上而下依次沿每层反弯点处取隔离体，顶层隔离体如图 6.9 所示。

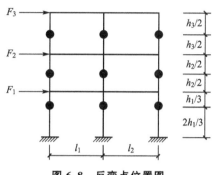

图 6.8　反弯点位置图

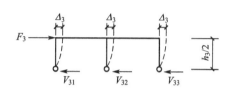

图 6.9　顶层隔离体图

由图 6.9 可得

$$\sum X = 0, \quad F_3 = V_{31} + V_{32} + V_{33}$$

$$V_{31} = D_{31}\Delta_3, \quad V_{32} = D_{32}\Delta_3, \quad V_{33} = D_{33}\Delta_3 \tag{6-8}$$

$$\Delta_3 = \frac{F_3}{D_{31} + D_{32} + D_{33}} = \frac{F_3}{\sum\limits_{i=1}^{3} D_{3i}} \tag{6-9}$$

$$\begin{cases} V_{31} = D_{31}\Delta_3 = \dfrac{D_{31}}{\sum\limits_{i=1}^{3} D_{3i}} F_3 \\[3mm] V_{32} = D_{32}\Delta_3 = \dfrac{D_{32}}{\sum\limits_{i=1}^{3} D_{3i}} F_3 \\[3mm] V_{33} = D_{33}\Delta_3 = \dfrac{D_{33}}{\sum\limits_{i=1}^{3} D_{3i}} F_3 \end{cases} \tag{6-10}$$

式中　D_{3i}——框架第三层第 i 柱的抗侧刚度，$D_{3i} = \dfrac{12EI}{h_{3i}^3}$。

第二层和底层隔离体分别如图 6.10、图 6.11 所示。

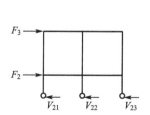

图 6.10　二层隔离体图

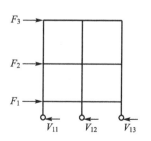

图 6.11　底层隔离体图

由类似的分析可得

$$V_{2i} = \frac{D_{2i}}{\sum_{j=1}^{3} D_{2j}}(F_3 + F_2) \tag{6-11}$$

$$V_{1i} = \frac{D_{1i}}{\sum_{j=1}^{3} D_{1j}}(F_3 + F_2 + F_1) \tag{6-12}$$

（4）梁柱弯矩计算：

① 框架各柱弯矩计算公式为

各柱端弯矩＝反弯点处剪力×反弯点至柱端距离

② 框架各梁弯矩计算方法：求得各柱端弯矩后，由节点弯矩平衡条件即可得到各梁端弯矩，如图 6.12 所示。

计算公式为

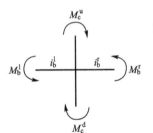

$$\begin{cases} M_b^l = \dfrac{i_b^l}{i_b^l + i_b^r}(M_c^u + M_c^d) \\ M_b^r = \dfrac{i_b^r}{i_b^l + i_b^r}(M_c^u + M_c^d) \end{cases} \tag{6-13}$$

图 6.12　框架节点的平衡图　式中　M_b^l、M_b^r——节点左、右的梁端弯矩；

M_c^u、M_c^d——节点上、下的柱端弯矩；

i_b^l、i_b^r——节点左、右的梁的线刚度。

对于边节点和角节点处，在适用公式（6-13）时，在未有梁或柱部位，相应端弯矩和线刚度取值为零。

以梁为隔离体，将梁左、右端弯矩之和除以跨长，便得到梁的剪力。再以柱为隔离体，自上而下逐层叠加节点左、右梁端剪力，即可得到柱的轴向力。

6.4.2　D 值法

D 值法又称改进的反弯点法，是对柱的抗侧刚度和柱的反弯点位置进行修正后计算框架内力的一种方法，适用于 $i_b/i_c < 3$ 的情况，高层结构特别是考虑抗震要求强柱弱梁的框架，用 D 值法分析更合适。

1. 框架柱的抗侧刚度

柱的抗侧刚度是当柱上下端产生单位相对侧向位移时柱所承受的剪力，在考虑柱上下端节点的弹性约束作用后，柱的抗侧刚度 D 值为

$$D = \alpha \frac{12i_c}{h^2} \tag{6-14}$$

式中　i_c——柱的线刚度；

α——柱抗侧移刚度修正系数，按表 6-2 计算；

表 6 - 2 柱抗侧移刚度修正系数计算表

柱的部位及固定情况	一般层	底层，下端固定	底层，下端铰支
k	$k=\dfrac{i_1+i_2+i_3+i_4}{2i_c}$	$k=\dfrac{i_1+i_2}{i_c}$	$k=\dfrac{i_1+i_2}{i_c}$
α	$\alpha=\dfrac{k}{2+k}$	$\alpha=\dfrac{0.5+k}{2+k}$	$\alpha=\dfrac{0.5k}{1+2k}$

对于底层不等高(图 6.13)的情况，计算公式为

$$\begin{cases} D'=\alpha'\dfrac{12EI}{(h')^3} \\ \alpha'=\alpha\left(\dfrac{h}{h'}\right)^2 \end{cases} \tag{6-15}$$

对于底层为复式框架(图 6.14)的情况，计算公式为

$$D'=\cfrac{1}{\dfrac{1}{D_1}\left(\dfrac{h_1}{h}\right)^2+\dfrac{1}{D_2}\left(\dfrac{h_2}{h}\right)^2} \tag{6-16}$$

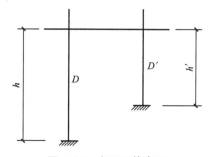

图 6.13 底层不等高图

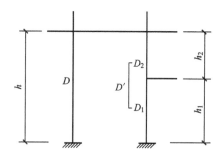

图 6.14 底层为复式框架图

2. 修正的反弯点高度

柱的反弯点高度取决于框架的层数、柱子所在的位置、上下层梁的刚度比值、上下层层高与本层层高的比值以及荷载的作用形式等。

框架柱修正的反弯点高度如图 6.15 所示，反弯点高度系数 y 按下式计算：

$$y=y_0+y_1+y_2+y_3 \tag{6-17}$$

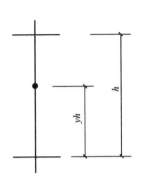

图 6.15 修正的反弯点高度图

式中 y_0——标准反弯点高度比；

y_1——上、下层梁刚度不等时的修正值；

y_2——上层层高变化的修正值；

y_3——下层层高变化的修正值。

当 $0 \leqslant y \leqslant 1$ 时，反弯点在本层；当 $y > 1$ 时，本层无反弯点，反弯点在上层；当 $y < 0$ 时，反弯点在下层。y_0、y_1、y_2、y_3 的取值见表 6-3～表 6-6。

按照 D 值法求得抗侧刚度和反弯点高度后，就可求出各柱的杆端弯矩。根据节点平衡条件即可求得各梁端弯矩，进而求出各梁端的剪力和各柱的轴力。

表 6-3　规则框架承受均布水平力作用时标准反弯点的高度比 y_0 值

n	j \ k	0.1	0.2	0.3	0.4	0.5	0.6	0.7	0.8	0.9	1.0	2.0	3.0	4.0	5.0
1	1	0.80	0.75	0.70	0.65	0.65	0.60	0.60	0.60	0.60	0.55	0.55	0.55	0.55	0.55
2	2	0.45	0.40	0.35	0.35	0.35	0.35	0.40	0.40	0.40	0.40	0.45	0.45	0.45	0.45
	1	0.95	0.80	0.75	0.70	0.65	0.65	0.65	0.60	0.60	0.60	0.55	0.55	0.55	0.50
3	3	0.15	0.20	0.20	0.25	0.30	0.30	0.30	0.35	0.35	0.35	0.40	0.45	0.45	0.45
	2	0.55	0.50	0.45	0.45	0.45	0.45	0.45	0.45	0.45	0.45	0.50	0.50	0.50	0.50
	1	1.00	0.85	0.80	0.75	0.70	0.70	0.65	0.65	0.65	0.60	0.55	0.55	0.55	0.55
4	4	−0.05	0.05	0.15	0.20	0.25	0.30	0.30	0.35	0.35	0.35	0.40	0.45	0.45	0.45
	3	0.25	0.30	0.30	0.35	0.35	0.40	0.40	0.40	0.40	0.45	0.45	0.50	0.50	0.50
	2	0.65	0.55	0.50	0.50	0.45	0.45	0.45	0.45	0.45	0.45	0.50	0.50	0.50	0.50
	1	1.10	0.90	0.80	0.75	0.70	0.70	0.65	0.65	0.65	0.60	0.55	0.55	0.55	0.55
5	5	−0.20	0.00	0.15	0.20	0.25	0.30	0.30	0.30	0.35	0.35	0.40	0.45	0.45	0.45
	4	0.10	0.20	0.25	0.30	0.35	0.35	0.40	0.40	0.40	0.40	0.45	0.45	0.50	0.50
	3	0.40	0.40	0.40	0.40	0.40	0.45	0.45	0.45	0.45	0.45	0.50	0.50	0.50	0.50
	2	0.40	0.40	0.40	0.40	0.45	0.45	0.45	0.45	0.45	0.45	0.50	0.50	0.50	0.50
	1	1.20	0.95	0.80	0.75	0.75	0.70	0.70	0.65	0.65	0.65	0.55	0.55	0.55	0.55
6	6	−0.30	0.00	0.10	0.20	0.25	0.25	0.30	0.30	0.35	0.35	0.40	0.45	0.45	0.45
	5	0.00	0.20	0.25	0.30	0.35	0.35	0.40	0.40	0.40	0.40	0.45	0.45	0.50	0.50
	4	0.20	0.30	0.35	0.35	0.40	0.40	0.40	0.45	0.45	0.45	0.45	0.50	0.50	0.50
	3	0.40	0.40	0.40	0.45	0.45	0.45	0.45	0.45	0.45	0.50	0.50	0.50	0.50	0.50
	2	0.70	0.60	0.55	0.50	0.50	0.50	0.50	0.50	0.50	0.50	0.50	0.50	0.50	0.50
	1	1.20	0.95	0.85	0.80	0.75	0.70	0.70	0.65	0.65	0.65	0.55	0.55	0.55	0.55

（续）

n	j	0.1	0.2	0.3	0.4	0.5	0.6	0.7	0.8	0.9	1.0	2.0	3.0	4.0	5.0
7	7	−0.35	−0.05	0.10	0.20	0.20	0.25	0.30	0.30	0.35	0.35	0.40	0.45	0.45	0.45
	6	−0.10	0.15	0.25	0.30	0.35	0.35	0.35	0.40	0.40	0.40	0.45	0.45	0.50	0.50
	5	0.10	0.25	0.30	0.35	0.40	0.40	0.40	0.45	0.45	0.45	0.45	0.50	0.50	0.50
	4	0.30	0.35	0.40	0.40	0.40	0.45	0.45	0.45	0.45	0.45	0.50	0.50	0.50	0.50
	3	0.50	0.45	0.45	0.45	0.45	0.45	0.45	0.45	0.45	0.45	0.50	0.50	0.50	0.50
	2	0.75	0.60	0.55	0.50	0.50	0.50	0.50	0.50	0.50	0.50	0.50	0.50	0.50	0.50
	1	1.20	0.95	0.85	0.80	0.75	0.70	0.70	0.65	0.65	0.65	0.55	0.55	0.55	0.55
8	8	−0.35	−0.15	0.10	0.15	0.25	0.25	0.30	0.30	0.35	0.35	0.40	0.45	0.45	0.45
	7	−0.10	0.15	0.25	0.30	0.35	0.35	0.40	0.40	0.40	0.40	0.45	0.50	0.50	0.50
	6	0.05	0.25	0.30	0.35	0.40	0.40	0.40	0.45	0.45	0.45	0.45	0.50	0.50	0.50
	5	0.20	0.30	0.35	0.40	0.40	0.45	0.45	0.45	0.45	0.45	0.50	0.50	0.50	0.50
	4	0.35	0.40	0.40	0.40	0.45	0.45	0.45	0.45	0.45	0.45	0.50	0.50	0.50	0.50
	3	0.50	0.45	0.45	0.45	0.45	0.45	0.45	0.45	0.50	0.50	0.50	0.50	0.50	0.50
	2	0.75	0.60	0.55	0.55	0.50	0.50	0.50	0.50	0.50	0.50	0.50	0.50	0.50	0.50
	1	1.20	1.00	0.85	0.80	0.75	0.70	0.70	0.65	0.65	0.65	0.55	0.55	0.55	0.55
9	9	−0.40	−0.05	0.10	0.20	0.25	0.25	0.30	0.30	0.35	0.35	0.45	0.45	0.45	0.45
	8	−0.15	0.15	0.25	0.30	0.35	0.35	0.35	0.40	0.40	0.40	0.45	0.45	0.50	0.50
	7	0.05	0.25	0.30	0.35	0.40	0.40	0.40	0.45	0.45	0.45	0.50	0.50	0.50	0.50
	6	0.15	0.30	0.35	0.40	0.40	0.45	0.45	0.45	0.45	0.45	0.50	0.50	0.50	0.50
	5	0.25	0.35	0.40	0.40	0.45	0.45	0.45	0.45	0.45	0.45	0.50	0.50	0.50	0.50
	4	0.40	0.40	0.40	0.45	0.45	0.45	0.45	0.45	0.45	0.45	0.50	0.50	0.50	0.50
	3	0.55	0.45	0.45	0.45	0.45	0.45	0.45	0.45	0.50	0.50	0.50	0.50	0.50	0.50
	2	0.80	0.65	0.55	0.55	0.50	0.50	0.50	0.50	0.50	0.50	0.50	0.50	0.50	0.50
	1	1.20	1.00	0.85	0.80	0.75	0.70	0.70	0.65	0.65	0.65	0.55	0.55	0.55	0.55
10	10	−0.40	0.05	0.10	0.20	0.25	0.30	0.30	0.30	0.35	0.35	0.40	0.45	0.45	0.45
	9	−0.15	0.15	0.25	0.30	0.35	0.35	0.40	0.40	0.40	0.40	0.45	0.45	0.50	0.50
	8	0.00	0.25	0.30	0.35	0.40	0.40	0.40	0.45	0.45	0.45	0.45	0.50	0.50	0.50
	7	0.10	0.30	0.35	0.40	0.40	0.40	0.45	0.45	0.45	0.45	0.50	0.50	0.50	0.50
	6	0.20	0.35	0.40	0.40	0.45	0.45	0.45	0.45	0.45	0.45	0.50	0.50	0.50	0.50
	5	0.30	0.40	0.40	0.45	0.45	0.45	0.45	0.45	0.45	0.45	0.50	0.50	0.50	0.50
	4	0.40	0.40	0.45	0.45	0.45	0.45	0.45	0.45	0.45	0.50	0.50	0.50	0.50	0.50
	3	0.55	0.50	0.45	0.45	0.45	0.50	0.50	0.50	0.50	0.50	0.50	0.50	0.50	0.50
	2	0.80	0.65	0.55	0.55	0.55	0.50	0.50	0.50	0.50	0.50	0.50	0.50	0.50	0.50
	1	1.30	1.00	0.85	0.80	0.75	0.70	0.70	0.65	0.65	0.65	0.60	0.55	0.55	0.55

（续）

n	j	0.1	0.2	0.3	0.4	0.5	0.6	0.7	0.8	0.9	1.0	2.0	3.0	4.0	5.0
	11	−0.40	0.05	0.10	0.20	0.25	0.30	0.30	0.30	0.35	0.35	0.40	0.45	0.45	0.45
	10	−0.15	0.15	0.25	0.30	0.35	0.35	0.40	0.40	0.40	0.40	0.45	0.45	0.50	0.50
	9	0.00	0.25	0.30	0.35	0.40	0.40	0.40	0.45	0.45	0.45	0.50	0.50	0.50	0.50
	8	0.10	0.30	0.35	0.40	0.40	0.45	0.45	0.45	0.45	0.45	0.50	0.50	0.50	0.50
	7	0.20	0.35	0.40	0.45	0.45	0.45	0.45	0.45	0.45	0.45	0.50	0.50	0.50	0.50
11	6	0.25	0.35	0.40	0.45	0.45	0.45	0.45	0.45	0.45	0.45	0.50	0.50	0.50	0.50
	5	0.35	0.40	0.40	0.45	0.45	0.45	0.45	0.45	0.45	0.50	0.50	0.50	0.50	0.50
	4	0.40	0.45	0.45	0.45	0.45	0.45	0.50	0.50	0.50	0.50	0.50	0.50	0.50	0.50
	3	0.55	0.50	0.50	0.50	0.50	0.50	0.50	0.50	0.50	0.50	0.50	0.50	0.50	0.50
	2	0.80	0.65	0.60	0.55	0.55	0.50	0.50	0.50	0.50	0.50	0.50	0.50	0.50	0.50
	1	1.30	1.00	0.85	0.80	0.75	0.70	0.70	0.65	0.65	0.65	0.60	0.55	0.55	0.55
	▽1	−0.40	−0.05	0.10	0.20	0.25	0.30	0.30	0.30	0.35	0.35	0.40	0.45	0.45	0.45
	2	−0.15	0.15	0.25	0.30	0.35	0.35	0.40	0.40	0.40	0.40	0.45	0.45	0.50	0.50
	3	0.00	0.25	0.30	0.35	0.40	0.40	0.40	0.45	0.45	0.45	0.50	0.50	0.50	0.50
	4	0.10	0.30	0.35	0.40	0.40	0.45	0.45	0.45	0.45	0.45	0.50	0.50	0.50	0.50
	5	0.20	0.35	0.40	0.40	0.45	0.45	0.45	0.45	0.45	0.45	0.50	0.50	0.50	0.50
12	6	0.25	0.35	0.40	0.45	0.45	0.45	0.45	0.45	0.45	0.45	0.50	0.50	0.50	0.50
以	7	0.30	0.40	0.40	0.45	0.45	0.45	0.45	0.45	0.50	0.50	0.50	0.50	0.50	0.50
上	8	0.35	0.40	0.45	0.45	0.45	0.45	0.50	0.50	0.50	0.50	0.50	0.50	0.50	0.50
	中间	0.40	0.40	0.45	0.45	0.45	0.45	0.50	0.50	0.50	0.50	0.50	0.50	0.50	0.50
	4	0.45	0.45	0.45	0.45	0.50	0.50	0.50	0.50	0.50	0.50	0.50	0.50	0.50	0.50
	3	0.60	0.50	0.50	0.50	0.50	0.50	0.50	0.50	0.50	0.50	0.50	0.50	0.50	0.50
	2	0.80	0.65	0.60	0.55	0.55	0.50	0.50	0.50	0.50	0.50	0.50	0.50	0.50	0.50
	▲1	1.30	1.00	0.85	0.80	0.75	0.70	0.70	0.65	0.65	0.65	0.55	0.55	0.55	0.55

表 6-4　规则框架承受倒三角形分布水平力作用时标准反弯点的高度比 y_0 值

n	j	0.1	0.2	0.3	0.4	0.5	0.6	0.7	0.8	0.9	1.0	2.0	3.0	4.0	5.0
1	1	0.80	0.75	0.70	0.65	0.65	0.60	0.60	0.60	0.60	0.55	0.55	0.55	0.55	0.55
2	2	0.50	0.45	0.40	0.40	0.40	0.40	0.40	0.40	0.40	0.45	0.45	0.45	0.45	0.50
	1	1.00	0.85	0.75	0.70	0.70	0.65	0.65	0.65	0.60	0.60	0.55	0.55	0.55	0.55

（续）

n	j	0.1	0.2	0.3	0.4	0.5	0.6	0.7	0.8	0.9	1.0	2.0	3.0	4.0	5.0
3	3	0.25	0.25	0.25	0.30	0.30	0.35	0.35	0.35	0.40	0.40	0.45	0.45	0.45	0.50
	2	0.60	0.50	0.50	0.50	0.50	0.45	0.45	0.45	0.45	0.45	0.50	0.50	0.50	0.50
	1	1.15	0.90	0.80	0.75	0.75	0.70	0.70	0.65	0.65	0.65	0.60	0.55	0.55	0.55
4	4	0.10	0.15	0.20	0.25	0.30	0.30	0.35	0.35	0.35	0.40	0.45	0.45	0.45	0.45
	3	0.35	0.35	0.35	0.40	0.40	0.40	0.40	0.45	0.45	0.45	0.45	0.50	0.50	0.50
	2	0.70	0.60	0.55	0.50	0.50	0.50	0.50	0.50	0.50	0.50	0.50	0.50	0.50	0.50
	1	1.20	0.95	0.85	0.80	0.75	0.70	0.70	0.70	0.65	0.65	0.55	0.55	0.55	0.55
5	5	−0.05	0.10	0.20	0.25	0.30	0.30	0.35	0.35	0.35	0.35	0.40	0.45	0.45	0.45
	4	0.20	0.25	0.35	0.35	0.40	0.40	0.40	0.40	0.40	0.45	0.45	0.50	0.50	0.50
	3	0.45	0.40	0.45	0.45	0.45	0.45	0.45	0.45	0.45	0.45	0.50	0.50	0.50	0.50
	2	0.75	0.60	0.55	0.55	0.50	0.50	0.50	0.50	0.50	0.50	0.50	0.50	0.50	0.50
	1	1.30	1.00	0.85	0.80	0.75	0.70	0.70	0.65	0.65	0.65	0.65	0.55	0.55	0.55
6	6	−0.15	0.05	0.15	0.20	0.25	0.30	0.30	0.35	0.35	0.35	0.40	0.45	0.45	0.45
	5	0.10	0.25	0.30	0.35	0.35	0.40	0.40	0.40	0.45	0.45	0.45	0.50	0.50	0.50
	4	0.30	0.35	0.40	0.40	0.45	0.45	0.45	0.45	0.45	0.45	0.50	0.50	0.50	0.50
	3	0.50	0.45	0.45	0.45	0.45	0.45	0.45	0.45	0.45	0.50	0.50	0.50	0.50	0.50
	2	0.80	0.65	0.55	0.55	0.55	0.55	0.50	0.50	0.50	0.50	0.50	0.50	0.50	0.50
	1	1.30	1.00	0.85	0.80	0.75	0.70	0.70	0.65	0.65	0.65	0.60	0.55	0.55	0.55
7	7	−0.20	0.05	0.15	0.20	0.25	0.30	0.30	0.35	0.35	0.35	0.45	0.45	0.45	0.45
	6	0.05	0.20	0.30	0.35	0.35	0.40	0.40	0.40	0.40	0.45	0.45	0.50	0.50	0.50
	5	0.20	0.30	0.35	0.40	0.40	0.45	0.45	0.45	0.45	0.45	0.50	0.50	0.50	0.50
	4	0.35	0.40	0.40	0.45	0.45	0.45	0.45	0.45	0.45	0.45	0.50	0.50	0.50	0.50
	3	0.55	0.50	0.50	0.50	0.50	0.50	0.50	0.50	0.50	0.50	0.50	0.50	0.50	0.50
	2	0.80	0.65	0.60	0.55	0.55	0.55	0.50	0.50	0.50	0.50	0.50	0.50	0.50	0.50
	1	0.30	1.00	0.90	0.80	0.75	0.70	0.70	0.70	0.65	0.65	0.60	0.55	0.55	0.55
8	8	−0.20	0.05	0.15	0.20	0.25	0.30	0.30	0.35	0.35	0.35	0.45	0.45	0.45	0.45
	7	0.00	0.20	0.30	0.35	0.35	0.40	0.40	0.40	0.40	0.45	0.45	0.50	0.50	0.50
	6	0.15	0.30	0.35	0.40	0.40	0.45	0.45	0.45	0.45	0.45	0.50	0.50	0.50	0.50
	5	0.30	0.45	0.40	0.45	0.45	0.45	0.45	0.45	0.45	0.45	0.50	0.50	0.50	0.50
	4	0.40	0.45	0.45	0.45	0.45	0.45	0.45	0.50	0.50	0.50	0.50	0.50	0.50	0.50
	3	0.60	0.50	0.50	0.50	0.50	0.50	0.50	0.50	0.50	0.50	0.50	0.50	0.50	0.50
	2	0.85	0.65	0.60	0.55	0.55	0.55	0.50	0.50	0.50	0.50	0.50	0.50	0.50	0.50
	1	1.30	1.00	0.90	0.80	0.75	0.70	0.70	0.70	0.65	0.65	0.60	0.55	0.55	0.55

（续）

n	j \ k	0.1	0.2	0.3	0.4	0.5	0.6	0.7	0.8	0.9	1.0	2.0	3.0	4.0	5.0
9	9	−0.25	0.00	0.15	0.20	0.25	0.30	0.30	0.35	0.35	0.40	0.45	0.45	0.45	0.45
	8	−0.00	0.20	0.30	0.35	0.35	0.40	0.40	0.40	0.40	0.45	0.45	0.50	0.50	0.50
	7	0.15	0.30	0.35	0.40	0.40	0.45	0.45	0.45	0.45	0.45	0.50	0.50	0.50	0.50
	6	0.25	0.35	0.40	0.40	0.45	0.45	0.45	0.45	0.45	0.50	0.50	0.50	0.50	0.50
	5	0.35	0.40	0.45	0.45	0.45	0.45	0.45	0.45	0.50	0.50	0.50	0.50	0.50	0.50
	4	0.45	0.45	0.45	0.45	0.45	0.50	0.50	0.50	0.50	0.50	0.50	0.50	0.50	0.50
	3	0.60	0.50	0.50	0.50	0.50	0.50	0.50	0.50	0.50	0.50	0.50	0.50	0.50	0.50
	2	0.85	0.65	0.60	0.55	0.55	0.55	0.50	0.50	0.50	0.50	0.50	0.50	0.50	0.50
	1	1.35	1.00	0.90	0.80	0.75	0.75	0.70	0.70	0.65	0.65	0.60	0.55	0.55	0.55
10	10	−0.25	0.00	0.15	0.20	0.25	0.30	0.30	0.35	0.35	0.40	0.45	0.45	0.45	0.45
	9	−0.05	0.20	0.30	0.35	0.35	0.40	0.40	0.40	0.40	0.45	0.45	0.50	0.50	0.50
	8	0.10	0.30	0.35	0.40	0.40	0.40	0.45	0.45	0.45	0.45	0.50	0.50	0.50	0.50
	7	0.20	0.35	0.40	0.40	0.45	0.45	0.45	0.45	0.45	0.50	0.50	0.50	0.50	0.50
	6	0.30	0.40	0.40	0.45	0.45	0.45	0.45	0.45	0.45	0.50	0.50	0.50	0.50	0.50
	5	0.40	0.45	0.45	0.45	0.45	0.45	0.45	0.50	0.50	0.50	0.50	0.50	0.50	0.50
	4	0.50	0.45	0.45	0.45	0.50	0.50	0.50	0.50	0.50	0.50	0.50	0.50	0.50	0.50
	3	0.60	0.55	0.50	0.50	0.50	0.50	0.50	0.50	0.50	0.50	0.50	0.50	0.50	0.50
	2	0.85	0.65	0.60	0.55	0.55	0.55	0.55	0.50	0.50	0.50	0.50	0.50	0.50	0.50
	1	1.35	1.00	0.90	0.80	0.75	0.75	0.70	0.70	0.65	0.65	0.60	0.55	0.55	0.55
11	11	−0.25	0.00	0.15	0.20	0.25	0.30	0.30	0.30	0.35	0.35	0.45	0.45	0.45	0.45
	10	−0.05	0.20	0.25	0.30	0.35	0.40	0.40	0.40	0.40	0.45	0.45	0.50	0.50	0.50
	9	0.10	0.30	0.35	0.40	0.40	0.40	0.45	0.45	0.45	0.45	0.50	0.50	0.50	0.50
	8	0.20	0.35	0.40	0.40	0.45	0.45	0.45	0.45	0.45	0.45	0.50	0.50	0.50	0.50
	7	0.25	0.40	0.40	0.45	0.45	0.45	0.45	0.45	0.45	0.50	0.50	0.50	0.50	0.50
	6	0.35	0.40	0.45	0.45	0.45	0.45	0.45	0.50	0.50	0.50	0.50	0.50	0.50	0.50
	5	0.40	0.45	0.45	0.45	0.45	0.50	0.50	0.50	0.50	0.50	0.50	0.50	0.50	0.50
	4	0.50	0.50	0.50	0.50	0.50	0.50	0.50	0.50	0.50	0.50	0.50	0.50	0.50	0.50
	3	0.65	0.55	0.50	0.50	0.50	0.50	0.50	0.50	0.50	0.50	0.50	0.50	0.50	0.50
	2	0.85	0.65	0.60	0.55	0.55	0.55	0.55	0.55	0.50	0.50	0.50	0.50	0.50	0.50
	1	1.35	1.05	0.90	0.80	0.75	0.75	0.70	0.70	0.65	0.65	0.60	0.55	0.55	0.55

（续）

n	j	0.1	0.2	0.3	0.4	0.5	0.6	0.7	0.8	0.9	1.0	2.0	3.0	4.0	5.0
12以上	▽1	−0.30	0.00	0.15	0.20	0.25	0.30	0.30	0.30	0.35	0.35	0.40	0.45	0.45	0.45
	2	−0.10	0.20	0.25	0.30	0.35	0.40	0.40	0.40	0.40	0.40	0.45	0.45	0.45	0.50
	3	0.05	0.25	0.35	0.40	0.40	0.40	0.45	0.45	0.45	0.45	0.45	0.50	0.50	0.50
	4	0.15	0.30	0.40	0.40	0.45	0.45	0.45	0.45	0.45	0.45	0.50	0.50	0.50	0.50
	5	0.25	0.35	0.50	0.45	0.45	0.45	0.45	0.45	0.45	0.50	0.50	0.50	0.50	0.50
	6	0.30	0.40	0.50	0.45	0.45	0.45	0.45	0.50	0.50	0.50	0.50	0.50	0.50	0.50
	7	0.35	0.40	0.55	0.45	0.45	0.45	0.50	0.50	0.50	0.50	0.50	0.50	0.50	0.50
	8	0.35	0.45	0.55	0.45	0.50	0.50	0.50	0.50	0.50	0.50	0.50	0.50	0.50	0.50
	中间	0.45	0.45	0.55	0.45	0.50	0.50	0.50	0.50	0.50	0.50	0.50	0.50	0.50	0.50
	4	0.55	0.50	0.50	0.50	0.50	0.50	0.50	0.50	0.50	0.50	0.50	0.50	0.50	0.50
	3	0.65	0.55	0.50	0.50	0.50	0.50	0.50	0.50	0.50	0.50	0.50	0.50	0.50	0.50
	2	0.70	0.70	0.60	0.55	0.55	0.55	0.55	0.50	0.50	0.50	0.50	0.50	0.50	0.50
	▲1	1.35	1.05	0.90	0.80	0.75	0.70	0.70	0.70	0.65	0.65	0.60	0.55	0.55	0.55

表 6−5　上下层横梁线刚度比对 y_0 的修正值 y_1

α_1	0.1	0.2	0.3	0.4	0.5	0.6	0.7	0.8	0.9	1.0	2.0	3.0	4.0	5.0
0.4	0.55	0.40	0.30	0.25	0.20	0.20	0.20	0.15	0.15	0.15	0.05	0.05	0.05	0.05
0.5	0.45	0.30	0.20	0.25	0.15	0.15	0.15	0.10	0.10	0.10	0.05	0.05	0.05	0.05
0.6	0.30	0.20	0.15	0.15	0.10	0.10	0.10	0.10	0.05	0.05	0.05	0.05	0.05	0.05
0.7	0.20	0.15	0.10	0.10	0.10	0.10	0.05	0.05	0.05	0.05	0.00	0.00	0.00	0.00
0.8	0.15	0.10	0.05	0.05	0.05	0.05	0.05	0.05	0.05	0.00	0.00	0.00	0.00	0.00
0.9	0.05	0.05	0.05	0.05	0.00	0.00	0.00	0.00	0.00	0.00	0.00	0.00	0.00	0.00

注：当 $i_1+i_2 < i_3+i_4$ 时（$i_1 \sim i_4$ 含义见表 6−2），令 $\alpha_1=(i_1+i_2)/(i_3+i_4)$；当 $i_3+i_4 < i_1+i_2$ 时，令 $\alpha_1=(i_3+i_4)/(i_1+i_2)$，同时在查得的 y_1 值前加负号"−"；对于底层柱不考虑 α_1 值，即不作此项修正。

表 6−6　上下层高变化对 y_0 的修正值 y_2 和 y_3

α_2	α_3	0.1	0.2	0.3	0.4	0.5	0.6	0.7	0.8	0.9	1.0	2.0	3.0	4.0	5.0
2.0		0.25	0.15	0.15	0.10	0.10	0.10	0.10	0.10	0.05	0.05	0.05	0.05	0.00	0.00
1.8		0.20	0.15	0.10	0.10	0.10	0.05	0.05	0.05	0.05	0.05	0.05	0.00	0.00	0.00

（续）

α₂ / α₃ (k)		0.1	0.2	0.3	0.4	0.5	0.6	0.7	0.8	0.9	1.0	2.0	3.0	4.0	5.0
1.6	0.4	0.15	0.10	0.10	0.05	0.05	0.05	0.05	0.05	0.05	0.05	0.00	0.00	0.00	0.00
1.4	0.6	0.10	0.05	0.05	0.05	0.05	0.05	0.05	0.05	0.05	0.00	0.00	0.00	0.00	0.00
1.2	0.8	0.05	0.05	0.05	0.00	0.00	0.00	0.00	0.00	0.00	0.00	0.00	0.00	0.00	0.00
1.0	1.0	0.00	0.00	0.00	0.00	0.00	0.00	0.00	0.00	0.00	0.00	0.00	0.00	0.00	0.00
0.8	1.2	-0.05	-0.05	-0.05	0.00	0.00	0.00	0.00	0.00	0.00	0.00	0.00	0.00	0.00	0.00
0.6	1.4	-0.10	-0.05	-0.05	-0.05	-0.05	-0.05	-0.05	-0.05	-0.05	-0.05	0.00	0.00	0.00	0.00
0.4	1.6	-0.15	-0.10	-0.05	-0.05	-0.05	-0.05	-0.05	-0.05	-0.05	-0.05	0.00	0.00	0.00	0.00
	1.8	-0.20	-0.15	-0.10	-0.10	-0.10	-0.05	-0.05	-0.05	-0.05	-0.05	-0.05	0.00	0.00	0.00
	2.0	-0.25	-0.15	-0.15	-0.10	-0.10	-0.10	-0.10	-0.10	-0.05	-0.05	-0.05	-0.05	0.00	0.00

注：① $\alpha_2 = h_{上}/h$，y_2 按 α_2 查表求得，上层较高时为正，但对于最上层，不考虑 y_2 修正值；

② $\alpha_3 = h_{下}/h$，y_3 按 α_3 查表求得，但对于最下层，不考虑 y_3 修正值。

【例 6-2】 某 6 层框架结构，底层层高 5.0m，其余层层高 3.2m，采用 C40 混凝土（$E_c = 3.25 \times 10^4 \, \text{N/mm}^2$）。横梁截面尺寸为 250mm×600mm，柱为 500mm×500mm。水平均布荷载为 3kN/m，将其简化为作用于节点的集中荷载，如图 6.16 所示。试用反弯点法和 D 值法计算框架在水平荷载作用下的弯矩。

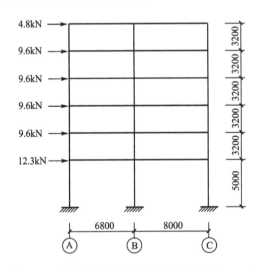

图 6.16 水平荷载作用下计算简图（单位：mm）

【解】 首先计算柱的抗侧刚度如下：

$$D_{\text{底层柱}} = \frac{12EI}{h^3} = \frac{12 \times 3.25 \times 10^7 \times \frac{1}{12} \times 0.5 \times 0.5^3}{5^3} = 1.63 \times 10^4 \, (\text{kN/m})$$

$$D_{余层柱} = \frac{12EI}{h^3} = \frac{12 \times 3.25 \times 10^7 \times \frac{1}{12} \times 0.5 \times 0.5^3}{3.2^3} = 6.20 \times 10^4 \, (kN/m)$$

$$i_b^l = \frac{EI}{l} = \frac{3.25 \times 10^7 \times 2 \times \frac{1}{12} \times 0.25 \times 0.6^3}{6.8} = 4.30 \times 10^4 \, (kN \cdot m)$$

$$i_b^r = \frac{EI}{l} = \frac{3.25 \times 10^7 \times 2 \times \frac{1}{12} \times 0.25 \times 0.6^3}{8.0} = 3.66 \times 10^4 \, (kN \cdot m)$$

$$i_{底层柱} = \frac{EI}{l} = \frac{3.25 \times 10^7 \times \frac{1}{12} \times 0.5 \times 0.5^3}{5.0} = 3.39 \times 10^4 \, (kN \cdot m)$$

$$i_{余层柱} = \frac{EI}{l} = \frac{3.25 \times 10^7 \times \frac{1}{12} \times 0.5 \times 0.5^3}{3.2} = 5.29 \times 10^4 \, (kN \cdot m)$$

（1）用反弯点法计算弯矩。

① 确定各柱反弯点位置。除底层柱的反弯点高度位于 2/3 柱高处外，其余层柱的反弯点位于 1/2 柱高处。

② 分层取隔离体计算各反弯点处剪力。

③ 先求柱端弯矩，再由节点平衡求梁端弯矩。

依据以上计算原则，框架弯矩的计算结果见表 6-7。

表 6-7 反弯点法框架弯矩的计算

层号	轴号	D_{ij} (kN/m)	$\sum D_{ij}$ (kN/m)	F_i (kN)	V_j (kN)	$(1-y)h$ 及 yh (m)	柱端弯矩 $M_{c上}/M_{c下}$ (kN·m)	梁端弯矩 M_b (kN·m)			
								M_{ab}	M_{ba}	M_{bc}	M_{cb}
6	A	62 000			1.6		2.56/2.56				
	B	62 000	186 000	4.8	1.6	1.6 1.6	2.56/2.56	2.56	1.38	1.18	2.56
	C	62 000			1.6		2.56/2.56				
5	A	62 000			4.8		7.68/7.68				
	B	62 000	186 000	14.4	4.8	1.6 1.6	7.68/7.68	10.24	5.53	4.81	10.24
	C	62 000			4.8		7.68/7.68				
4	A	62 000			8		12.8/12.8				
	B	62 000	186 000	24	8	1.6 1.6	12.8/12.8	20.48	11.06	9.42	20.48
	C	62 000			8		12.8/12.8				
3	A	62 000			11.2		17.92/17.92				
	B	62 000	186 000	33.6	11.2	1.6 1.6	17.92/17.92	30.72	16.59	14.13	30.72
	C	62 000			11.2		17.92/17.92				

（续）

层号	轴号	D_{ij} (kN/m)	$\sum D_{ij}$ (kN/m)	F_i (kN)	V_j (kN)	$(1-y)h$ 及 yh (m)	柱端弯矩 $M_{c\pm}/M_{c\mp}$ (kN·m)	梁端弯矩 M_b (kN·m) M_{ab}	M_{ba}	M_{bc}	M_{cb}
2	A	62 000			14.4		23.04/23.04				
	B	62 000	186 000	43.2	14.4	1.6 1.6	23.04/23.04	40.96	22.13	18.83	40.96
	C	62 000			14.4		23.04/23.04				
1	A	16 300			18.5		31.45/61.05				
	B	16 300	48 900	55.5	18.5	1.7 3.3	31.45/61.05	54.49	29.44	25.05	54.49
	C	16 300			18.5		31.45/61.05				

④ 框架最终弯矩图如图 6.17 所示。

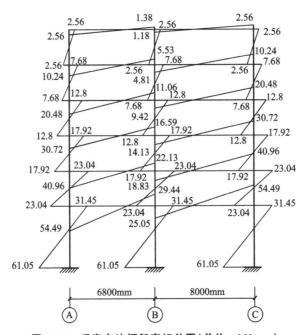

图 6.17 反弯点法框架弯矩总图(单位：kN·m)

（2）用 D 值法计算弯矩。

A、B、C 轴柱的反弯点高度及 D 值计算分别见表 6-8～表 6-10。

表 6-8 A 轴框架柱反弯点位置及 D 值的计算

层号	h(m)	k	y_0	y_1	y_2	y_3	y	yh(m)	α	D_0 (kN/m)	D (kN/m)
6	3.20	0.81	0.31	0	0	0	0.31	0.99	0.288	62 000	17 856
5	3.20	0.81	0.40	0	0	0	0.40	1.28	0.288	62 000	17 856

（续）

层号	h(m)	k	y_0	y_1	y_2	y_3	y	yh(m)	α	D_0 (kN/m)	D (kN/m)
4	3.20	0.81	0.45	0	0	0	0.45	1.44	0.288	62 000	17 856
3	3.20	0.81	0.45	0	0	0	0.45	1.44	0.288	62 000	17 856
2	3.20	0.81	0.50	0	0	−0.05	0.45	1.44	0.288	62 000	17 856
1	5.00	1.27	0.62	0	0	0	0.62	3.10	0.541	16 300	8818

表 6 - 9 B 轴框架柱反弯点位置及 D 值的计算

层号	h(m)	k	y_0	y_1	y_2	y_3	y	yh(m)	α	D_0 (kN/m)	D (kN/m)
6	3.20	1.50	0.38	0	0	0	0.38	1.22	0.429	62 000	26 598
5	3.20	1.50	0.42	0	0	0	0.42	1.34	0.429	62 000	26 598
4	3.20	1.50	0.45	0	0	0	0.45	1.44	0.429	62 000	26 598
3	3.20	1.50	0.48	0	0	0	0.48	1.54	0.429	62 000	26 598
2	3.20	1.50	0.50	0	0	−0.02	0.48	1.54	0.429	62 000	26 598
1	5.00	2.35	0.55	0	0	0	0.55	2.75	0.655	16 300	10 677

表 6 - 10 C 轴框架柱反弯点位置及 D 值的计算

层号	h(m)	k	y_0	y_1	y_2	y_3	y	yh(m)	α	D_0 (kN/m)	D (kN/m)
6	3.20	0.69	0.30	0	0	0	0.30	0.96	0.257	62 000	15 934
5	3.20	0.69	0.40	0	0	0	0.40	1.28	0.257	62 000	15 934
4	3.20	0.69	0.40	0	0	0	0.40	1.28	0.257	62 000	15 934
3	3.20	0.69	0.45	0	0	0	0.45	1.44	0.257	62 000	15 934
2	3.20	0.69	0.50	0	0	−0.05	0.45	1.44	0.257	62 000	15 934
1	5.00	1.08	0.64	0	0	0	0.64	3.20	0.513	16 300	8362

水平力作用下框架梁柱弯矩的计算结果见表 6 - 11。

表 6 - 11 D 值法框架弯矩的计算

层号	轴号	D_{ij} (kN/m)	$\sum D_{ij}$ (kN/m)	F_i (kN)	V_j (kN)	yh (m)	柱端弯矩 $M_{c上}/M_{c下}$ (kN·m)	梁端弯矩 M_b(kN·m)			
								M_{ab}	M_{ba}	M_{bc}	M_{cb}
6	A	17 856			1.42	0.99	3.14/1.41				
	B	26 598	60 388	4.8	2.11	1.22	4.18/2.57	3.14	2.26	1.92	2.84
	C	15 934			1.27	0.96	2.84/1.22				

（续）

层号	轴号	D_{ij} (kN/m)	$\sum D_{ij}$ (kN/m)	F_i (kN)	V_j (kN)	yh (m)	柱端弯矩 $M_{c上}/M_{c下}$ (kN·m)	梁端弯矩 M_b (kN·m) M_{ab}	M_{ba}	M_{bc}	M_{cb}
5	A	17 856			4.26	1.28	8.18/5.45				
	B	26 598	60 388	14.4	6.34	1.34	11.79/8.50	9.59	7.76	6.60	8.52
	C	15 934			3.80	1.28	7.30/4.86				
4	A	17 856			7.10	1.44	12.50/10.22				
	B	26 598	60 388	24	10.57	1.44	18.60/15.22	17.95	14.64	12.46	17.01
	C	15 934			6.33	1.28	12.15/8.10				
3	A	17 856			9.93	1.44	17.48/14.30				
	B	26 598	60 388	33.6	14.80	1.54	24.57/22.79	27.70	21.50	18.29	23.71
	C	15 934			8.87	1.44	15.61/12.77				
2	A	17 856			12.77	1.44	22.48/18.39				
	B	26 598	60 388	43.2	19.03	1.54	31.59/29.31	36.78	29.38	25.00	32.83
	C	15 934			11.40	1.44	20.06/16.42				
1	A	8818			17.57	3.10	33.38/54.47				
	B	10 677	27 857	55.5	21.27	2.75	47.86/58.49	51.77	41.69	35.48	46.41
	C	8362			16.66	3.20	29.99/53.31				

D 值法计算框架最终弯矩图如图 6.18 所示。

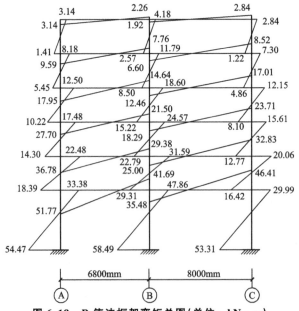

图 6.18　D 值法框架弯矩总图（单位：kN·m）

6.5 水平荷载作用下位移的近似计算

框架结构的侧移，主要是由风荷载和水平地震作用引起梁柱杆件弯曲变形和柱的轴向变形而造成的。在层数不多的框架中，柱轴向变形引起的侧移很小，可以忽略不计，在近似计算中，一般只需考虑有杆件弯曲引起的变形。框架结构侧移是一种剪切型变形，如图 6.19 所示。

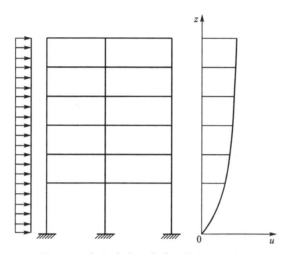

图 6.19 框架在水平荷载下的变形示意图

框架层间位移可按下式计算：

$$\Delta u_j = \frac{V_{Fj}}{\sum_{k=1}^{m} D_{jk}} \qquad (6-18)$$

式中 V_{Fj}——第 j 层的总剪力；

D_{jk}——第 j 层第 k 柱的抗侧刚度；

m——第 j 层的总柱数。

这样逐层计算可得到各层的层间位移 Δu_j。框架顶点位移为各层层间位移之和，即

$$u = \sum_{j=1}^{n} \Delta u_j \qquad (6-19)$$

式中 n——框架结构的总层数。

【例 6-3】 某框架结构同例 6-2，试用 D 值法计算框架侧向位移。

【解】 框架各层的剪力及抗侧刚度见例 6-2 的 D 值法计算部分，框架侧移计算结果见表 6-12。

表 6-12 框架侧向位移计算

层号	层剪力 V_i/kN	抗侧刚度/(kN/m)	层间侧移 Δu_i/mm	楼层侧移 u_i/mm
6	4.8	60 388	0.079	3.977

（续）

层号	层剪力 V_i/kN	抗侧刚度/(kN/m)	层间侧移 Δu_i/mm	楼层侧移 u_i/mm
5	14.4	60 388	0.238	3.898
4	24	60 388	0.397	3.660
3	33.6	60 388	0.556	3.263
2	43.2	60 388	0.715	2.707
1	55.5	27 857	1.992	1.992

6.6 框架结构的内力组合

6.6.1 控制截面及最不利内力组合

控制截面通常为内力最大的截面，但不同的内力(如弯矩、剪力)并不一定在同一截面达到最大值，因此一个构件可能同时有几个控制截面。

内力组合是针对控制截面的内力进行的。框架梁的控制截面一般取梁端和跨中；框架柱的控制截面为柱端。各控制截面内力类型见表 6 - 13。

表 6 - 13 最不利内力组合

构件	梁		柱
控制截面	梁端	跨中	柱端
最不利内力	$-M_{max}$ $+M_{max}$ V_{max}	$+M_{max}$	$+M_{max}$ 及相应的 N、V $-M_{max}$ 及相应的 N、V N_{max} 及相应的 M、V N_{min} 及相应的 M、V

表 6 - 13 中梁端为柱边，柱端为梁底及梁顶，如图 6.20 所示。按轴线计算简图得到的内力需要换算至控制截面处的相应数值，如梁端控制截面可按式(6 - 20)和式(6 - 21)取值。有时为了简化计算，也可采用轴心处的内力值。

$$V' = V - (p + g)\frac{b}{2} \tag{6 - 20}$$

$$M' = M - V'\frac{b}{2} \tag{6 - 21}$$

式中 　V'、M'——梁端柱边截面的剪力和弯矩；

　　　　V、M——内力计算得到的柱轴线处梁端剪力和弯矩；

　　　　g、p——作用在梁上的竖向分布恒荷载和活荷载。

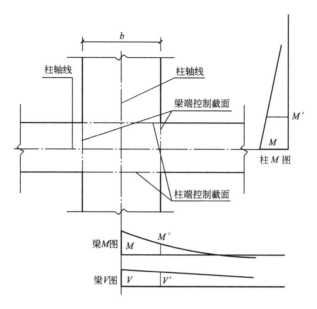

图 6.20 梁端控制截面弯矩及剪力

6.6.2 梁端弯矩调幅

在竖向荷载作用下可以考虑梁端塑性变形内力重分布,对梁端负弯矩进行调幅。现浇框架梁调幅系数为 0.8~0.9,装配式框架梁调幅系数为 0.7~0.8。梁端负弯矩减小后,应按平衡条件计算调幅后的跨中弯矩,且要求梁跨中正弯矩不应小于按简支梁计算的跨中弯矩 M_0 的 1/2,如图 6.21 所示。

竖向荷载产生的梁端弯矩应先行调幅,再与风荷载和地震作用产生的弯矩进行组合,求出各控制截面的最大、最小弯矩值。

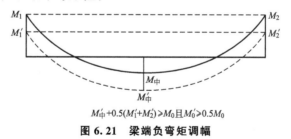

$$M_{中}' + 0.5(M_1' + M_2') \geqslant M_0 \text{ 且 } M_0' \geqslant 0.5 M_0$$

图 6.21 梁端负弯矩调幅

6.7 框架梁的设计

6.7.1 框架梁的受力性能

在抗震设计中,一般要求框架结构呈"强柱弱梁""强剪弱弯"的受力性能。这时,框架梁的延性对结构抗震性能有较大影响。影响框架梁延性及其耗能能力的因素主要有以下方面。

1. 纵筋配筋率

针对适筋梁，其截面的变形能力即截面的延性随受拉钢筋配筋率的提高而降低，随受压钢筋配筋率的提高而提高。试验表明，当受压区的相对高度 x/h 在 $0.20\sim0.35$ 时，梁的延性系数可达 $3\sim4$。试验还表明，如果加大截面受压区宽度或提高混凝土强度，也能使梁的延性得到改善。

2. 剪压比

剪压比即为梁截面上的名义剪应力 $V/(bh_0)$ 与混凝土轴心抗压强度设计值 f_c 的比值。试验表明，梁塑性铰区的截面剪压比对梁的延性、耗能能力及保持梁的强度、刚度有明显的影响。当剪压比大于 0.15 时，梁的强度和刚度即有明显的退化现象。剪压比越高，则退化越快、混凝土破坏越早，这时如增加箍筋用量已不能发挥作用。因此必须要限制截面剪压比，实质上也就是限制截面最小尺寸不能过小。

3. 跨高比

跨高比即为梁净跨与梁截面高度之比，其对梁的抗震性能有明显的影响。随着跨高比的减小，剪力的影响加大，剪切变形占全部位移的比重亦加大。实验结果表明，当跨高比小于 2 时，极易发生以斜裂缝为特征的破坏形态。一旦主斜裂缝形成，梁的承载力就急剧下降，从而呈现出极差的延性。一般认为，梁净跨不宜小于截面高度的 4 倍。当梁的跨度较小，而梁的设计内力较大时，宜首先考虑加大梁的宽度，这样对提高梁的延性十分有利。

4. 塑性铰区的箍筋用量

在塑性铰区配置足够的封闭式箍筋，对提高塑性铰的转动能力是十分有效的。配置足够的箍筋，可以防止梁受压纵筋过早压曲，提高塑性铰区内混凝土的极限压应变，并可阻止斜裂缝的开展，这些都有利于充分发挥梁塑性铰的变形和耗能能力。因此，在工程实例中，框架梁端塑性铰区范围内的箍筋必须加密。

6.7.2 框架梁承载力计算

1. 框架梁正截面承载力计算

框架梁正截面承载力计算方法见混凝土结构教材。当有地震作用组合时，应考虑相应的承载力抗震调整系数 γ_{RE}。

为了保证框架梁的延性，抗震计算时，计入受压钢筋作用的梁端截面混凝土受压区高度与有效高度关系应符合下列要求：

(1) 一级抗震等级：$x \leqslant 0.25h_0$；$A'_s \geqslant 0.5A_s$。

(2) 二、三级抗震等级：$x \leqslant 0.35h_0$；$A'_s \geqslant 0.3A_s$。

2. 框架梁正斜截面承载力计算

1) 斜截面承载力计算公式

对于矩形、T形和I形截面的一般梁，持久、短暂设计状况时，要求为

$$V_b \leq 0.7 f_t b h_0 + f_{yv} \frac{A_{sv}}{s} h_0 \quad\quad (6-22)$$

当为集中荷载（包括多种荷载，其中集中荷载对支座截面或节点边缘所产生的剪力值占总剪力的 75% 以上）时，要求为

$$V_b \leq \frac{1.75}{\lambda + 1.0} f_t b h_0 + f_{yv} \frac{A_{sv}}{s} h_0 \quad\quad (6-23)$$

地震设计状况时，考虑地震反复作用使梁混凝土抗剪承载力降低，斜截面承载力计算中将混凝土受剪承载力取静载作用下的 0.6 倍，要求为

$$V_b \leq \frac{1}{\gamma_{RE}} \left(0.42 f_t b h_0 + f_{yv} \frac{A_{sv}}{s} h_0 \right) \quad\quad (6-24)$$

$$V_b \leq \frac{1}{\gamma_{RE}} \left(\frac{1.05}{\lambda + 1.0} f_t b h_0 + f_{yv} \frac{A_{sv}}{s} h_0 \right) \quad\quad (6-25)$$

2）梁受剪截面限制条件

对于矩形、T形和I形截面的一般梁，持久、短暂设计状况时，梁受剪的截面限制条件为

$$V_b \leq 0.25 \beta_c f_c b h_0 \quad\quad (6-26)$$

地震设计状况时，考虑地震反复作用的不利影响，梁受剪的截面限制条件如下：

跨高比大于 2.5 时为

$$V_b \leq \frac{1}{\gamma_{RE}} (0.2 \beta_c f_c b h_0) \quad\quad (6-27)$$

跨高比不大于 2.5 时为

$$V_b \leq \frac{1}{\gamma_{RE}} (0.15 \beta_c f_c b h_0) \quad\quad (6-28)$$

式中　β_c——混凝土强度影响系数；当混凝土强度等级不大于 C50 时取 1.0，当混凝土强度等级为 C80 时取 0.8，当混凝土强度等级在 C50 和 C80 之间时可按线性内插取用。

3）梁端剪力设计值

依据"强剪弱弯"的抗震设计目标，《高层建筑混凝土结构技术规程》规定，抗震设计时，框架梁端部截面组合的剪力设计值 V，一、二、三级时应按式（6-29）计算，四级时可直接取考虑地震作用组合的剪力计算值：

$$V = \eta_{vb} (M_b^l + M_b^r) / l_n + V_{Gb} \quad\quad (6-29)$$

对于一级框架结构及 9 度时的框架，尚应符合：

$$V = 1.1 (M_{bua}^l + M_{bua}^r) / l_n + V_{Gb} \quad\quad (6-30)$$

式中　M_b^l、M_b^r——梁左、右端逆时针或顺时针方向截面组合的弯矩设计值；当抗震等级为一级且梁两端弯矩均为负弯矩时，绝对值较小一端的弯矩应取零。

M_{bua}^l、M_{bua}^r——梁左、右端逆时针或顺时针方向实配的正截面抗震受弯承载力所对应

的弯矩值，可根据实配钢筋面积(计入受压钢筋)和材料强度标准值并考虑承载力抗震调整系数来计算。

l_n——梁的净跨。

η_{vb}——梁剪力增大系数，一、二、三级时分别取 1.3、1.2、1.1。

V_{Gb}——梁在重力荷载代表值(9 度时还应包括竖向地震作用标准值)作用下，按简支梁分析得到的梁端截面剪力设计值。

6.7.3　框架梁构造要求

1. 材料强度

现浇框架梁的混凝土强度等级，按一级抗震等级设计时，不应低于 C30；按二至四级和非抗震设计时，不应低于 C20，同时不宜大于 C40。

2. 截面尺寸

框架结构的主梁截面高度可按计算跨度的 1/18～1/10 确定；梁净跨与截面高度之比不宜小于 4。梁的截面宽度可取梁截面高度的 1/3～1/2，不宜小于梁截面高度的 1/4，也不宜小于 200mm。

当梁高较小或采用扁梁时，除应验算其承载力和受剪截面要求外，尚应满足刚度和裂缝的有关要求。在计算梁的挠度时，可扣除梁的合理起拱值；对现浇梁板结构，宜考虑梁受压翼缘的有利影响。

3. 纵向钢筋

框架梁纵向受拉钢筋的配筋率不应小于表 6-14 的数值。抗震设计时，梁端纵向受拉钢筋的配筋率不宜大于 2.5%，不应大于 2.75%；当梁端受拉钢筋的配筋率大于 2.5% 时，受压钢筋的配筋率不应小于受拉钢筋的一半。沿梁全长顶面和底面应至少各配置两根纵向钢筋，一、二级抗震设计时钢筋直径不应小于 14mm，且分别不应小于梁两端顶面和底面纵向配筋中较大截面积的 1/4；三、四级抗震设计和非抗震设计时钢筋直径不应小于 12mm。一、二、三级抗震等级的框架梁内贯通中柱的每根纵向钢筋的直径，对矩形截面柱，不宜大于柱在该方向截面尺寸的 1/20；对圆形截面柱，不宜大于纵向钢筋所在位置柱截面弦长的 1/20。

表 6-14　梁纵向受拉钢筋最小配筋率　　　　　　单位:%

抗震等级	位置	
	支座(取较大值)	跨中(取较大值)
一级	0.40 和 $80f_t/f_{yv}$	0.30 和 $65f_t/f_{yv}$
二级	0.30 和 $65f_t/f_{yv}$	0.25 和 $55f_t/f_{yv}$
三、四级	0.25 和 $55f_t/f_{yv}$	0.20 和 $45f_t/f_{yv}$
非抗震设计	0.20 和 $45f_t/f_{yv}$	0.20 和 $45f_t/f_{yv}$

4. 箍筋

抗震设计时，梁端箍筋的加密区长度、箍筋最大间距和最小直径应符合表 6-15 的要求；当梁端纵向钢筋配筋率大于 2% 时，表中箍筋最小直径应增大 2mm。

表 6-15　梁端箍筋加密区的长度、箍筋最大间距和最小直径　　　单位：mm

抗震等级	加密区长度(取较大值)	箍筋最大间距(取最小值)	箍筋最小直径
一	$2.0h_b$，500	$h_b/4$，$6d$，100	10
二	$1.5h_b$，500	$h_b/4$，$8d$，100	8
三	$1.5h_b$，500	$h_b/4$，$8d$，150	8
四	$1.5h_b$，500	$h_b/4$，$8d$，150	6

注：① d 为纵向钢筋直径，h_b 为梁截面高度；

②　一、二级抗震等级框架梁，当箍筋直径大于 12mm、肢数不少于 4 肢且肢距不大于 150mm 时，箍筋加密区最大间距应允许适当放松，但不应大于 150mm。

抗震设计时，沿梁全长箍筋的配筋率，一级抗震不应小于 $0.30f_t/f_{yv}$，二级抗震不应小于 $0.28f_t/f_{yv}$，三、四级抗震不应小于 $0.26f_t/f_{yv}$。在箍筋加密区范围内的箍筋肢距，一级抗震不宜大于 200mm 和 20 倍箍筋直径的较大值，二、三级抗震不宜大于 250mm 和 20 倍箍筋直径的较大值，四级抗震不宜大于 300mm。

箍筋间距不应大于表 6-16 的规定；在纵向受拉钢筋的搭接长度范围内，箍筋间距尚不应大于搭接钢筋较小直径的 5 倍，且不应大于 100mm；在纵向受压钢筋的搭接长度范围内，箍筋间距尚不应大于搭接钢筋较小直径的 10 倍，且不应大于 200mm。

表 6-16　非抗震设计梁箍筋最大间距　　　单位：mm

h_b ＼ V	$V>0.7f_tbh_0$	$V \leqslant 0.7f_tbh_0$
$h_b \leqslant 300$	150	200
$300<h_b \leqslant 500$	200	300
$500<h_b \leqslant 800$	250	350
$h_b>800$	300	400

6.8 框架柱的设计

6.8.1　框架柱的受力性能

框架柱的破坏一般发生在柱的上、下端，角柱的破坏往往比中柱和边柱严重，短柱的剪切破坏在地震中较为普遍。影响框架柱延性的因素主要有以下方面。

1. 剪跨比

剪跨比是反映柱截面所承受的弯矩与剪力相对大小的一个参数，表示为

$$\lambda = \frac{M}{Vh_0} \quad (6-31)$$

式中　　M、V——柱端部截面的弯矩和剪力；

　　　　h_0——柱截面计算方向的有效高度。

试验表明：$\lambda \geq 2$ 时，称为长柱，多发生弯曲破坏；$1.5 \leq \lambda < 2$ 时，称为短柱，多出现剪切破坏；$\lambda < 1.5$ 时，称为极短柱，为剪切破坏，抗震性能差，设计时应尽量避免。

对于一般框架结构，假定反弯点位于柱中，则 $M = 0.5H_n V$（H_n 为柱净高），用柱长细比近似表示柱的剪跨比，即有 $\lambda = M/(Vh_0) = 0.5H_n/h_0$。长短柱可用长细比进行区分：长柱 $H_n/h_0 \geq 4$，短柱 $3 \leq H_n/h_0 < 4$，极短柱 $H_n/h_0 < 3$。

2. 轴压比

轴压比是反映柱轴向压力设计值与截面混凝土抗压能力之比的一个参数，表示为

$$\mu_c = \frac{N}{A_c f_c} \quad (6-32)$$

试验表明：柱的位移延性比随轴压比的增大而急剧下降。构件受压破坏特征与构件轴压比直接相关。轴压比较小时，即柱的轴压力设计值较小，柱截面受压区高度 x 较小，构件将发生大偏心受压破坏，破坏时构件有较大变形；轴压比较大时，柱截面受压区高度 x 较大，属于小偏心受压破坏，构件变形较小。

3. 配箍率

框架柱的破坏除压弯强度不足引起的柱端水平裂缝外，较为常见的震害是由于箍筋配置不当或构造不合理，柱身出现斜裂缝，柱端混凝土被压碎，节点斜裂缝或纵筋弹出。

试验表明，箍筋间距及形式对核心区混凝土的约束作用有明显的影响。在柱端塑性铰区适当加密箍筋，对提高柱变形能力十分有利。当配置复式箍筋或螺纹形箍筋时，柱的延性将比配置普通矩形箍筋时有所提高。

6.8.2　框架柱承载力计算

1. 柱正截面偏心受压承载力计算

框架柱正截面偏心受压承载力计算方法见混凝土结构教材。当有地震作用组合时，应考虑相应的承载力抗震调整系数。

为了保证"强柱弱梁"设计目标的实现，框架的梁、柱节点处考虑地震组合的柱端弯矩设计值应根据梁端弯矩进行调整，即

$$\sum M_c = \eta_c \sum M_b \quad (6-33)$$

一级框架结构及 9 度时的框架尚应符合：

$$\sum M_c = 1.2 \sum M_{bua} \quad (6-34)$$

式中 $\sum M_c$——节点上、下柱端截面顺时针或逆时针方向组合弯矩设计值之和；上、下柱端的弯矩设计值，可按弹性分析的弯矩比例进行分配。

$\sum M_b$——节点左、右梁端截面逆时针或顺时针方向组合弯矩设计值之和；当抗震等级为一级且节点左、右梁端均为负弯矩时，绝对值较小的弯矩应取为零。

$\sum M_{bua}$——节点左、右梁端逆时针或顺时针方向实配的正截面抗震受弯承载力所对应的弯矩值之和，可根据实际配筋面积（计入受压钢筋和梁有效翼缘宽度范围内的楼板钢筋）和材料强度标准值并考虑承载力抗震调整系数计算。

η_c——柱端弯矩增大系数；对框架结构二、三级分别取 1.5 和 1.3，对其他结构中的框架，一、二、三、四级分别取 1.4、1.2、1.1 和 1.1。

对于顶层柱、轴压比小于 0.15 的柱及框支梁柱节点柱，可直接采用地震作用组合所得的弯矩设计值。对于一、二、三级框架结构底层柱截面的弯矩设计值，应分别采用考虑地震作用组合的弯矩与增大系数 1.7、1.5、1.3 的乘积。底层框架柱纵向钢筋应按上、下端的不利情况配置。考虑到角柱为双向偏心受压的不利因素，一至四级抗震角柱的弯矩设计值应经上述调整后再乘以不小于 1.1 的增大系数。

2. 柱斜截面受剪承载力计算

1）斜截面承载力计算公式

矩形截面偏心受压框架柱，其斜截面受剪承载力应按下列公式计算：

持久、短暂设计状况时

$$V \leqslant \frac{1.75}{\lambda+1} f_t b h_0 + f_{yv}\frac{A_{sv}}{s}h_0 + 0.07N \qquad (6-35)$$

地震设计状况时

$$V \leqslant \frac{1}{\gamma_{RE}}\left(\frac{1.05}{\lambda+1} f_t b h_0 + f_{yv}\frac{A_{sv}}{s}h_0 + 0.056N\right) \qquad (6-36)$$

式中 λ——框架柱的剪跨比；当 $\lambda<1$ 时，取 $\lambda=1$，当 $\lambda>3$ 时，取 $\lambda=3$。

N——考虑风荷载或地震作用组合的框架柱轴向力设计值，当 $N>0.3f_c A_c$ 时，取 $N=0.3f_c A_c$。其余符号含义同前。

当框架柱出现拉力时，抗剪承载力降低，其计算公式如下：

持久、短暂设计状况时

$$V \leqslant \frac{1.75}{\lambda+1} f_t b h_0 + f_{yv}\frac{A_{sv}}{s}h_0 - 0.2N \qquad (6-37)$$

地震设计状况时

$$V \leqslant \frac{1}{\gamma_{RE}}\left(\frac{1.05}{\lambda+1} f_t b h_0 + f_{yv}\frac{A_{sv}}{s}h_0 - 0.2N\right) \qquad (6-38)$$

2）框架柱受剪截面限制条件

为了防止框架柱在侧向力作用下发生脆性剪切破坏，保证柱内纵筋和箍筋能够有效发挥作用，柱受剪截面尺寸不能过小。框架柱受剪的截面限制条件如下：

持久、短暂设计状况时

$$V_c \leqslant 0.25\beta_c f_c bh_0 \qquad (6-39)$$

地震设计状况，剪跨比大于 2 时

$$V_c \leqslant \frac{1}{\gamma_{RE}}(0.2\beta_c f_c bh_0) \qquad (6-40)$$

地震设计状况，剪跨比不大于 2 时

$$V_c \leqslant \frac{1}{\gamma_{RE}}(0.15\beta_c f_c bh_0) \qquad (6-41)$$

3）柱剪力设计值

非抗震设计的框架柱，取相应的内力组合所得到的最大剪力作为剪力设计值。对于一、二、三、四级抗震等级的框架结构，除应满足"强柱弱梁"外，还应满足"强剪弱弯"的要求，即框架柱的剪力设计值应按下式计算：

$$V = \eta_{vc}(M_c^t + M_c^b)/H_n \qquad (6-42)$$

一级框架结构及 9 度时的框架尚应符合：

$$V = 1.2(M_{cua}^t + M_{cua}^b)/H_n \qquad (6-43)$$

式中　M_c^t、M_c^b——修正后的框架柱上、下端顺时针或逆时针方向截面组合的弯矩设计值。

　　　M_{cua}^t、M_{cua}^b——柱上、下端顺时针或逆时针方向实配的正截面抗震受弯承载力所对应的弯矩值。可根据实配钢筋面积、材料强度标准值和重力荷载代表值产生的轴向压力设计值并考虑承载力抗震调整系数计算。

　　　η_{vb}——柱端剪力增大系数。对框架结构，二、三级分别取 1.3、1.2；对其他结构类型的框架，一、二级分别取 1.4 和 1.2，三、四级均取 1.1。

　　　H_n——柱的净跨。

6.8.3　框架柱构造要求

1. 材料强度

框架柱的混凝土强度等级，一级抗震时不应低于 C30，其他情况时不应低于 C20；9度时不宜超过 C60，8 度时不宜超过 C70。

2. 截面尺寸

矩形截面柱的边长，非抗震设计时不宜小于 250mm，抗震设计时，四级不宜小于300mm，一、二、三级时不宜小于 400mm；圆柱直径，非抗震和四级抗震设计时不宜小于 350mm，一、二、三级时不宜小于 450mm。柱剪跨比宜大于 2，柱截面长边与短边的边长比不宜大于 3。

为了保证框架柱的延性，柱的轴压比不宜超过表 6-17 的规定；对于 Ⅳ 类场地上较高的高层建筑，其轴压比应适当减少。经调整后的轴压比限值不应大于 1.05。

表 6-17 柱轴压比限值

结构类型	抗震等级			
	一级	二级	三级	四级
框架结构	0.65	0.75	0.85	—
板柱-剪力墙、框架-剪力墙、框架-核心筒、筒中筒结构	0.75	0.85	0.90	0.95
部分框支剪力墙结构	0.60	0.70	—	

注：① 表内数值适用于混凝土强度等级不高于 C60 的柱。当混凝土强度等级为 C65～C70 时，轴压比限值应降低 0.05；当混凝土强度等级为 C75～C80 时，轴压比限值应降低 0.10。

② 表中数值适用于剪跨比大于 2 的柱。剪跨比不大于 2 但不小于 1.5 的柱，轴压比限值应减少 0.05；剪跨比小于 1.5 的柱，轴压比限值应专门研究并采取特殊构造措施。

③ 当沿柱全高采用井字复合箍，箍筋间距不大于 100mm、肢距不大于 200mm、直径不小于 12mm 时，或当沿柱全高采用复合螺旋箍，箍筋螺距不大于 100mm、肢距不大于 200mm、直径不小于 12mm 时，或当沿柱全高采用连续复合螺旋箍，且螺距不大于 80mm、肢距不大于 200mm、直径不小于 10mm 时，轴压比限值可增加 0.10。

④ 当柱截面中部设置由附加纵向钢筋形成的芯柱，且附加纵向钢筋的截面积不小于柱截面积的 0.8% 时，柱轴压比限值可增加 0.05。当本项措施与注③的措施共同采用时，柱轴压比限值可比表中数值增加 0.15，但箍筋的配筋特征值仍应按轴压比增加 0.10 的要求确定。

⑤ 调整后的柱轴压比限值不应大于 1.05。

3. 纵向钢筋

柱全部纵向钢筋的配筋率，不应小于表 6-18 的规定值，且柱截面每一侧纵向钢筋配筋率不应小于 0.2%，非抗震设计时不宜大于 5%、不应大于 6%，抗震设计时不应大于 5%；一级且剪跨比不大于 2 的柱，其单侧纵向受拉钢筋的配筋率不宜大于 1.2%；抗震设计时，对于Ⅳ类场地上较高的高层建筑，表中数值应增加 0.1。

表 6-18 柱纵向受力钢筋最小配筋百分率　　　　单位：%

柱类型	抗震等级				非抗震
	一级	二级	三级	四级	
中柱、边柱	0.9(1.0)	0.7(0.8)	0.6(0.7)	0.5(0.6)	0.5
角柱	1.1	0.9	0.8	0.7	0.5
框支柱	1.1	0.9	—	—	0.7

注：① 表中括号内数值适用于框架结构；

② 采用 335MPa 级、400MPa 级纵向受力钢筋时，应分别按表中数值增加 0.1 和 0.05 采用；

③ 当混凝土强度等级高于 C60 时，上述数值应增加 0.1 采用。

抗震设计时，宜采用对称配筋。截面尺寸大于 400mm 的柱，一、二、三级抗震设计时其纵向钢筋间距不宜大于 200mm；抗震等级为四级和非抗震设计时，柱纵向钢筋间距不宜大于 300mm；柱纵向钢筋净距均不应小于 50mm。边柱、角柱及剪力墙端柱考虑地震作用组合产生小偏心受拉时，柱内纵筋总截面积应比计算值增加 25%。

4. 箍筋

抗震设计时，箍筋在规定的范围内应加密，加密区的箍筋间距和直径应符合下列要求：①箍筋的最大间距和最小直径应按表 6-19 采用。②一级框架柱的箍筋直径大于 12mm 且箍筋肢距不大于 150mm 及二级框架柱箍筋直径不小于 10mm 且肢距不大于 200mm 时，除柱根（指框架底部嵌固部位）外最大间距应允许采用 150mm。③三级框架柱的截面尺寸不大于 400mm 时，箍筋最小直径应允许采用 6mm。④四级框架柱的剪跨比不大于 2 或柱中全部纵向钢筋的配筋率大于 3% 时，箍筋直径不应小于 8mm；剪跨比不大于 2 的柱，箍筋间距不应大于 100mm。

表 6-19　柱端箍筋加密区的构造要求　　　　　　单位：mm

抗震等级	箍筋最大间距	箍筋最小直径
一级	6d 和 100 的较小值	10
二级	8d 和 100 的较小值	8
三级	8d 和 150（柱根 100）的较小值	8
四级	8d 和 150（柱根 100）的较小值	6（柱根 8）

抗震设计时，箍筋加密区的范围应符合下列规定：①底层柱的上端和其他各层柱的两端，应取矩形截面柱之边长尺寸（或圆形截面柱之直径）、柱净高之 1/6 和 500mm 三者之最大值的范围；②底层柱刚性地面上、下各 500mm 的范围；③底层柱柱根以上 1/3 柱净高的范围；④剪跨比不大于 2 的柱和因填充墙等形成的柱净高与截面高度之比不大于 4 的柱的全高范围；⑤一、二级框架角柱的全高范围；⑥需要提高变形能力的柱的全高范围。

柱加密区范围内箍筋的体积配筋率，应符合下列规定：①柱箍筋加密区箍筋的体积配筋率，应符合式（6-44）要求；②对于一、二、三、四级框架柱，其箍筋加密区内箍筋的体积配箍率分别不应小于 0.8%、0.6%、0.4% 和 0.4%；③剪跨比不大于 2 的柱宜采用复合螺旋箍或井字复合箍，其体积配箍率不应小于 1.2%，设防烈度为 9 度时不应小于 1.5%；④计算复合螺旋箍筋的体积配筋率时，其非螺旋箍筋的体积应乘以换算系数 0.8。

$$\rho_v = \lambda_v f_c / f_{yv} \tag{6-44}$$

式中　ρ_v——柱箍筋的体积配筋率；

　　　λ_v——柱最小配箍特征值，宜按表 6-20 采用；

　　　f_c——混凝土轴心抗压强度设计值，当混凝土强度等级低于 C35 时，应按 C35 计算；

　　　f_{yv}——柱箍筋或拉筋的抗拉强度设计值。

表 6-20　柱端箍筋加密区最小配箍特征值

抗震等级	箍筋形式	轴压比								
		≤0.30	0.40	0.50	0.60	0.70	0.80	0.90	1.00	1.05
一级	普通箍、复合箍	0.10	0.11	0.13	0.15	0.17	0.20	0.23	—	—
	螺旋箍、复合或连续复合螺旋箍	0.08	0.09	0.11	0.13	0.15	0.18	0.21	—	—

（续）

抗震等级	箍筋形式	轴压比								
		≤0.30	0.40	0.50	0.60	0.70	0.80	0.90	1.00	1.05
二级	普通箍、复合箍	0.08	0.09	0.11	0.13	0.15	0.17	0.19	0.22	0.24
	螺旋箍、复合或连续复合螺旋箍	0.06	0.07	0.09	0.11	0.13	0.15	0.17	0.20	0.22
三级	普通箍、复合箍	0.06	0.07	0.09	0.11	0.13	0.15	0.17	0.20	0.22
	螺旋箍、复合或连续复合螺旋箍	0.05	0.06	0.07	0.09	0.11	0.13	0.15	0.18	0.20

注：普通箍指单个矩形箍或单个圆形箍；螺旋箍指单个连续螺旋箍筋；复合箍指由矩形、多边形、圆形箍或拉筋组成的箍筋；复合螺旋箍指由螺旋箍与矩形、多边形、圆形箍或拉筋组成的箍筋；连续复合螺旋箍指全部螺旋箍由同一根钢筋加工而成的箍筋。

抗震设计时，柱箍筋设置尚应符合下列规定：①箍筋应为封闭式，其末端应做成135°弯钩且弯钩末端平直段长度不应小于10倍的箍筋直径，且不应小于75mm。②箍筋加密区的箍筋肢距，一级不宜大于200mm，二、三级不宜大于250mm和20倍箍筋直径的较大值，四级不宜大于300mm；每隔一根纵向钢筋宜在两个方向有箍筋约束；采用组合箍时，拉筋宜紧靠纵向钢筋并勾住封闭箍筋。③柱非加密区的箍筋，其体积配箍率不宜小于加密区的一半；箍筋间距不应大于加密区箍筋间距的2倍，且一、二级不应大于10倍纵向钢筋直径，三、四级不应大于15倍纵向钢筋直径。

非抗震设计时，柱中箍筋应符合下列规定：①周边箍筋应为封闭式。②箍筋间距不应大于400mm，且不应大于构件截面的短边尺寸和最小纵向受力钢筋直径的15倍。③箍筋直径不应小于最大纵向钢筋直径的1/4，且不应小于6mm。④当柱中全部纵向受力钢筋的配筋率超过3%时，箍筋直径不应小于8mm，箍筋间距不应大于最小纵向钢筋直径的10倍，且不应大于200mm，箍筋末端应做成135°弯钩且弯钩末端平直段长度不应小于10倍箍筋直径。⑤当柱每边纵筋多于三根时，应设置复合箍筋。⑥柱内纵向钢筋采用搭接做法时，搭接长度范围内箍筋直径不应小于搭接钢筋较大直径的1/4；在纵向受拉钢筋的搭接长度范围内的箍筋间距不应大于搭接钢筋较小直径的5倍，且不应大于100mm；在纵向受压钢筋的搭接长度范围内的箍筋间距不应大于搭接钢筋较小直径的10倍，且不应大于200mm；当受压钢筋直径大于25mm时，尚应在搭接接头端面外100mm的范围内各设置两道箍筋。

6.9 框架节点的设计

6.9.1 框架节点的受力性能

框架节点是保证框架结构整体性的重要部位，在竖向及水平荷载作用下，受力较为复杂。震害表明，框架节点核心区在弯矩、剪力和轴力的共同作用下，主要破坏形式表现为：①因抗剪能力不足发生剪切破坏，混凝土出现多条交叉斜裂缝甚至挤压剥落，纵向钢筋压屈外鼓；②因锚固长度不足发生黏结失效，纵向受力钢筋被拔出；③梁柱交接处混凝土局部破坏。

影响框架节点承载力及延性的因素主要有以下方面：

（1）直交梁：垂直于框架平面与节点相交的梁，称为直交梁。试验表明直交梁对节点核心区有约束作用，可提高节点核心区混凝土的抗剪强度；但对于三边有梁的边柱节点和两边有梁的角柱节点，直交梁的约束作用并不明显。

（2）轴压力：节点核心区混凝土抗剪强度随轴向压力的增加而增加，但当轴压力增加一定程度后，如轴压比大于 0.6～0.8，则节点混凝土抗剪强度将随轴压力的增大而降低。轴压力可提高节点核心区混凝土的抗剪强度，但同时会降低节点核心区的延性。

（3）配箍率：节点的抗剪承载力随配箍率的提高而增加，但当节点水平截面太小时，通过提高配箍率来提高抗剪承载力的效果不明显，在设计中可采用限制节点水平截面上的剪压比来实现这一要求。

（4）黏结力：在水平地震作用下，梁纵筋在节点拉压循环往复，使纵筋的黏结力降低，可导致梁纵筋在节点核心区产生滑移。梁纵筋滑移破坏了节点核心区剪力的正常传递，使梁截面受弯承载力及延性降低。

6.9.2　框架节点的承载力计算

1. 节点受剪承载力计算公式

《混凝土结构设计规范》规定，框架梁柱节点的抗震受剪承载力按下式计算：

$$V_j \leqslant \frac{1}{\gamma_{RE}}\left(1.1\eta_j f_t b_j h_j + 0.05\eta_j N \frac{b_j}{b_c} + f_{yv} A_{svj} \frac{h_{b0}-a'_s}{s}\right) \tag{6-45}$$

9 度设防烈度的一级框架尚应符合：

$$V_j \leqslant \frac{1}{\gamma_{RE}}\left(0.9\eta_j f_t b_j h_j + f_{yv} A_{svj} \frac{h_{b0}-a'_s}{s}\right) \tag{6-46}$$

式中　N——对应于考虑地震组合剪力设计值的节点上柱底部的轴向力设计值。当 N 为压力时，取轴向压力设计值的较小值，且当 N 大于 $0.5f_c b_c h_c$ 时，取 $0.5f_c b_c h_c$；当 N 为拉力时，取为 0。

A_{svj}——核心区有效验算宽度范围内同一截面验算方向箍筋各肢的全部截面面积。

h_{b0}——框架梁截面有效高度，节点两侧梁截面高度不等时取平均值；

η_j——正交梁对节点的约束影响系数。当楼板为现浇、梁柱中线重合、四侧各梁截面宽度不小于该侧柱截面宽度的 1/2，且正交方向梁高度不小于较高框架梁高度的 3/4 时，可取 η_j 为 1.50，但对 9 度设防烈度宜取 η_j 为 1.25；当不满足上述条件时，应取 η_j 为 1.00。

h_j——框架节点核心区的截面高度，可取验算方向的柱截面高度 h_c。

b_j——框架节点核心区的截面有效验算宽度。当 $b_b \geqslant b_c/2$ 时，可取 b_c；当 $b_b < b_c/2$ 时，可取 $(b_b + 0.5h_c)$ 和 b_c 中的较小值；当梁与柱的中线不重合且偏心距 e_0 不大于 $b_c/4$ 时，可取 $(b_b + 0.5h_c)$、$(0.5b_b + 0.5b_c + 0.25h_c - e_0)$ 和 b_c 三者中的最小值。此处 b_b 为验算方向梁截面宽度，b_c 为该侧柱截面宽度。

2. 节点受剪截面限制条件

为了防止节点截面太小，框架梁柱节点核心区的截面限制条件为

$$V_j \leqslant \frac{1}{\gamma_{RE}}(0.3\eta_j\beta_c f_c b_j h_j) \tag{6-47}$$

3. 柱剪力设计值

一、二、三级抗震等级的框架应进行节点核心区抗震受剪承载力验算；四级抗震等级的框架节点可不进行计算，但应符合抗震构造措施要求。一、二、三级抗震等级的框架梁柱节点核心区的剪力设计值 V_j，应按下列规定计算：

(1) 对顶层中间节点和端节点为

$$V_j = \frac{\eta_{jb}\sum M_b}{h_{b0} - a_s'} \tag{6-48}$$

一级框架结构及 9 度时的框架尚应符合：

$$V_j = \frac{1.15\sum M_{bua}}{h_{b0} - a_s'} \tag{6-49}$$

(2) 对其他层中间节点和端节点为

$$V_j = \frac{\eta_{jb}\sum M_b}{h_{b0} - a_s'}\left(1 - \frac{h_{b0} - a_s'}{H_c - h_b}\right) \tag{6-50}$$

一级框架结构及 9 度时的框架尚应符合：

$$V_j = \frac{1.15\sum M_{bua}}{h_{b0} - a_s'}\left(1 - \frac{h_{b0} - a_s'}{H_c - h_b}\right) \tag{6-51}$$

式中　$\sum M_b$——节点左、右两侧的梁端逆时针或顺时针方向组合弯矩设计值之和。一级抗震等级框架节点左、右梁端均为负弯矩时，绝对值较小的弯矩应取零。

　　$\sum M_{bua}$——节点左、右两侧的梁端逆时针或顺时针方向实配的正截面抗震受弯承载力所对应的弯矩值之和。可根据实配钢筋面积和材料强度标准值确定。

　　η_{jb}——节点剪力增大系数。对于框架结构，一级取 1.50，二级取 1.35，三级取 1.20；对其他结构类型的框架，一级取 1.35，二级取 1.20，三级取 1.10。

　　h_b——框架梁截面高度。节点两侧梁截面高度不等时，取平均值。

　　H_c——节点上柱和下柱反弯点之间的距离。

6.9.3 框架节点的构造要求

1. 材料强度

框架节点区的混凝土强度等级的限制条件与框架柱相同。

2. 箍筋

框架节点核心区应设置水平箍筋。

非抗震设计时，节点核心区箍筋配置可与柱中箍筋布置相同，但箍筋间距不宜大于

250mm；对四边有梁与之相连的节点，可仅沿节点周边设置矩形箍筋。

抗震设计时，箍筋的最大间距和最小直径宜符合柱箍筋的规定。一、二、三级框架节点核心区配箍特征值分别不宜小于 0.12、0.10 和 0.08，且箍筋体积配箍率分别不宜小于 0.6％、0.5％和 0.4％。柱剪跨比不大于 2 的框架节点核心区的体积配箍率，不宜小于核心区上、下柱端体积配箍率中的较大值。

3. 非抗震设计时节点区钢筋的锚固与搭接

非抗震设计时，框架梁、柱的纵向钢筋在框架节点区的锚固和搭接(图 6.22)应符合下列要求。其中 l_a 为受拉钢筋的锚固长度，按《混凝土结构设计规范》采用；d 为纵向受力钢筋的直径；l_n 为梁的净跨长度。

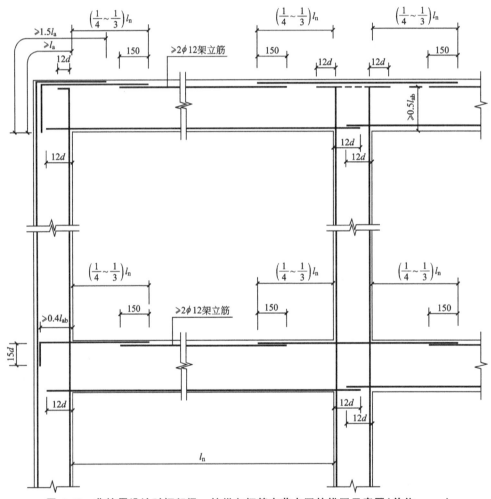

图 6.22 非抗震设计时框架梁、柱纵向钢筋在节点区的锚固示意图(单位：mm)

(1) 顶层中节点柱纵向钢筋和边节点柱内侧纵向钢筋应伸至柱顶；当从梁底边计算的直线锚固长度不小于 l_a 时，可不必水平弯折，否则应向柱内或梁、板内水平弯折，当充分利用柱纵向钢筋的抗拉强度时，其锚固段弯折前的竖直投影长度不应小于 $0.5l_{ab}$，弯折后的水平投影长度不宜小于 12 倍的柱纵向钢筋直径。此处 l_{ab} 为钢筋基本锚固长度，应符合《混凝土结构设计规范》的有关规定。

（2）顶层端节点处，在梁宽范围内的柱外侧纵向钢筋可与梁上部纵向钢筋搭接，搭接长度不应小于 $1.5l_a$；在梁宽度范围以外的柱外侧纵向钢筋可伸入现浇板内，其伸入长度与伸入梁内的相同。当柱外侧纵向钢筋的配筋率大于 1.2% 时，伸入梁内的柱纵向钢筋宜分两批截断，其截断点之间的距离不宜小于 20 倍的柱纵向钢筋直径。

（3）梁上部纵向钢筋伸入端节点的锚固长度，直线锚固时不应小于 l_a，且伸过柱中心线的长度不宜小于 5 倍的梁纵向钢筋直径；当柱截面尺寸不足时，梁上部纵向钢筋应伸至节点对边并向下弯折，弯折水平段的投影长度不应小于 $0.4l_{ab}$，弯折后竖直投影长度不应小于 15 倍纵向钢筋直径。

（4）当计算中不利用梁下部纵向钢筋的强度时，其伸入节点内的锚固长度应取不小于 12 倍的梁纵向钢筋直径。当计算中充分利用梁下部钢筋的抗拉强度时，梁下部纵向钢筋可采用直线方式或向上 90° 弯折方式锚固于节点内，直线锚固时的锚固长度不应小于 $0.4l_{ab}$，弯折后竖直投影长度不应小于 15 倍纵向钢筋直径。

4. 抗震设计时节点区钢筋的锚固与搭接

抗震设计时，框架梁、柱的纵向钢筋在框架节点区的锚固和搭接(图 6.23)应符合下列要求：

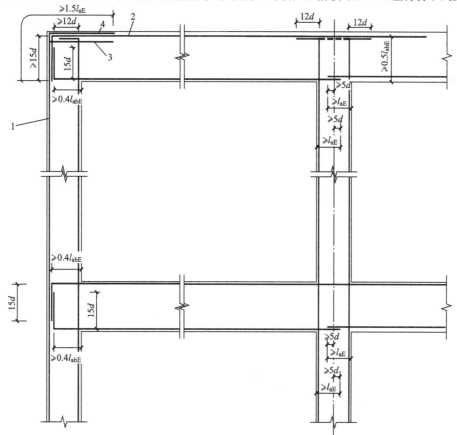

图 6.23 抗震设计时框架梁、柱纵向钢筋在节点区的锚固示意图
1—柱外侧纵向钢筋；2—梁上部纵向钢筋；3—伸入梁内的柱外侧纵向钢筋；
4—不能伸入梁内的柱外侧纵向钢筋，可伸入板内

（1）顶层中节点柱纵向钢筋和边节点柱内侧纵向钢筋应伸至柱顶。当从梁底边计算的直线锚固长度不小于 l_{aE} 时，可不必水平弯折，否则应向柱内或梁内、板内水平弯折，锚固段弯折前的竖直投影长度不应小于 $0.5l_{abE}$，弯折后的水平投影长度不宜小于 12 倍的柱纵向钢筋直径。此处 l_{abE} 为抗震时钢筋的基本锚固长度，一、二级取 $1.15l_{ab}$，三、四级分别取 $1.05l_{ab}$ 和 $1.00l_{ab}$。

（2）顶层端节点处，柱外侧纵向钢筋可与梁上部纵向钢筋搭接，搭接长度不应小于 $1.5l_{aE}$，且伸入梁内的柱外侧纵向钢筋截面积不宜小于柱外侧全部纵向钢筋截面积的 65%；在梁宽度范围以外的柱外侧纵向钢筋可伸入现浇板内，其伸入长度与伸入梁内的相同。当柱外侧纵向钢筋的配筋率大于 1.2% 时，伸入梁内的柱纵向钢筋宜分两批截断，其截断点之间的距离不宜小于 20 倍的柱纵向钢筋直径。

（3）梁上部纵向钢筋伸入端节点的锚固长度，直线锚固时不应小于 l_{aE}，且伸过柱中心线的长度不宜小于 5 倍的梁纵向钢筋直径；当柱截面尺寸不足时，梁上部纵向钢筋应伸至节点对边并向下弯折，锚固段弯折前的水平投影长度不应小于 $0.4l_{abE}$，弯折后的竖直投影长度应取 15 倍的梁纵向钢筋直径。

（4）梁下部纵向钢筋的锚固与梁上部纵向钢筋相同，但采用 90° 弯折方式锚固时，竖直段应向上弯入节点内。

本 章 小 结

1.《高层建筑混凝土结构技术规程》在框架结构的结构体系、侧移刚度、楼梯设置、维护结构等方面进行了一般规定，如抗震设计的框架结构不应采用单跨框架等。

2.框架结构一般有按空间结构分析和按简化成平面结构分析两种方法。按简化成平面结构分析通常涉及计算单元选取、节点简化、跨度和层高确定及抗弯刚度调整等内容。

3.高层框架结构在竖向荷载作用下的内力计算通常采用分层法，该方法简便实用。

4.高层框架结构在水平荷载作用下的内力计算通常采用反弯点法和 D 值法。应理解 D 值法中 D 值的物理意义，熟练掌握 D 值法。

5.内力组合是针对控制截面的内力进行的。框架梁的控制截面一般取梁端和跨中，框架柱的控制截面为柱端。在竖向荷载作用下，现浇框架梁调幅系数为 0.8～0.9，装配式框架梁调幅系数为 0.7～0.8。

6.基本构件设计部分，从受力性能、承载力计算和构造要求三个方面分别介绍了框架梁、柱及节点的设计。在框架基本构件设计过程中，要注重框架结构受力性能对构件延性的要求，同时应避免重计算设计而轻概念设计、轻构造设计的现象出现。

习 题

【选择题】

6-1 某市抗震设防烈度为 7 度，拟建二级医院门诊大楼，采用现浇钢筋混凝土框架结构，建筑高度为 24m，建筑场地类别为Ⅱ类，设计使用年限为 50 年。则该建筑应按（ ）抗震等级采取抗震措施。

  A．一级   B．二级   C．三级   D．四级

  6－2 一栋四层电子仓库，平面尺寸为 18m×24m。货物堆高不超过 1.5m，楼面活荷载 8kN/m²，建筑场地为抗震设防区，现已确定采用现浇框架结构，则下列各种柱网布置中（ ）最为合适。

  A．横向 3 柱框架，柱距 9m，框架间距 6m，纵向布置联系梁

  B．横向 4 柱框架，柱距 6m，框架间距 4m，纵向布置联系梁

  C．双向框架，两向框架柱距均为 6m

  D．双向框架，横向框架柱距为 6m，纵向框架柱距为 4m

  6－3 拟在已有三层框架结构建筑（层高 4m）旁贴近新建十层框架结构建筑（层高 3m），该地区抗震设防烈度为 7 度，则两建筑间的防震缝最小宽度为（ ）。

  A．70mm   B．100mm   C．125mm   D．150mm

  6－4 在 7 度抗震设防区，一栋建筑为 60m 高的框架剪力墙结构办公大楼，紧邻的另一栋建筑为 20m 高的框架结构住宅楼，则两栋建筑防震缝最小宽度为（ ）。

  A．70mm   B．100mm   C．125mm   D．150mm

  6－5 关于地震区框架柱截面尺寸的规定，下列叙述中不正确的是（ ）。

  A．柱截面的高度和宽度均应不小于 300mm

  B．宜避免出现柱净高与截面高度之比大于 4 的柱

  C．截面长短边之比不宜大于 3

  D．宜采用对称配筋

  6－6 下列对柱轴压比的描述中正确的是（ ）。

  A．柱的组合轴压力标准值与柱的全截面面积和混凝土轴心抗压强度标准值乘积的比值

  B．柱组合的轴压力设计值与柱的全截面面积和混凝土轴心抗压强度设计值乘积的比值

  C．柱的组合轴压力标准值与柱的核心混凝土面积和混凝土轴心抗压强度标准值乘积的比值

  D．柱的组合轴压力设计值与柱的核心混凝土面积和混凝土轴心抗压强度设计值乘积的比值

  6－7 下列对框架节点核心区进行抗震验算的论述中正确的是（ ）。

  A．一、二、三级框架应进行验算；四级可不进行计算

  B．一、二级框架应进行验算；三、四级可不进行计算

  C．一级框架应进行验算；二、三、四级可不进行计算

  D．一、二、三、四级框架均应进行验算

【计算题】

  6－8 某五层平面框架，层高、跨度及水平荷载如图 6.24 所示，梁 AB 截面为 250mm×600mm，梁 BC 截面为 250mm×700mm，柱截面为 350mm×350mm。混凝土强度为 C30，$E_c=3.0×10^4 N/mm^2$。不考虑楼板对梁刚度的贡献，试用 D 值法求框架弯矩。

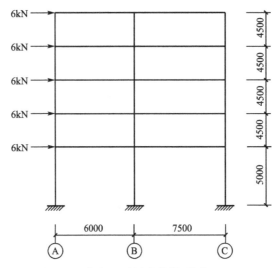

图 6.24　框架尺寸及荷载图(单位：mm)

6-9　某钢筋混凝土框架梁截面尺寸 300mm×500mm，混凝土强度等级为 C25，纵向钢筋采用 HRB400，若梁的纵向受拉钢筋为 4 根 Φ22 的钢筋，纵向受压钢筋为 2 根 Φ20 的钢筋，梁承受一般均布荷载，则考虑地震组合后，该梁跨中截面能承受的最大弯矩为多少？

6-10　某钢筋混凝土框架梁截面尺寸 $b \times h = 250\text{mm} \times 550\text{mm}$，$h_0 = 515\text{mm}$，抗震等级为二级。梁净跨 $l_n = 7.0\text{m}$，重力荷载代表值产生的剪力设计值 $V_{Gb} = 135.2\text{kN}$，采用 C30 混凝土，纵向受力钢筋采用 HRB400 级。梁左右两端截面考虑地震作用组合的最不利弯矩设计值为：①逆时针方向 $M_b^r = 175\text{kN} \cdot \text{m}$，$M_b^l = 420\text{kN} \cdot \text{m}$；②顺时针方向 $M_b^r = -360\text{kN} \cdot \text{m}$，$M_b^l = -210\text{kN} \cdot \text{m}$。则梁端截面组合的剪力设计值为多少？

6-11　一多层框架结构房屋，抗震等级为三级，某底层中柱下端截面在恒荷载、活荷载、水平地震作用下的弯矩标准值分别为 34.6kN·m、20.2kN·m、116.6kN·m。则底层柱下端截面最大弯矩设计值是多少？

【简答题】

6-12　框架结构优缺点及其适用范围如何？

6-13　简述反弯点法与 D 值法的区别与联系。

6-14　为什么要对框架内力进行调整？如何调整框架内力？

6-15　影响框架梁、柱延性的主要因素有哪些？在设计中应采取什么措施？

第**7**章
高层剪力墙结构设计

　　主要讲述高层剪力墙结构设计所需掌握的相关知识和设计要求。在高层剪力墙结构设计前，应该清楚高层剪力墙结构设计的基本知识、简化计算方法，理解设计原理。通过本章学习，应达到以下教学目标：

　　（1）掌握基本概念和设计方法，熟悉剪力墙结构概念设计；

　　（2）掌握剪力墙结构的简化近似计算方法，能独立进行剪力墙结构设计；

　　（3）掌握剪力墙结构延性设计方法。

知识要点	能力要求	相关知识
剪力墙结构一般规定	（1）了解剪力墙墙肢破坏形态； （2）熟悉剪力墙结构一般规定； （3）掌握剪力墙高宽比限制、布置、连梁跨高比、底部加强部位	（1）剪力墙破坏形态可分为弯曲破坏、弯剪破坏、剪切破坏和滑移破坏； （2）墙肢设计应进行正截面偏心受压（拉）、斜截面抗剪承载力验算和施工缝处的抗滑移验算； （3）剪力墙墙长及高宽比、小墙肢设计、短肢剪力墙
剪力墙结构的简化计算	（1）理解剪力墙的类型，如整体墙，小开口整体墙，双肢、多肢联肢墙，壁式框架，框支剪力墙； （2）熟悉整体墙按悬臂构件，小开口整体墙，可以在整体墙计算方法的基础上加以修正； （3）熟悉双肢、多肢联肢墙采用连续化方法近似计算	（1）工程设计中，根据不同类型剪力墙的受力特点，进行简化计算； （2）壁式框架可以简化为带刚域的框架，用改进的反弯点法进行计算； （3）框支剪力墙和不规则洞口的剪力墙最好采用有限元法借助计算机计算
剪力墙截面设计及构造	（1）熟悉剪力墙的墙肢和连梁两类构件； （2）掌握剪力墙截面的构造要求	（1）墙肢和连梁设计应分别计算出水平荷载和竖向荷载作用下的内力，经组合后可进行截面配筋计算； （2）墙肢构造措施有剪压比限制、分布钢筋配置、钢筋锚固和连接等； （3）连梁构造措施有最小截面尺寸限制、连梁配筋构造等

引例

　　高层剪力墙结构适用于住宅、公寓、旅馆等，用实心的钢筋混凝土墙作为抗侧力单元，同时由墙片承担竖向荷载。其整体性好，刚度大，用钢量较省，在水平力作用下侧向变形很小，承载力易满足要求，抗震性能好，适宜于建造 10～40 层高层建筑。高层剪力墙结构设计要符合《高层建筑混凝土结构技术规程》的一般规定和截面设计构造要求。

　　如果要在中国深圳某住宅小区内新建一座高层剪力墙结构住宅楼，丙类建筑，设防烈度为 7 度，场地 Ⅱ 类，地下室一层、二层为停车场及设备用房，地上 18 层为住宅楼，高度 54m。在开始着手该住宅楼的结构方案设计之前，需要了解和掌握剪力墙结构的哪些形式及特点，完成哪些概念设计？怎样进行结构计算？怎样完成结构构件的设计与构造？应该为这个高层剪力墙结构确定一个什么样的设计目标？在设计中应遵循哪些基本原则？施工图设计包括了哪些内容？作为高层建筑结构中应用十分普遍的剪力墙结构，还有哪些要求需要我们特别关注和应对？

$\boxed{7.1}$ 一　般　规　定

　　剪力墙结构是由剪力墙组成的承受竖向和水平作用的结构，在高层建筑中应用十分普遍，是一种抗侧力构件，用钢量较省。剪力墙或沿横向、纵向正交布置，或沿多轴线斜交布置，同时墙体也作为维护及房间分隔的结构体系，优点是刚度大、空间整体性好，抗震性能也很好，缺点是墙体多，平面布置不灵活，结构自重大，不容易布置面积较大的空间等。适用于有小房间设计要求的高层住宅、公寓和旅馆建筑等，如图 7.1 所示。

　　为了满足底层或底部几层大空间的要求，上部为一般剪力墙结构，底部为部分剪力墙落地，其余为框架承托上部剪力墙的框支剪力墙结构。

　　关于剪力墙结构的一般规定是概念设计的重要内容。

7.1.1　剪力墙结构的受力变形特点

　　一般情况下，根据剪力墙高宽比的大小，可将剪力墙分为高墙（$H/b_w>2$）、中高墙（$1\leqslant H/b_w\leqslant 2$）和矮墙（$H/b_w<1$）。水平荷载作用下，随着结构高宽比的增大，由弯矩产生的弯曲型变形在整体侧移中占的比例相应增大，故一般高墙在水平荷载作用下的变形曲线表现为"弯曲型"，而矮墙在水平荷载作用下的变形曲线表现为"剪切型"。

　　水平荷载作用下，悬臂剪力墙的控制截面是底层截面，所产生的内力是水平剪力和弯矩。墙肢截面在弯矩作用下产生的层间侧移是下层层间相对侧移较小、上层层间相对侧移较大的"弯曲型变形"，以及在剪力作用下产生的"剪切型变形"，此两种变形的叠加，构成了平面剪力墙的变形特征。

　　悬臂实体剪力墙可能出现如图 7.2 所示的几种破坏形态，分为弯曲破坏、弯剪破坏、剪切破坏和滑移破坏等。在实际工程中，为了改善平面剪力墙的受力变形特征，结合建筑设计使用功能要求，在剪力墙上开设洞口而以连梁相连，以使单肢剪力墙的高宽比显著提高，从而使剪力墙墙肢发生延性的弯曲破坏。若墙肢高宽比较小，一旦墙肢发

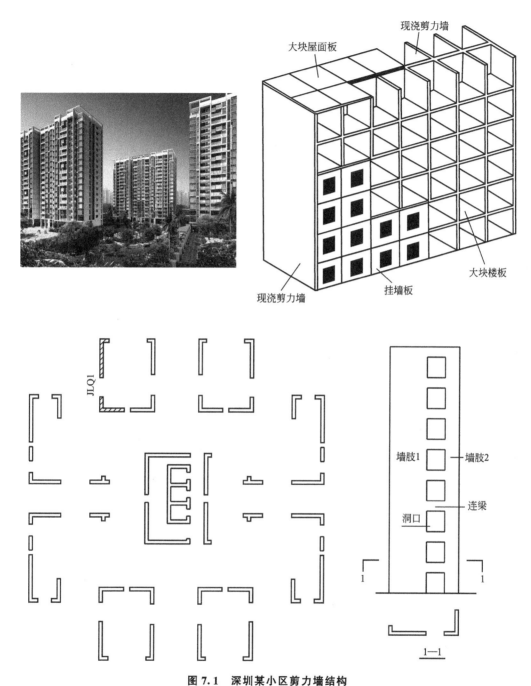

图7.1 深圳某小区剪力墙结构

生破坏，肯定是无较大变形的脆性剪切破坏，设计时应尽可能增大墙肢高宽比以避免这种情况。因此墙肢设计应进行正截面偏心受压(拉)、斜截面抗剪承载力验算和施工缝处的抗滑移验算。

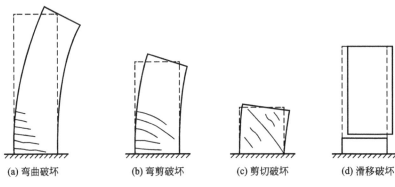

| (a) 弯曲破坏 | (b) 弯剪破坏 | (c) 剪切破坏 | (d) 滑移破坏 |

图 7.2 墙肢的破坏形态

7.1.2 剪力墙结构概念设计

1. 最大高度和高宽比限制

钢筋混凝土高层剪力墙结构的最大适用高度，应满足水平荷载作用下的整体抗倾覆稳定性要求，并使设计经济合理。《高层建筑混凝土结构技术规程》（以下简称《高规》）规定，A 级和 B 级高度剪力墙的最大适用高度应分别满足表 7-1 和表 7-2 的要求。

表 7-1 A 级高度钢筋混凝土剪力墙的最大适用高度　　　　单位：m

结构体系		非抗震设计	抗震设防烈度				
			6 度	7 度	8 度		9 度
					0.20g	0.30g	
剪力墙	全部落地剪力墙	150	140	120	100	80	60
	部分框支剪力墙	130	120	100	80	50	不应采用

表 7-2 B 级高度钢筋混凝土剪力墙的最大适用高度　　　　单位：m

结构体系		非抗震设计	抗震设防烈度			
			6 度	7 度	8 度	
					0.20g	0.30g
剪力墙	全部落地剪力墙	180	170	150	130	110
	部分框支剪力墙	150	140	120	100	80

高层建筑中当剪力墙的高宽比较大时，剪力墙相当于一个以受弯为主的竖向悬臂构件，在水平荷载作用下，产生的侧向变形或侧移曲线呈现为弯曲型。

高层建筑的高宽比，是对结构刚度、整体稳定、承载能力和经济合理性的宏观控制。钢筋混凝土剪力墙的高宽比不宜超过表 7-3 的规定。

表 7-3 钢筋混凝土高层建筑结构适用的最大高宽比

结构体系	非抗震设计	抗震设防烈度		
		6、7 度	8 度	9 度
板柱-剪力墙	6	5	4	—
框架-剪力墙、剪力墙	7	6	5	4

2. 剪力墙布置

剪力墙结构应具有适宜的侧向刚度，其布置应符合下列规定：

（1）在高层建筑结构中应有较好的空间工作性能，平面布置宜简单、规则，宜沿两个主轴方向或其他方向双向布置，两个方向的侧向刚度不宜相差过大，并宜使两个方向刚度接近。特别强调在抗震设计时，不应采用仅单向有墙的结构布置。

（2）剪力墙的抗侧刚度较大，如果在某一层或几层切断剪力墙，易造成结构刚度突变，宜自下到上连续布置，避免刚度突变。

（3）剪力墙洞口的布置，会明显影响剪力墙的力学性能。门窗洞口宜上下对齐、成列布置，形成明确的墙肢和连梁；宜避免造成墙肢宽度相差悬殊的洞口设置；抗震设计时，一、二、三级剪力墙的底部加强部位不宜采用上下洞口不对齐的错洞墙，全高均不宜采用洞口局部重叠的叠合错洞墙。

3. 墙长及高宽比

剪力墙结构应具有延性，细高的剪力墙(高宽比大于 3)容易设计成具有延性的弯曲破坏剪力墙。当墙的长度很长时，可通过开设洞口将长墙分成长度较小的墙段，使每个墙段成为高宽比大于 3 的独立墙肢或联肢墙，分段宜较均匀。用以分割墙段的洞口上可设置约束弯矩较小的弱连梁(其跨高比一般宜大于 6)。

此外，当墙段长度(即墙段截面高度)很长时，受弯后产生的裂缝宽度会较大，墙体的配筋容易拉断，因此墙段的长度不宜过大，可定为 8m。

4. 连梁的跨高比

两端与剪力墙在平面内相连的梁为连梁。如果连梁以水平荷载作用下产生的弯矩和剪力为主，竖向荷载下的弯矩对连梁影响不大(两端弯矩仍然反号)，那么该连梁对剪切变形十分敏感，容易出现剪切裂缝。跨高比小于 5 的连梁应按本章的有关规定设计，其一般为跨度较小的连梁；反之，跨高比不小于 5 的连梁宜按框架梁设计，其抗震等级与所连接的剪力墙的抗震等级相同。

5. 剪力墙的底部加强部位

抗震设计时，为保证剪力墙底部出现塑性铰后具有足够大的延性，应对可能出现塑性铰的部位加强抗震措施，包括提高其抗剪切破坏的能力，设置约束边缘构件等，该加强部位称为"底部加强部位"。剪力墙底部塑性铰出现都有一定范围，一般情况下单个塑性铰发展高度约为墙肢截面高度 h_w，但是为安全起见，设计时加强部位范围应适当扩大。《高规》规定，统一以剪力墙总高度的 1/10 与两层层高二者的较大值作为加强部位。部分框支剪力墙结构底部加强部位的高度按《高规》关于复杂高层的章节处理，当地下室整体刚度不足以作为结构嵌固端，而计算嵌固部位不能设在地下室顶板时，剪力墙底部加强部位的设计要求宜延伸至计算嵌固部位。

6. 楼面梁的支承

楼面梁不宜支承在剪力墙或核心筒连梁上。当楼面梁支承在连梁上时，连梁产生扭转，一方面不能有效约束楼面梁，另一方面使连梁受力十分不利，因此要尽量避免。

楼板次梁等截面较小的梁支承在连梁上时，次梁端部可按铰接处理。

7. 梁与墙平面外刚接

剪力墙的特点是平面内刚度及承载力大，而平面外刚度及承载力都很小，因此，应注意剪力墙平面外受弯时的安全问题。

当剪力墙或核心筒墙肢与其平面外相交的楼面梁刚接时，可沿楼面梁轴线方向设置与梁相连的剪力墙、扶壁柱或在墙内设置暗柱，并应符合下列规定：

（1）设置沿楼面梁轴线方向与梁相连的剪力墙时，墙的厚度不宜小于梁的截面宽度。

（2）设置扶壁柱时，其截面宽度不应小于梁宽，其截面高度可计入墙厚。

（3）墙内设置暗柱时，暗柱的截面高度可取墙的厚度，暗柱的截面宽度可取梁宽加2倍墙厚。

（4）应通过计算确定暗柱或扶壁柱的纵向钢筋（或型钢），纵向钢筋的总配筋率不宜小于表7-4的规定。

表7-4　暗柱或扶壁柱纵向钢筋的构造配筋率　　　　　　　　单位：%

设计状况	抗震设计				非抗震设计
	一级	二级	三级	四级	
配筋率	0.9	0.7	0.6	0.5	0.5

注：采用400MPa、335MPa级钢筋时，表中数值宜分别增加0.05和0.10。

（5）楼面梁的水平钢筋应伸入剪力墙或扶壁柱中，伸入长度应符合钢筋锚固要求。钢筋锚固段的水平投影长度，非抗震设计时不宜小于$0.4l_{ab}$，抗震设计时不宜小于$0.4l_{abE}$；当锚固段的水平投影长度不满足要求时，可将楼面梁伸出墙面形成梁头，梁的纵筋伸入梁头后弯折锚固，也可采取其他可靠的锚固措施。

（6）暗柱或扶壁柱应设置箍筋，箍筋直径在一、二、三级时不应小于8mm，四级及非抗震设计时不应小于6mm，且均不应小于纵向钢筋直径的1/4；箍筋间距在一、二、三级时不应大于150mm，四级及非抗震设计时不应大于200mm。

8. 小墙肢设计

剪力墙与柱都是压弯构件，其压弯破坏状态以及计算原理基本相同，但是截面配筋构造有很大不同，因此柱截面和墙截面的配筋计算方法也各不相同。为此，要设定按柱或按墙进行截面设计的分界点。为方便设置边缘构件和分布钢筋，墙截面高厚比h_w/b_w宜大于4，当墙肢的截面高度与厚度之比不大于4时，宜按框架柱进行截面设计。

9. 短肢剪力墙

厚度不大的剪力墙开大洞口时，会形成短肢剪力墙，短肢剪力墙一般出现在多层和高层住宅建筑中。短肢剪力墙沿建筑高度可能有较多楼层的墙肢会出现反弯点，受力特点接近异形柱，又承担较大轴力与剪力，因此，《高规》规定短肢剪力墙应加强，在某些情况下还要限制建筑高度。对于 L 形、T 形、十字形剪力墙，短肢剪力墙是指截面厚度不大于 300mm、各肢截面高度与厚度之比的最大值大于 4 但不大于 8 的剪力墙。对于采用刚度较大的连梁与墙肢形成的开洞剪力墙，不宜按单独墙肢判断其是否属于短肢剪力墙。

由于短肢剪力墙抗震性能较差，地震区应用经验不多，为安全起见，抗震设计时，高层建筑结构不应全部采用短肢剪力墙；B 级高度高层建筑以及抗震设防烈度为 9 度的 A 级高度高层建筑，不宜布置短肢剪力墙，不应采用具有较多短肢剪力墙的剪力墙结构。当采用具有较多短肢剪力墙的剪力墙结构时，应符合下列规定：

(1) 在规定的水平地震作用下，短肢剪力墙承担的底部倾覆力矩不宜大于结构底部总地震倾覆力矩的 50%；

(2) 房屋适用高度应比表 7-1 和表 7-2 规定的剪力墙结构最大适用高度适当降低，7 度、8 度 0.2g 和 8 度 0.3g 时，分别不应大于 100m、80m 和 60m。

"具有较多短肢剪力墙的剪力墙结构"是指，在规定的水平地震作用下，短肢剪力墙承担的底部倾覆力矩不小于结构底部总地震倾覆力矩的 30% 的剪力墙结构。

10. 剪力墙的其他计算要求

剪力墙应进行平面内的斜截面受剪、偏心受压或偏心受拉、平面外轴心受压承载力验算。在集中荷载作用下，墙内无暗柱时还应进行局部受压承载力验算。

框支剪力墙结构规定，见《高规》关于带转换层复杂高层建筑结构的内容。

【例 7-1】 在正常使用条件下高度为 180m 的钢筋混凝土剪力墙结构，层间最大位移与层高之比的限制是多少？

【解】 根据《高规》有关规定，在正常使用情况下，楼层层间最大位移与层高之比的限制，对剪力墙为 1/1000；高度在 150～250m 之间的钢筋混凝土高层建筑，限制值按限制值插值计算确定。故可得

$$\left[\Delta u/h\right]=\frac{1}{1000}+\frac{180-150}{250-150}\times\left(\frac{1}{500}-\frac{1}{1000}\right)=\frac{1}{769}$$

7.2 剪力墙结构的简化计算

7.2.1 剪力墙结构的基本假定

当剪力墙的布置满足《高规》所述间距条件时，其内力计算可以采用以下基本假定：

(1) 楼板在自身平面内刚度为无穷大，在平面外刚度为零。

这里说的楼板，是指建筑的楼面。在高层建筑中，由于各层楼面的尺寸较大，再加上楼面的整体性能好，楼板在平面内的变形刚度很大；而在楼面平面外，楼板对剪力墙的弯曲、伸缩变形约束作用较弱，因而将楼板在平面外的刚度视为零。在此假定下，楼板相当于一平面刚体，在水平力的作用下只做平移或转动，从而使各榀剪力墙之间保持变形协调。

（2）各榀剪力墙在自身平面内的刚度取决于剪力墙本身，在平面外的刚度为零。

也就是说，剪力墙只能承担自身平面内的作用力。在这一假定下，就可以将空间的剪力墙结构作为一系列的平面结构来处理，使计算工作大大简化。当然，与作用力方向相垂直的剪力墙的作用也不是完全不考虑，而是将其作为受力方向剪力墙的翼缘来计算。有效翼缘宽度按表 7 - 5 中各项的最小值取。

表 7 - 5　剪力墙有效翼缘宽度

考虑方式	截面形式	
	T 形或 I 形	L 形或] 形
按剪力墙间距计算	$b+S_{01}/2+S_{02}/2$	$b+S_{03}/2$
按翼缘厚度计算	$b+12h_i$	$b+6h_i$
按门窗洞口计算	b_{01}	b_{02}

表中符号含义如图 7.3 所示。

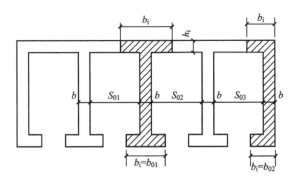

图 7.3　剪力墙翼缘宽度的有关符号含义

7.2.2　剪力墙的类别和计算方法

1. 剪力墙的类别

一般按照剪力墙上洞口的大小、多少及排列方式，将剪力墙分为以下类型：

（1）整体墙：没有门窗洞口或只有少量很小的洞口时，可以忽略洞口的存在，符合平面假定，这种类型的剪力墙可视为一个整体的悬臂墙，称为整体剪力墙，如图 7.4（a）所示，简称整体墙。

（2）小开口整体墙：门窗洞口尺寸比整体墙要大一些，此时墙肢中已出现局部弯矩，但局部弯矩的值不超过整体弯矩的 15% 时，可以认为截面变形大体上仍符合平面假定，这种剪力墙称为小开口整体墙，如图 7.4（b）所示。

（3）双肢、多肢联肢墙：洞口尺寸相对较大，此时剪力墙的受力相当于通过洞口之间的连梁连在一起的一系列墙肢，开有一列洞口的剪力墙称为双肢剪力墙［图 7.4（c）］，开有多列洞口的剪力墙称为多肢联肢墙［图 7.4（d）］。

（4）壁式框架：在联肢墙中，如果洞口开得再大一些，使得墙肢刚度较弱、连梁刚度相对较强时，剪力墙的受力特性已接近框架。由于剪力墙的厚度较框架结构梁柱的宽度要小一些，故称壁式框架，如图 7.4(e)所示。

（5）框支剪力墙：当底层需要大空间时，采用框架结构支撑上部剪力墙，就形成框支剪力墙。在地震区，不容许采用纯粹的框支剪力墙结构。

（6）开有不规则洞口的剪力墙：有时由于建筑使用的要求，需要在剪力墙上开有较大的洞口，而且洞口的排列不规则，即为此种类型。

需要说明的是，上述剪力墙的类型划分并不是严格意义上的划分，严格划分剪力墙的类型时，还需要考虑剪力墙本身的受力特点。

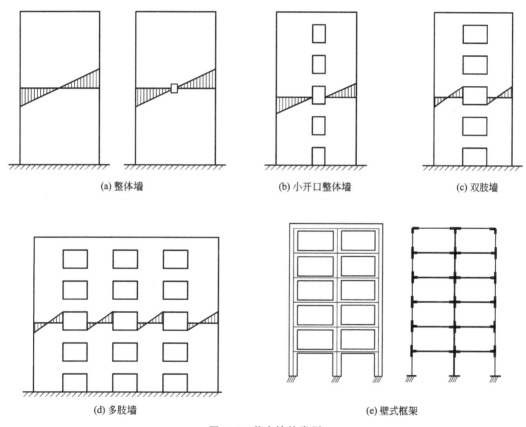

(a) 整体墙　　　　　　　(b) 小开口整体墙　　　　　　(c) 双肢墙

(d) 多肢墙　　　　　　　　　　　　(e) 壁式框架

图 7.4　剪力墙的类型

2. **剪力墙的计算方法**

剪力墙所承受的竖向荷载，一般是结构自重和楼面荷载，通过楼面传递到剪力墙。竖向荷载除了在连梁（门窗洞口上的梁）内产生弯矩以外，在墙肢内主要产生轴力。可以按照剪力墙的受荷面积简化计算。

1）墙肢上作用集中力

当有梁支承在剪力墙上时，传到墙肢上的集中荷载可以按照 45°角向下扩散到整个墙截面，可以按照分布荷载计算集中荷载对墙面的影响，如图 7.5 所示。

2）纵横墙相连

当纵横墙整体连接时，一个方向墙上的荷载可以向另一个方向墙扩散，在楼板一定距离以下，可以认为竖向荷载在纵横墙内为均匀分布。

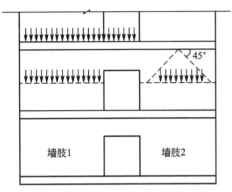

图 7.5 剪力墙竖向荷载作用下计算简图

在基本假定下，剪力墙结构在水平荷载作用下，就可以按平面结构来处理。当力的作用线通过该结构的刚度中心时，楼板只产生侧移，不产生扭转，则同一层各道剪力墙的位移相同，本章将针对这种情况进行讨论。

剪力墙在水平荷载作用下，各层总剪力按各片剪力墙等效抗弯刚度分配，当有 m 片剪力墙时，第 j 层第 i 片剪力墙分配到的剪力为

$$V_{ij} = \frac{E_i J_{eqi}}{\sum_{i=1}^{m} E_i J_{eqi}} V_{pj} \qquad (7-1)$$

式中　V_{pj}——水平力作用下第 j 层处产生的总剪力；

$E_i J_{eqi}$——第 i 片剪力墙的等效抗弯刚度。

在水平荷载作用下，剪力墙受力分析实际上是二维平面问题，精确计算应该按照平面问题进行求解。可以借助于计算机用有限元方法进行计算，计算精度高，但工作量较大。

在工程设计中，可以根据不同类型剪力墙的受力特点，进行简化计算，要点如下：

（1）整体墙和小开口整体墙：在水平力的作用下，整体墙类似于一悬臂柱，剪力墙正应力为直线规律分布，可以按照悬臂构件来计算整体墙的截面弯矩和剪力；小开口整体墙，由于洞口的影响，墙肢间应力分布不再是直线，但偏离不大，可按材料力学公式计算应力，在整体墙计算方法的基础上加以修正。

（2）联肢墙：联肢墙由一系列受连梁约束的墙肢组成，可以采用连续化方法近似计算。

（3）壁式框架：由于洞口开得较大，截面的整体性已经破坏，其正应力分布较直线规律差别较大。壁式框架可以简化为带刚域的框架，用改进的反弯点法进行计算。

（4）框支剪力墙和开有不规则洞口的剪力墙：此类剪力墙比较复杂，最好采用有限元法借助于计算机进行计算。

7.2.3 整体墙的计算

1. 整体墙的界定

当门窗洞口的面积之和不超过剪力墙墙面面积的 15%，且洞口间净距及孔洞至墙边的净距大于洞口长边尺寸时，即为整体墙，按照整体墙来近似计算。

2. 整体墙的内力和位移计算

1）整体墙的等效截面积和惯性矩

整体墙可以忽略洞口的影响，认为平面假定仍然适用，截面应力可以按照材料力学公式进行计算。计算位移时，可按照整体悬臂墙的计算公式，但要考虑洞口对截面积及刚度的削减，洞口削弱系数 γ_0 按照式（7-2）取值，等效惯性矩 I_q 按照式（7-3）取值。

等效截面积 A_q 取无洞口截面的横截面面积 A 乘以修正系数 γ_0，即

$$A_q = \gamma_0 A$$

$$\gamma_0 = 1 - 1.25\sqrt{A_d / A_0} \tag{7-2}$$

式中　A_d——剪力墙上洞口总立面面积；

　　　A_0——剪力墙墙面总面积。

等效惯性矩 I_q 取有洞口墙段与无洞口墙段截面惯性矩沿竖向的加权平均值：

$$I_q = \frac{\sum I_j h_j}{\sum h_j} \tag{7-3}$$

式中　I_j——剪力墙沿竖向第 j 段的惯性矩，有洞口时按组合截面计算；

　　　h_j——第 j 段的高度。

2) 内力计算

内力计算按悬臂构件进行，可以计算出整体墙在水平荷载下各截面的弯矩和剪力。

3) 侧移计算

整体墙是一悬臂构件，在水平荷载作用下，其变形以弯曲变形为主，位移曲线为弯曲型。但由于剪力墙截面尺寸较大，宜考虑剪切变形的影响。针对倒三角荷载、均布荷载、顶部集中力这三种工程中常见的水平荷载形式，整体墙的顶点位移可以按照下式计算(图 7.6)：

$$\Delta = \begin{cases} \dfrac{11}{60}\dfrac{V_0 H^3}{EI_q}\left(1 + \dfrac{3.64\mu EI_q}{H^2 GA_q}\right) & (\text{倒三角荷载}) \\[3mm] \dfrac{1}{8}\dfrac{V_0 H^3}{EI_q}\left(1 + \dfrac{4\mu EI_q}{H^2 GA_q}\right) & (\text{均布荷载}) \\[3mm] \dfrac{1}{3}\dfrac{V_0 H^3}{EI_q}\left(1 + \dfrac{3\mu EI_q}{H^2 GA_q}\right) & (\text{顶部集中力}) \end{cases} \tag{7-4}$$

式中　V_0——基底($x=H$)处的总剪力，即全部水平力之和；

　　　G——剪切弹性模量；

　　　μ——剪应力不均匀系数，矩形截面取 1.2，i 形截面取截面全面积/腹板面积，T 形截面取值见表 7-6。

表 7-6　T 形截面剪应力不均匀系数 μ

H/t　B/t	2	4	6	8	10	12
2	1.383	1.496	1.521	1.511	1.483	1.445
4	1.441	1.876	2.287	2.682	3.061	3.424
6	1.362	1.097	2.033	2.367	2.698	3.026
8	1.313	1.572	1.838	2.106	2.374	2.641
10	1.283	1.489	1.707	1.927	2.148	2.370
12	1.264	1.432	1.614	1.800	1.988	2.178
15	1.245	1.374	1.519	1.669	1.820	1.973
20	1.228	1.317	1.422	1.534	1.648	1.763
30	1.214	1.264	1.328	1.399	1.473	1.549
40	1.208	1.240	1.284	1.334	1.387	1.442

注：B 为翼缘宽度，t 为剪力墙厚度，H 为剪力墙截面高度。

式(7-4)中，括号内后一项反映了剪切变形的影响。

令

$$EI_{eq} = \begin{cases} EI_q \Big/ \Big(1 + \dfrac{3.64\mu EI_q}{H^2 GA_q}\Big) & (\text{倒三角荷载}) \\[3mm] EI_q \Big/ \Big(1 + \dfrac{4\mu EI_q}{H^2 GA_q}\Big) & (\text{均布荷载}) \\[3mm] EI_q \Big/ \Big(1 + \dfrac{3\mu EI_q}{H^2 GA_q}\Big) & (\text{顶部集中力}) \end{cases} \qquad (7-5)$$

则顶点位移可以写为

$$\Delta = \begin{cases} \dfrac{11}{60}\dfrac{V_0 H^3}{EI_{eq}} & (\text{倒三角荷载}) \\[3mm] \dfrac{1}{8}\dfrac{V_0 H^3}{EI_{eq}} & (\text{均布荷载}) \\[3mm] \dfrac{1}{3}\dfrac{V_0 H^3}{EI_{eq}} & (\text{顶部集中力}) \end{cases} \qquad (7-6)$$

式中 I_{eq}——等效惯性矩。

式(7-6)更便于分析计算。

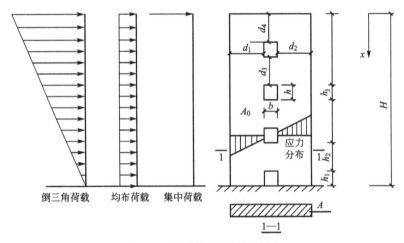

图 7.6　整体墙侧移计算简图

7.2.4　双肢墙的计算

双肢墙是联肢墙中最简单的一类，由于洞口开得较大，截面的整体性已经破坏，正应力分布较直线规律差别较大。一列规则的洞口将剪力墙分为两个墙肢。两个墙肢通过一系列洞口之间的连梁相连，连梁相当于一系列连杆。可以采用连续连杆法进行计算。

将每一楼层的连系梁假想为分布在整个楼层高度上的一系列连续连杆，利用连杆的位移协调条件建立剪力墙的内力微分方程，解微分方程便可求得内力。此法可以得到解析解，其结果的精确度可以满足工程需要，当将解答绘成曲线后，使用方便。但是，由于假定条件较多，使用范围受到局限。

双肢剪力墙结构的墙肢可以是矩形截面或 T 形截面(翼缘参加工作),以截面的形心线作为墙肢的轴线,连梁一般取为矩形截面。

1. 连续连杆法的基本假定

这些基本假定如下:

(1)将在每一楼层处的连梁离散为均布在整个层高范围内的连续化连杆。这样就把有限点的连接问题变成了连续的无限点连接问题。剪力墙高度越增加,这一假设对计算结果的影响就越小。

(2)连梁的轴向变形忽略不计。连梁在实际结构中的轴向变形一般很小,忽略不计对计算结果影响不大。在这一假定下,楼层同一高度处两个墙肢的水平位移将保持一致,使计算工作大为简化。

(3)在同一高度处,两个墙肢的截面转角和曲率相等。按照这一假定,连杆的两端转角相等,反弯点在连杆的中点。

(4)各个墙肢、连梁的截面尺寸、材料等级及层高沿剪力墙全高都是相同的。

由此可见,连续连杆法适用于开洞规则,高度较大,由上到下墙厚、材料及层高都不变的联肢剪力墙。剪力墙越高,计算结果越准确;而对低层、多层建筑中的剪力墙,计算误差较大。对于墙肢、连梁截面尺寸、材料等级、层高有变化的剪力墙,如果变化不大,可以取平均值进行计算;如果变化较大,则本方法不适用。

在以上的假定下,图 7.7(a)所示的双肢剪力墙结构的计算简图如图 7.7(b)所示。用

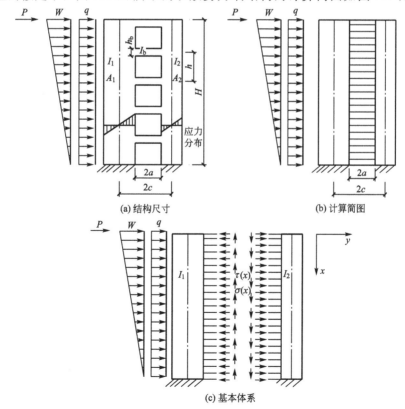

(a) 结构尺寸   (b) 计算简图

(c) 基本体系

图 7.7 双肢墙的计算简图

力法求解时，将两片墙沿连梁的反弯点处切口，剪力墙成静定的悬臂墙，其基本体系如图 7.7(c)所示。图中 $2a$ 为连梁的计算跨度，$2a = 2a_0 + \dfrac{h_b}{2}$，式中 $2a_0'$ 为连梁净跨，h_b 为连梁截面高度。

2. **力法方程的建立**

取连梁切口处的内力 $\tau(x)$（剪力）为多余未知力，基本体系在外荷载、切口处轴力 $\sigma(x)$ 及未知剪力 $\tau(x)$ 作用下将产生变形，但原结构在切断点是连续的；因此，基本体系在外荷载、切口处轴力 $\sigma(x)$ 和剪力 $\tau(x)$ 作用下，沿 $\tau(x)$ 方向的位移应等于零，可以分为以下几部分分别求出。

1）由于墙肢的弯曲和剪切变形产生的位移

由弯曲变形使切口处产生的相对位移 [图 7.8(a)] 为

$$\delta_1 = -2c\theta_m = +2c\frac{\mathrm{d}y_m}{\mathrm{d}x} \tag{7-7}$$

式中　θ_m——墙肢弯曲变形产生的转角，顺时针方向为正，下同。

写出式(7-7)时已利用了两墙肢转角分别相等的假设，即 $\theta_{1m} = \theta_{2m} = \theta_m$。$2c$ 是缘于弯曲变形时，连梁与墙肢在轴线处保持垂直的假设；负号表示相对位移与假设的未知力 $\tau(x)$ 方向相反。外荷载、切口处轴力和剪力 $\tau(x)$ 的具体影响，都体现在转角 θ_1 和 θ_2 中。

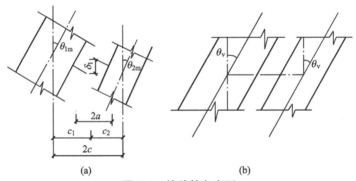

图 7.8　墙肢转角变形

墙肢的剪切变形使切口处的相对位移为零，如图 7.8 (b)所示，当墙肢有剪切变形时，墙肢的上、下截面产生相对的水平错动，此错动不会引起连梁切口处的竖向相对位移。

2）由于墙肢的轴向变形产生的位移

基本体系在外荷载、切口处轴力和未知剪力 $\tau(x)$ 作用下发生轴向变形，自两肢墙底到 x 截面处的轴向变形差，就是切口处产生的相对位移，如图 7.9 所示。

从图 7.9(c)所示基本体系中可以看出，沿水平方向作用的外荷载及切口处轴力只使墙肢产生弯曲和剪切变形，并不产生轴向变形，只有竖向作用的剪力 $\tau(x)$ 才使墙肢产生轴力和轴向变形。

由图 7.9 (a)、(b)可得墙轴力 $N(x)$ 与未知力 $\tau(x)$ 间的关系为

$$N(x) = \int_0^x \tau(x)\mathrm{d}x \tag{7-8}$$

$$\frac{\mathrm{d}N}{\mathrm{d}x} = \tau(x) \tag{7-9}$$

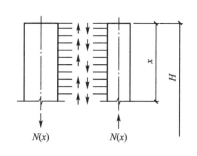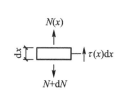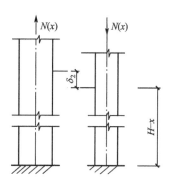

(a) 双肢墙墙肢和连梁内力　　　　　(b) 墙肢轴向变形时微段墙元受力图　　　　(c) 墙肢轴向变形

图 7.9　墙肢轴向变形

由图 7.9 可得墙肢轴向变形产生的切口处相对位移为

$$\delta_2 = \int_x^H \frac{N(x)\mathrm{d}x}{EA_1} + \int_x^H \frac{N(x)\mathrm{d}x}{EA_2} = \frac{1}{E}\left(\frac{1}{A_1}+\frac{1}{A_2}\right)\int_x^H N(x)\mathrm{d}x$$

$$= \frac{1}{E}\left(\frac{1}{A_1}+\frac{1}{A_2}\right)\int_x^H\int_0^x \tau(x)\mathrm{d}x\mathrm{d}x \qquad (7-10)$$

3）连梁由于弯曲和剪切变形所产生的位移

连梁切口处由于 $\tau(x)h$ 的作用产生弯曲和剪切变形，如图 7.10 所示。弯曲变形产生的相对位移为

$$\delta_{3M} = 2\frac{\tau(x)ha^3}{3EI_b} \qquad (7-11)$$

剪切变形产生的相对位移为

$$\delta_{3V} = 2\frac{\mu\tau(x)ha}{A_bG} \qquad (7-12)$$

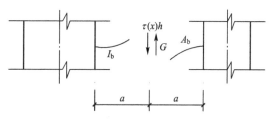

图 7.10　连梁弯曲及剪切变形

式中　μ——截面上剪应力分布不均匀系数，矩形截面取 1.2；

I_b——连梁的惯性矩；

G——剪切弹性模量。

弯曲变形和剪切变形的总相对位移为

$$\delta_3 = \delta_{3M} + \delta_{3V} = 2\frac{\tau(x)ha^3}{3EI_b} + 2\frac{\mu\tau(x)ha}{A_bG} = \frac{2\tau(x)ha^3}{3EI_b}\left[1+\frac{3\mu EI_b}{A_bGa^2}\right]$$

可写为

$$\delta_3 = \frac{2\tau(x)ha^3}{3E\,\widetilde{I}_b} \qquad (7-13)$$

$$\widetilde{I}_b = \frac{I_b}{1+\dfrac{3\mu EI_b}{A_bGa^2}} \qquad (7-14)$$

式中　$\widetilde{I}_b$——连梁考虑剪切变形后的折算惯性矩。

将所有相对位移叠加，得基本体系在外荷载、切口轴向力和剪力 $\tau(x)$ 作用下，沿 $\tau(x)$ 方向的总位移为

$$\delta = \delta_1 + \delta_2 + \delta_3 = -2c\theta_m + \frac{1}{E}\left(\frac{1}{A_1} + \frac{1}{A_2}\right)\int_x^H \int_0^x \tau(x)\mathrm{d}x\mathrm{d}x + \frac{2\tau(x)ha^3}{3E\tilde{I}_b} = 0$$

$$(7-15)$$

将上式对 x 微分一次，得

$$-2c\dot{\theta}_m - \frac{1}{E}\left(\frac{1}{A_1} + \frac{1}{A_2}\right)\int_0^x \tau(x)\mathrm{d}x + \frac{2\dot{\tau}(x)ha^3}{3E\tilde{I}_b} = 0 \qquad (7-16)$$

再对 x 微分一次，得

$$-2c\ddot{\theta}_m - \frac{\tau(x)}{E}\left(\frac{1}{A_1} + \frac{1}{A_2}\right) + \frac{2ha^3}{3E\tilde{I}_b}\ddot{\tau}(x) = 0 \qquad (7-17)$$

下面将外荷载的作用考虑进来。

在 x 处截断双肢墙，取上部为隔离体，如图 7.11 所示，由平衡条件得

$$M_1 + M_2 = M_p - 2cN(x) \qquad (7-18)$$

式中 M_1——墙肢 $1x$ 截面的弯矩；

          M_2——墙肢 $2x$ 截面的弯矩；

          M_p——外荷载对 x 截面的外力矩。

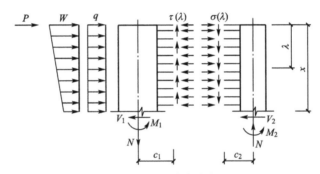

图 7.11　双肢墙墙肢内力

由梁的弯曲理论有

$$\begin{cases} EI_1\dfrac{\mathrm{d}^2 y_{1m}}{\mathrm{d}x^2} = M_1 \\[2mm] EI_2\dfrac{\mathrm{d}^2 y_{2m}}{\mathrm{d}x^2} = M_2 \end{cases} \qquad (7-19)$$

将上两式叠加，并利用如下的假设条件

$$\frac{\mathrm{d}^2 y_{1m}}{\mathrm{d}x^2} = \frac{\mathrm{d}^2 y_{2m}}{\mathrm{d}x^2} = \frac{\mathrm{d}^2 y_m}{\mathrm{d}x^2} \qquad (7-20)$$

可得到

$$E(I_1 + I_2)\frac{\mathrm{d}^2 y_m}{\mathrm{d}x^2} = M_1 + M_2 = M_p - 2cN(x) \qquad (7-21)$$

利用式(7-8)或式(7-9)可得

$$E(I_1 + I_2)\frac{\mathrm{d}^2 y_m}{\mathrm{d}x^2} = M_p - \int_0^x 2c\tau(x)\mathrm{d}x \qquad (7-22)$$

令 $m(x) = 2c\tau(x)$，表示连梁剪力对两墙肢弯矩的和，称为连梁对墙肢的约束弯矩。

于是式(7-22)变为

$$\dot{\theta}_m = -\frac{d^2 y_m}{dx^2} = \frac{-1}{E(I_1 + I_2)}\left[M_p - \int_0^x m\,dx\right] \qquad (7-23)$$

再对 x 微分一次得

$$\ddot{\theta}_m = \frac{-1}{E(I_1 + I_2)}\left(\frac{dM_p}{dx} - m\right) = \frac{-1}{E(I_1 + I_2)}(V_p - m) \qquad (7-24)$$

式中 V_p——外荷载对 x 截面的总剪力。

下面以倒三角荷载为例来介绍求解的具体过程。均布荷载、顶部集中力情形下的求解过程类似。

对倒三角荷载有

$$V_p = V_0\left[1 - \left(1 - \frac{x}{H}\right)^2\right] \qquad (7-25)$$

式中 V_0——基底 $x = H$ 处的总剪力，即全部水平力的总和。

因而式(7-24)可表示为

$$\ddot{\theta}_m = \frac{1}{E(I_1 + I_2)}\left\{V_0\left[\left(1 - \frac{x}{H}\right)^2 - 1\right] + m\right\} \qquad (7-26)$$

令连梁的刚度系数为 $D = \dfrac{\widetilde{I}_b c^2}{a^3}$，连梁墙肢刚度比（未考虑墙肢轴向变形的整体参数）为

$\alpha_1^2 = \dfrac{6H^2}{h\sum I_i}D$，双肢组合截面形心轴的面积矩为 $S = \dfrac{2cA_1A_2}{A_1 + A_2}$，将式(7-26)的 $\ddot{\theta}_m$ 代入

式(7-17)，整理后得双肢墙的基本微分方程式为

$$\ddot{m}(x) - \frac{\alpha^2}{H^2}m(x) = -\frac{\alpha_1^2}{H^2}V_0\left[1 - \left(1 - \frac{x}{H}\right)^2\right] \qquad (7-27)$$

式中 $\alpha^2 = \alpha_1^2 + \dfrac{3H^2 D}{hcS}$，为考虑墙肢轴向变形的整体参数。令 $T = \dfrac{\alpha_1^2}{\alpha^2} = \dfrac{2cS}{\sum I_i + 2cS}$，$T$ 称

为轴向变形影响系数，当为双肢墙时取 I_A/I，其中 I 为组合截面惯性矩，$I_A = I - (I_1 + I_2)$。

对均布荷载、顶部集中力，求解过程类似。各种情形下，双肢墙的基本微分方程总结如下：

$$\ddot{m}(x) - \frac{\alpha^2}{H^2}m(x) = \begin{cases} -\dfrac{\alpha_1^2}{H^2}V_0\left[1 - \left(1 - \dfrac{x}{H}\right)^2\right] & \text{（倒三角荷载）} \\[3mm] -\dfrac{\alpha_1^2}{H^2}V_0\dfrac{x}{H} & \text{（均布荷载）} \\[3mm] -\dfrac{\alpha_1^2}{H^2}V_0 & \text{（顶部集中力）} \end{cases} \qquad (7-28)$$

3. 基本方程的解

令 $\dfrac{x}{H} = \xi$，$m(x) = \phi(x)V_0\dfrac{\alpha_1^2}{\alpha^2}$，则式(7-27)可化为

$$\ddot{\phi}(\xi) - \alpha^2\phi(\xi) = -\alpha^2\left[1 - (1 - \xi)^2\right] \quad \text{（倒三角荷载）} \qquad (7-29)$$

此方程的解可由齐次方程的通解和特解两部分相加组成，即一般解为

$$\phi_1(\xi) = C_1 \mathrm{ch}(\alpha\xi) + C_2 \mathrm{sh}(\alpha\xi) + \left[1 - (1-\xi)^2 - \frac{2}{\alpha^2}\right] \qquad (7-30)$$

式中 C_1、C_2——任意常数，由边界条件确定。

边界条件如下：

(1) 当 $x=0$，即 $\xi=0$ 时，墙顶弯矩为零，因而有

$$\dot{\theta}_{\mathrm{m}} = -\frac{\mathrm{d}^2 y_{\mathrm{m}}}{\mathrm{d}x^2} = 0 \qquad (7-31)$$

(2) 当 $x=H$，即 $\xi=1$ 时，墙底弯曲变形转角 $\theta_{\mathrm{m}}=0$。

先考虑边界条件(1)，式(7-16)利用边界条件(1)后，得

$$\frac{2\dot{\tau}(0)ha^3}{3E\widetilde{I}_{\mathrm{b}}} = 0 \qquad (7-32)$$

将式(7-30)代入上式后，可求得

$$C_2 = -\frac{2}{\alpha} \qquad (7-33)$$

再考虑边界条件(2)，式(7-15)利用边界条件(2)后，变为

$$\frac{2\tau(H)ha^3}{3E\widetilde{I}_{\mathrm{b}}} = 0 \qquad (7-34)$$

将式(7-30)代入上式后，可求得

$$C_1 = -\left[\left(1-\frac{2}{\alpha^2}\right) - \frac{2\mathrm{sh}\alpha}{\alpha}\right]\frac{1}{\mathrm{ch}\alpha} \qquad (7-35)$$

则由式(7-30)可求出倒三角荷载的一般解如下（均布、顶部集中力荷载的求解类似）：

$$\phi_1(\alpha,\xi) = \begin{cases} 1-(1-\xi)^2 + \left[\dfrac{2\mathrm{sh}\alpha}{\alpha} - 1 + \dfrac{2}{\alpha^2}\right]\dfrac{\mathrm{ch}(\alpha\xi)}{\mathrm{ch}\alpha} - \dfrac{2}{\alpha}\mathrm{sh}(\alpha\xi) - \dfrac{2}{\alpha^2} & \text{（倒三角荷载）} \\[3mm] \xi + \left(\dfrac{\mathrm{sh}\alpha}{\alpha} - 1\right)\dfrac{\mathrm{ch}(\alpha\xi)}{\mathrm{ch}\alpha} - \dfrac{\mathrm{sh}(\alpha\xi)}{\alpha} & \text{（均布荷载）} \\[3mm] 1 - \dfrac{\mathrm{ch}(\alpha\xi)}{\mathrm{ch}\alpha} & \text{（顶部集中力荷载）} \end{cases} \qquad (7-36)$$

据此式即可求得针对不同水平荷载时方程的解。在工程设计中，一般采用查表法。

$\phi_1(\alpha,\xi)$ 的数值根据荷载不同，可由表7-7～表7-9查得。

4. 双肢墙的内力计算

针对不同荷载，利用上述表格，即可求得剪力墙的有关内力。

1) 连梁内力计算

在分析过程中，曾将连梁离散化，那么连梁的内力就是一层之间连杆内力的组合。

(1) 第 j 层连梁的剪力：取楼面处高度 ξ，查表可得到 $m_j(\xi)$，则第 j 层连梁的剪力为

$$V_{\mathrm{L}j} = m_j(\xi)\frac{h}{2c} \qquad (7-37)$$

(2) 第 j 层连梁端部弯矩

$$M_{\mathrm{L}j} = V_{\mathrm{L}j}a \qquad (7-38)$$

2) 墙肢内力计算

(1) 墙肢轴力：墙肢轴力等于截面以上所有连梁剪力之和，一拉一压，大小相等，即

$$N_1 = N_2 = \sum_{s=j}^{n} V_{\mathrm{L}s} \qquad (7-39)$$

表7-7 倒三角形荷载下的 ϕ_1 值

ξ \ α	1.00	1.50	2.00	2.50	3.00	3.50	4.00	4.50	5.00	5.50	6.00	6.50	7.00	7.50	8.00	8.50	9.00	9.50	10.00	10.50
0.00	0.171	0.270	0.331	0.358	0.363	0.356	0.342	0.325	0.307	0.289	0.273	0.257	0.243	0.230	0.218	0.207	0.197	0.188	0.179	0.172
0.05	0.171	0.271	0.332	0.360	0.367	0.361	0.348	0.332	0.316	0.299	0.283	0.269	0.256	0.243	0.233	0.223	0.214	0.205	0.198	0.191
0.10	0.171	0.273	0.336	0.367	0.377	0.374	0.365	0.352	0.338	0.324	0.311	0.299	0.288	0.278	0.270	0.262	0.255	0.248	0.243	0.238
0.15	0.172	0.275	0.341	0.377	0.391	0.393	0.388	0.380	0.370	0.360	0.350	0.341	0.333	0.326	0.320	0.314	0.309	0.305	0.301	0.298
0.20	0.172	0.277	0.347	0.388	0.408	0.415	0.416	0.412	0.407	0.402	0.396	0.390	0.385	0.381	0.377	0.373	0.371	0.368	0.366	0.364
0.25	0.171	0.278	0.353	0.399	0.425	0.439	0.446	0.448	0.448	0.447	0.445	0.443	0.440	0.439	0.437	0.436	0.434	0.433	0.433	0.432
0.30	0.170	0.279	0.358	0.410	0.443	0.463	0.476	0.484	0.489	0.492	0.494	0.496	0.496	0.497	0.497	0.497	0.498	0.498	0.498	0.499
0.35	0.168	0.279	0.362	0.419	0.459	0.486	0.506	0.519	0.530	0.537	0.543	0.547	0.550	0.553	0.555	0.557	0.559	0.560	0.561	0.562
0.40	0.165	0.276	0.363	0.426	0.472	0.506	0.532	0.552	0.567	0.579	0.588	0.596	0.601	0.606	0.610	0.614	0.616	0.619	0.621	0.622
0.45	0.161	0.272	0.362	0.430	0.482	0.522	0.554	0.579	0.599	0.616	0.629	0.639	0.648	0.655	0.661	0.665	0.669	0.672	0.675	0.677
0.50	0.156	0.266	0.357	0.429	0.487	0.533	0.570	0.601	0.626	0.647	0.663	0.677	0.688	0.697	0.705	0.711	0.716	0.721	0.724	0.727
0.55	0.149	0.256	0.348	0.423	0.485	0.537	0.579	0.615	0.645	0.670	0.690	0.707	0.721	0.733	0.742	0.750	0.757	0.762	0.767	0.771
0.60	0.140	0.244	0.335	0.412	0.477	0.533	0.580	0.620	0.654	0.683	0.707	0.728	0.745	0.759	0.771	0.781	0.789	0.796	0.802	0.807
0.65	0.130	0.228	0.317	0.394	0.461	0.519	0.570	0.614	0.652	0.685	0.712	0.736	0.756	0.774	0.788	0.801	0.811	0.820	0.828	0.834
0.70	0.118	0.209	0.293	0.368	0.435	0.495	0.548	0.594	0.636	0.671	0.703	0.730	0.753	0.774	0.791	0.807	0.820	0.831	0.841	0.849
0.75	0.103	0.185	0.263	0.334	0.399	0.458	0.511	0.559	0.602	0.640	0.674	0.704	0.731	0.755	0.775	0.794	0.810	0.824	0.837	0.848
0.80	0.087	0.158	0.226	0.290	0.350	0.406	0.457	0.504	0.547	0.587	0.622	0.654	0.683	0.709	0.733	0.754	0.774	0.791	0.807	0.821
0.85	0.069	0.126	0.182	0.236	0.288	0.337	0.383	0.426	0.467	0.504	0.539	0.571	0.601	0.629	0.654	0.678	0.700	0.720	0.738	0.756
0.90	0.048	0.089	0.130	0.171	0.210	0.248	0.285	0.321	0.354	0.386	0.417	0.446	0.473	0.499	0.523	0.546	0.568	0.588	0.609	0.628
0.95	0.025	0.047	0.069	0.092	0.115	0.137	0.159	0.181	0.202	0.222	0.242	0.262	0.280	0.299	0.316	0.334	0.351	0.367	0.383	0.398
1.00	0.000	0.000	0.000	0.000	0.000	0.000	0.000	0.000	0.000	0.000	0.000	0.000	0.000	0.000	0.000	0.000	0.000	0.000	0.000	0.000

（续）

ξ \ α	11.0	11.5	12.0	12.5	13.0	13.5	14.0	14.5	15.0	15.5	16.0	16.5	17.0	17.5	18.0	18.5	19.0	19.5	20.0	20.5
0.00	0.165	0.158	0.152	0.147	0.142	0.137	0.132	0.128	0.124	0.120	0.117	0.113	0.110	0.107	0.104	0.102	0.099	0.097	0.095	0.092
0.05	0.185	0.180	0.174	0.170	0.165	0.161	0.158	0.154	0.151	0.148	0.145	0.143	0.140	0.138	0.136	0.134	0.132	0.130	0.129	0.127
0.10	0.233	0.229	0.226	0.222	0.219	0.217	0.214	0.212	0.210	0.208	0.207	0.205	0.204	0.203	0.201	0.200	0.199	0.199	0.198	0.197
0.15	0.295	0.293	0.290	0.288	0.287	0.285	0.284	0.283	0.282	0.281	0.280	0.280	0.279	0.278	0.278	0.278	0.277	0.277	0.277	0.276
0.20	0.363	0.361	0.360	0.360	0.358	0.358	0.358	0.357	0.357	0.357	0.357	0.356	0.356	0.356	0.356	0.356	0.356	0.356	0.356	0.356
0.25	0.432	0.431	0.431	0.431	0.431	0.431	0.431	0.431	0.431	0.431	0.431	0.431	0.432	0.432	0.432	0.432	0.432	0.432	0.432	0.433
0.30	0.499	0.498	0.500	0.500	0.500	0.501	0.501	0.502	0.502	0.502	0.503	0.503	0.503	0.503	0.504	0.504	0.504	0.504	0.505	0.505
0.35	0.563	0.564	0.565	0.566	0.566	0.567	0.568	0.568	0.569	0.568	0.568	0.570	0.570	0.571	0.571	0.571	0.571	0.572	0.572	0.572
0.40	0.624	0.625	0.626	0.627	0.628	0.628	0.629	0.630	0.631	0.631	0.632	0.632	0.633	0.633	0.633	0.634	0.634	0.634	0.634	0.635
0.45	0.679	0.681	0.682	0.684	0.685	0.686	0.686	0.687	0.688	0.688	0.688	0.688	0.690	0.690	0.691	0.691	0.691	0.692	0.692	0.692
0.50	0.730	0.732	0.733	0.735	0.736	0.737	0.738	0.738	0.740	0.741	0.741	0.742	0.742	0.743	0.743	0.743	0.744	0.744	0.744	0.745
0.55	0.774	0.777	0.778	0.781	0.782	0.784	0.785	0.786	0.787	0.788	0.788	0.789	0.790	0.790	0.790	0.791	0.791	0.792	0.792	0.792
0.60	0.811	0.815	0.818	0.820	0.822	0.824	0.826	0.827	0.828	0.829	0.830	0.831	0.831	0.832	0.833	0.833	0.833	0.834	0.834	0.834
0.65	0.840	0.844	0.848	0.852	0.855	0.857	0.859	0.861	0.863	0.864	0.865	0.867	0.867	0.868	0.869	0.870	0.870	0.871	0.871	0.871
0.70	0.857	0.863	0.868	0.873	0.878	0.881	0.884	0.887	0.890	0.892	0.893	0.895	0.896	0.898	0.899	0.900	0.901	0.901	0.902	0.903
0.75	0.858	0.866	0.874	0.881	0.887	0.892	0.897	0.901	0.903	0.908	0.911	0.914	0.916	0.918	0.920	0.921	0.923	0.924	0.925	0.926
0.80	0.834	0.846	0.856	0.866	0.874	0.882	0.889	0.896	0.901	0.907	0.911	0.916	0.919	0.923	0.926	0.929	0.932	0.934	0.936	0.938
0.85	0.772	0.786	0.800	0.813	0.825	0.836	0.846	0.855	0.864	0.872	0.879	0.886	0.893	0.899	0.904	0.909	0.914	0.918	0.922	0.926
0.90	0.646	0.663	0.679	0.694	0.708	0.722	0.735	0.748	0.760	0.771	0.781	0.792	0.801	0.810	0.819	0.827	0.835	0.843	0.850	0.857
0.95	0.413	0.428	0.442	0.456	0.469	0.483	0.495	0.508	0.520	0.532	0.543	0.555	0.566	0.576	0.587	0.597	0.607	0.617	0.626	0.635
1.00	0.000	0.000	0.000	0.000	0.000	0.000	0.000	0.000	0.000	0.000	0.000	0.000	0.000	0.000	0.000	0.000	0.000	0.000	0.000	0.000

表 7 - 8 均布荷载下的 ϕ_1 值

ξ\α	1.0	1.5	2.0	2.5	3.0	3.5	4.0	4.5	5.0	5.5	6.0	6.5	7.0	7.5	8.0	8.5	9.0	9.5	10.0	10.5
0.00	0.113	0.178	0.216	0.231	0.232	0.224	0.213	0.199	0.186	0.173	0.161	0.150	0.141	0.132	0.124	0.117	0.110	0.105	0.099	0.095
0.05	0.113	0.178	0.217	0.233	0.234	0.228	0.217	0.204	0.191	0.179	0.168	0.157	0.148	0.140	0.133	0.126	0.120	0.115	0.110	0.106
0.10	0.113	0.179	0.219	0.237	0.241	0.236	0.227	0.217	0.206	0.195	0.185	0.176	0.168	0.161	0.155	0.149	0.144	0.140	0.136	0.133
0.15	0.114	0.181	0.223	0.244	0.251	0.249	0.243	0.235	0.226	0.218	0.210	0.203	0.196	0.191	0.186	0.181	0.178	0.174	0.171	0.168
0.20	0.114	0.183	0.228	0.252	0.363	0.265	0.263	0.258	0.252	0.246	0.241	0.235	0.231	0.227	0.223	0.220	0.217	0.215	0.213	0.211
0.25	0.114	0.185	0.233	0.261	0.276	0.283	0.285	0.284	0.281	0.278	0.257	0.272	0.269	0.266	0.264	0.262	0.260	0.258	0.257	0.256
0.30	0.114	0.186	0.237	0.270	0.290	0.302	0.308	0.311	0.312	0.312	0.312	0.310	0.309	0.308	0.307	0.306	0.305	0.304	0.303	0.303
0.35	0.113	0.187	0.242	0.279	0.304	0.321	0.332	0.339	0.344	0.347	0.349	0.350	0.351	0.351	0.351	0.351	0.351	0.351	0.351	0.351
0.40	0.111	0.186	0.245	0.287	0.317	0.339	0.355	0.367	0.376	0.382	0.387	0.390	0.393	0.395	0.396	0.397	0.398	0.398	0.399	0.399
0.45	0.109	0.185	0.246	0.293	0.328	0.355	0.376	0.393	0.406	0.416	0.424	0.430	0.434	0.438	0.441	0.443	0.444	0.445	0.446	0.447
0.50	0.106	0.182	0.246	0.296	0.336	0.369	0.395	0.416	0.433	0.447	0.458	0.467	0.474	0.479	0.483	0.487	0.490	0.492	0.493	0.495
0.55	0.103	0.178	0.242	0.296	0.341	0.378	0.409	0.435	0.456	0.474	0.488	0.500	0.510	0.517	0.524	0.529	0.533	0.536	0.539	0.541
0.60	0.097	0.171	0.236	0.293	0.341	0.382	0.418	0.448	0.474	0.495	0.513	0.528	0.541	0.551	0.560	0.567	0.573	0.577	0.581	0.585
0.65	0.091	0.162	0.226	0.284	0.335	0.380	0.419	0.453	0.483	0.508	0.530	0.549	0.565	0.578	0.589	0.599	0.607	0.614	0.619	0.624
0.70	0.083	0.150	0.212	0.270	0.322	0.369	0.411	0.449	0.482	0.511	0.537	0.559	0.578	0.595	0.609	0.622	0.632	0.642	0.650	0.657
0.75	0.074	0.135	0.194	0.249	0.300	0.348	0.392	0.431	0.467	0.499	0.528	0.554	0.576	0.597	0.614	0.630	0.644	0.657	0.667	0.677
0.80	0.063	0.116	0.169	0.220	0.269	0.315	0.358	0.398	0.435	0.469	0.500	0.528	0.553	0.577	0.598	0.617	0.634	0.650	0.664	0.677
0.85	0.050	0.094	0.138	0.182	0.225	0.266	0.306	0.344	0.379	0.413	0.444	0.473	0.500	0.525	0.548	0.570	0.590	0.609	0.626	0.643
0.90	0.036	0.067	0.100	0.134	0.167	0.200	0.233	0.264	0.294	0.323	0.351	0.378	0.403	0.427	0.450	0.472	0.493	0.513	0.532	0.550
0.95	0.019	0.036	0.054	0.074	0.093	0.113	0.133	0.152	0.171	0.190	0.209	0.227	0.245	0.262	0.279	0.296	0.312	0.328	0.343	0.358
1.00	0.000	0.000	0.000	0.000	0.000	0.000	0.000	0.000	0.000	0.000	0.000	0.000	0.000	0.000	0.000	0.000	0.000	0.000	0.000	0.000

（续）

α \ ξ	11.0	11.5	12.0	12.5	13.0	13.5	14.0	14.5	15.0	15.5	16.0	16.5	17.0	17.5	18.0	18.5	19.0	19.5	20.0	20.5
0.00	0.090	0.086	0.083	0.079	0.076	0.074	0.071	0.680	0.066	0.064	0.062	0.060	0.058	0.057	0.055	0.054	0.052	0.051	0.050	0.048
0.05	0.102	0.098	0.095	0.092	0.090	0.087	0.085	0.083	0.081	0.079	0.077	0.076	0.075	0.073	0.072	0.071	0.070	0.069	0.068	0.067
0.10	0.130	0.127	0.124	0.122	0.120	0.119	0.117	0.116	0.114	0.113	0.112	0.111	0.110	0.109	0.109	0.108	0.107	0.107	0.106	0.106
0.15	0.167	0.165	0.163	0.162	0.160	0.159	0.158	0.157	0.156	0.156	0.155	0.154	0.154	0.153	0.153	0.153	0.152	0.152	0.152	0.152
0.20	0.209	0.208	0.207	0.206	0.205	0.204	0.204	0.203	0.203	0.202	0.202	0.202	0.201	0.201	0.201	0.201	0.201	0.200	0.200	0.200
0.25	0.255	0.254	0.253	0.253	0.252	0.252	0.251	0.251	0.251	0.251	0.250	0.250	0.250	0.250	0.250	0.250	0.250	0.250	0.250	0.250
0.30	0.302	0.302	0.301	0.301	0.301	0.301	0.300	0.300	0.300	0.300	0.300	0.300	0.300	0.300	0.300	0.300	0.300	0.300	0.299	0.288
0.35	0.351	0.350	0.350	0.350	0.350	0.350	0.350	0.350	0.350	0.350	0.350	0.350	0.350	0.349	0.349	0.349	0.349	0.349	0.349	0.349
0.40	0.399	0.399	0.399	0.399	0.399	0.399	0.399	0.399	0.399	0.399	0.399	0.399	0.399	0.399	0.399	0.399	0.399	0.399	0.399	0.399
0.45	0.448	0.448	0.448	0.448	0.448	0.449	0.449	0.449	0.449	0.449	0.449	0.449	0.449	0.449	0.449	0.449	0.449	0.449	0.449	0.449
0.50	0.496	0.496	0.497	0.498	0.498	0.498	0.499	0.499	0.499	0.499	0.499	0.499	0.499	0.499	0.499	0.499	0.499	0.499	0.499	0.499
0.55	0.543	0.544	0.545	0.546	0.547	0.547	0.548	0.548	0.548	0.548	0.549	0.549	0.549	0.549	0.549	0.549	0.549	0.549	0.549	0.549
0.60	0.587	0.589	0.591	0.593	0.594	0.595	0.596	0.596	0.597	0.597	0.598	0.598	0.598	0.599	0.599	0.599	0.599	0.599	0.599	0.599
0.65	0.628	0.632	0.634	0.637	0.639	0.641	0.642	0.643	0.644	0.645	0.646	0.646	0.647	0.647	0.648	0.648	0.648	0.648	0.649	0.649
0.70	0.663	0.668	0.672	0.676	0.679	0.682	0.684	0.687	0.688	0.690	0.691	0.692	0.693	0.694	0.695	0.696	0.696	0.697	0.697	0.697
0.75	0.686	0.693	0.709	0.706	0.711	0.715	0.719	0.723	0.726	0.729	0.731	0.733	0.735	0.737	0.738	0.740	0.741	0.742	0.743	0.744
0.80	0.689	0.699	0.709	0.717	0.725	0.732	0.739	0.744	0.750	0.754	0.759	0.763	0.766	0.768	0.772	0.775	0.777	0.779	0.781	0.783
0.85	0.657	0.671	0.684	0.696	0.707	0.718	0.727	0.736	0.744	0.752	0.759	0.765	0.771	0.777	0.782	0.787	0.792	0.796	0.800	0.803
0.90	0.567	0.583	0.598	0.613	0.627	0.640	0.653	0.665	0.676	0.687	0.698	0.707	0.717	0.726	0.734	0.742	0.750	0.757	0.764	0.771
0.95	0.373	0.387	0.401	0.414	0.428	0.440	0.453	0.465	0.477	0.489	0.500	0.511	0.522	0.533	0.543	0.553	0.563	0.572	0.582	0.591
1.00	0.000	0.000	0.000	0.000	0.000	0.000	0.000	0.000	0.000	0.000	0.000	0.000	0.000	0.000	0.000	0.000	0.000	0.000	0.000	0.000

表7-9 顶部集中力作用下的 ϕ_1 值

ξ \ α	1.0	1.5	2.0	2.5	3.0	3.5	4.0	4.5	5.0	5.5	6.0	6.5	7.0	7.5	8.0	8.5	9.0	9.5	10.0	10.5
0.00	0.351	0.574	0.734	0.836	0.900	0.939	0.963	0.977	0.986	0.991	0.995	0.996	0.998	0.998	0.999	0.999	0.999	0.999	0.999	0.999
0.05	0.351	0.573	0.732	0.835	0.899	0.938	0.962	0.977	0.986	0.991	0.994	0.996	0.998	0.998	0.999	0.999	0.999	0.999	0.999	0.999
0.10	0.348	0.570	0.728	0.831	0.896	0.935	0.960	0.975	0.984	0.990	0.994	0.996	0.997	0.998	0.999	0.999	0.999	0.999	0.999	0.999
0.15	0.344	0.564	0.722	0.825	0.890	0.931	0.956	0.972	0.982	0.988	0.992	0.995	0.997	0.998	0.998	0.999	0.999	0.999	0.999	0.999
0.20	0.338	0.555	0.712	0.816	0.882	0.924	0.951	0.968	0.979	0.986	0.991	0.994	0.996	0.997	0.998	0.998	0.999	0.999	0.999	0.999
0.25	0.331	0.544	0.700	0.804	0.871	0.915	0.943	0.962	0.974	0.982	0.988	0.992	0.994	0.996	0.997	0.998	0.998	0.999	0.999	0.999
0.30	0.322	0.531	0.684	0.788	0.857	0.903	0.933	0.954	0.968	0.977	0.984	0.989	0.992	0.994	0.996	0.997	0.998	0.998	0.999	0.999
0.35	0.311	0.515	0.666	0.770	0.840	0.888	0.921	0.944	0.960	0.971	0.979	0.985	0.989	0.992	0.994	0.996	0.997	0.997	0.998	0.998
0.40	0.299	0.496	0.644	0.748	0.820	0.870	0.905	0.931	0.949	0.962	0.972	0.979	0.984	0.988	0.991	0.993	0.995	0.996	0.997	0.998
0.45	0.285	0.474	0.619	0.722	0.795	0.848	0.886	0.914	0.935	0.951	0.962	0.971	0.978	0.983	0.987	0.990	0.992	0.994	0.995	0.996
0.50	0.269	0.449	0.589	0.692	0.766	0.821	0.862	0.893	0.917	0.935	0.950	0.961	0.969	0.976	0.981	0.985	0.988	0.991	0.993	0.994
0.55	0.251	0.421	0.556	0.656	0.731	0.788	0.832	0.867	0.893	0.915	0.932	0.946	0.957	0.965	0.972	0.978	0.982	0.986	0.988	0.991
0.60	0.231	0.390	0.518	0.616	0.691	0.760	0.796	0.834	0.864	0.889	0.909	0.925	0.939	0.950	0.959	0.966	0.972	0.977	0.981	0.985
0.65	0.210	0.356	0.476	0.569	0.643	0.703	0.752	0.792	0.826	0.854	0.877	0.897	0.913	0.927	0.939	0.948	0.957	0.964	0.969	0.974
0.70	0.186	0.318	0.428	0.516	0.588	0.647	0.697	0.740	0.776	0.807	0.834	0.857	0.877	0.894	0.909	0.921	0.932	0.942	0.950	0.957
0.75	0.161	0.276	0.374	0.455	0.523	0.581	0.631	0.675	0.713	0.747	0.776	0.803	0.826	0.846	0.864	0.880	0.894	0.907	0.917	0.927
0.80	0.133	0.230	0.314	0.386	0.448	0.502	0.550	0.593	0.632	0.667	0.698	0.727	0.753	0.776	0.798	0.817	0.834	0.850	0.864	0.877
0.85	0.103	0.179	0.248	0.307	0.360	0.407	0.450	0.490	0.527	0.561	0.593	0.622	0.650	0.675	0.698	0.720	0.740	0.759	0.776	0.793
0.90	0.071	0.125	0.174	0.217	0.257	0.294	0.329	0.362	0.393	0.423	0.451	0.478	0.503	0.527	0.550	0.572	0.593	0.613	0.632	0.650
0.95	0.036	0.065	0.091	0.115	0.138	0.160	0.181	0.201	0.221	0.240	0.259	0.277	0.295	0.312	0.329	0.346	0.362	0.378	0.393	0.408
1.00	0.000	0.000	0.000	0.000	0.000	0.000	0.000	0.000	0.000	0.000	0.000	0.000	0.000	0.000	0.000	0.000	0.000	0.000	0.000	0.000

（续）

ξ ＼ α	11.0	11.5	12.0	12.5	13.0	13.5	14.0	14.5	15.0	15.5	16.0	16.5	17.0	17.5	18.0	18.5	19.0	19.5	20.0	20.5
0.00	0.999	0.999	0.999	0.999	0.999	0.999	1.000	1.000	1.000	1.000	1.000	1.000	1.000	1.000	1.000	1.000	1.000	1.000	1.000	1.000
0.05	0.999	0.999	0.999	0.999	0.999	0.999	0.999	0.999	1.000	1.000	1.000	1.000	1.000	1.000	1.000	1.000	1.000	1.000	1.000	1.000
0.10	0.999	0.999	0.999	0.999	0.999	0.999	0.999	0.999	0.999	0.999	1.000	1.000	1.000	1.000	1.000	1.000	1.000	1.000	1.000	1.000
0.15	0.999	0.999	0.999	0.999	0.999	0.999	0.999	0.999	0.999	0.999	0.999	0.999	1.000	1.000	1.000	1.000	1.000	1.000	1.000	1.000
0.20	0.999	0.999	0.999	0.999	0.999	0.999	0.999	0.999	0.999	0.999	0.999	0.999	0.999	0.999	1.000	1.000	1.000	1.000	1.000	1.000
0.25	0.999	0.999	0.999	0.999	0.999	0.999	0.999	0.999	0.999	0.999	0.999	0.999	0.999	0.999	0.999	1.000	1.000	1.000	1.000	1.000
0.30	0.999	0.999	0.999	0.999	0.999	0.999	0.999	0.999	0.999	0.999	0.999	0.999	0.999	0.999	0.999	0.999	0.999	0.999	1.000	1.000
0.35	0.999	0.999	0.999	0.999	0.999	0.999	0.999	0.999	0.999	0.999	0.999	0.999	0.999	0.999	0.999	0.999	0.999	0.999	0.999	0.999
0.40	0.998	0.999	0.999	0.999	0.999	0.999	0.999	0.999	0.999	0.999	0.999	0.999	0.999	0.999	0.999	0.999	0.999	0.999	0.999	0.999
0.45	0.997	0.998	0.998	0.998	0.999	0.999	0.999	0.999	0.999	0.999	0.999	0.999	0.999	0.999	0.999	0.999	0.999	0.999	0.999	0.999
0.50	0.995	0.996	0.997	0.998	0.998	0.998	0.998	0.998	0.998	0.999	0.998	0.998	0.998	0.999	0.999	0.999	0.999	0.999	0.999	0.999
0.55	0.992	0.994	0.995	0.996	0.997	0.997	0.998	0.997	0.997	0.997	0.998	0.998	0.998	0.999	0.999	0.999	0.999	0.999	0.999	0.999
0.60	0.987	0.989	0.991	0.993	0.994	0.995	0.996	0.996	0.997	0.997	0.998	0.998	0.998	0.999	0.999	0.999	0.999	0.999	0.999	0.999
0.65	0.978	0.982	0.985	0.987	0.989	0.991	0.992	0.993	0.994	0.995	0.996	0.996	0.997	0.997	0.998	0.998	0.998	0.998	0.999	0.999
0.70	0.963	0.969	0.972	0.976	0.979	0.982	0.985	0.987	0.988	0.990	0.991	0.992	0.993	0.994	0.995	0.996	0.996	0.997	0.997	0.997
0.75	0.936	0.943	0.950	0.956	0.961	0.965	0.969	0.973	0.976	0.979	0.981	0.983	0.985	0.987	0.988	0.990	0.991	0.992	0.993	0.994
0.80	0.889	0.899	0.909	0.917	0.925	0.932	0.939	0.945	0.950	0.954	0.959	0.963	0.966	0.968	0.972	0.975	0.977	0.979	0.981	0.983
0.85	0.808	0.821	0.834	0.846	0.857	0.868	0.877	0.886	0.894	0.902	0.909	0.915	0.921	0.927	0.932	0.937	0.942	0.946	0.950	0.953
0.90	0.667	0.683	0.698	0.713	0.727	0.740	0.753	0.765	0.776	0.787	0.798	0.808	0.817	0.826	0.834	0.842	0.850	0.857	0.864	0.871
0.95	0.423	0.437	0.451	0.464	0.478	0.490	0.503	0.515	0.527	0.538	0.550	0.561	0.572	0.583	0.593	0.603	0.613	0.622	0.632	0.641
1.00	0.000	0.000	0.000	0.000	0.000	0.000	0.000	0.000	0.000	0.000	0.000	0.000	0.000	0.000	0.000	0.000	0.000	0.000	0.000	0.000

（2）墙肢弯矩、剪力的计算：墙肢弯矩、剪力可以按已求得的连梁内力结合水平荷载进行计算，也可以根据上述基本假定，按墙肢刚度简单分配。墙肢弯矩为

$$\begin{cases} M_1 = \dfrac{I_1}{I_1 + I_2} M_j \\[3mm] M_2 = \dfrac{I_2}{I_1 + I_2} M_j \end{cases} \tag{7-40}$$

式中　M_j——剪力墙截面弯矩，$M_j = M_{pj} - N_1 \times 2c$，即

$$M_j = M_{pj} - \sum_{s=j}^{n} m_j(\xi) h \tag{7-41}$$

墙肢剪力为

$$V_i = \frac{\widetilde{I}_i}{\sum \widetilde{I}_i} V_{pj} \tag{7-42}$$

式中　M_{pj}、V_{pj}——剪力墙计算截面上由外荷载产生的总弯矩和总剪力；

$\widetilde{I}_i$——考虑剪切变形后，墙肢的折算惯性矩，其值为

$$\widetilde{I}_i = \frac{I_i}{1 + \dfrac{12\mu E I_i}{G A_i h^2}} \tag{7-43}$$

5. 双肢墙的位移与等效刚度

双肢墙的位移也由弯曲变形和剪切变形两部分组成，主要以弯曲变形为主。如果其位移以弯曲变形的形式来表示，相应惯性矩即为等效惯性矩。对应三种水平荷载的等效惯性矩为

$$I_{eq} = \begin{cases} \sum I_i / \left[(1-T) + T\psi_\alpha + 3.64\gamma^2 \right] & （倒三角荷载） \\ \sum I_i / \left[(1-T) + T\psi_\alpha + 4\gamma^2 \right] & （均布荷载） \\ \sum I_i / \left[(1-T) + T\psi_\alpha + 3\gamma^2 \right] & （顶部集中力） \end{cases} \tag{7-44}$$

式中：　ψ_α——与 α 有关的函数，可编程计算求得，也可按表 7-10 查取；

γ^2——剪切变形影响系数，$\gamma^2 = \dfrac{E\sum I_i}{H^2 G \sum A_i / \mu_i}$，若墙肢少、层数多、$\dfrac{H}{B} \geqslant 4$ 时，

可不考虑墙肢剪切变形的影响，取 $\gamma^2 = 0$；对多肢墙由于高宽比较小，剪切变形的影响要稍大一些。

T——墙肢轴向变形影响系数。

表 7-10　ψ_α 值表

α	倒三角荷载	均布荷载	顶部集中力	α	倒三角荷载	均布荷载	顶部集中力
1.000	0.720	0.722	0.715	6.000	0.077	0.080	0.069
1.500	0.537	0.540	0.528	6.500	0.067	0.070	0.060
2.000	0.399	0.403	0.388	7.000	0.058	0.061	0.052
2.500	0.302	0.306	0.290	7.500	0.052	0.054	0.046
3.000	0.234	0.238	0.222	8.000	0.046	0.048	0.041
3.500	0.186	0.190	0.175	8.500	0.041	0.043	0.036
4.000	0.151	0.155	0.140	9.000	0.037	0.039	0.032
4.500	0.125	0.128	0.115	9.500	0.034	0.035	0.029
5.000	0.105	0.108	0.096	10.000	0.031	0.032	0.027
5.500	0.089	0.092	0.081	10.500	0.028	0.030	0.024

（续）

α	倒三角荷载	均布荷载	顶部集中力	α	倒三角荷载	均布荷载	顶部集中力
11.000	0.026	0.027	0.022	16.000	0.012	0.013	0.010
11.500	0.023	0.025	0.020	16.500	0.012	0.013	0.010
12.000	0.022	0.023	0.019	17.000	0.011	0.012	0.009
12.500	0.020	0.021	0.017	17.500	0.010	0.011	0.009
13.000	0.019	0.020	0.016	18.000	0.010	0.011	0.008
13.500	0.017	0.018	0.015	18.500	0.009	0.010	0.008
14.000	0.016	0.017	0.014	19.000	0.009	0.009	0.007
14.500	0.015	0.016	0.013	19.500	0.008	0.009	0.007
15.000	0.014	0.015	0.012	20.000	0.008	0.009	0.007
15.500	0.013	0.014	0.011	20.500	0.008	0.008	0.006

　　有了等效惯性矩以后，按受弯悬臂杆的计算公式(7-6)，就可以按照整体悬臂墙来计算双肢墙的顶点位移。

7.2.5　多肢墙的近似计算

　　多肢墙仍采用连续化计算方法，连续连杆法的假设同前述双肢墙，其内力位移计算与双肢墙类似，其基本体系如图 7.12 所示。

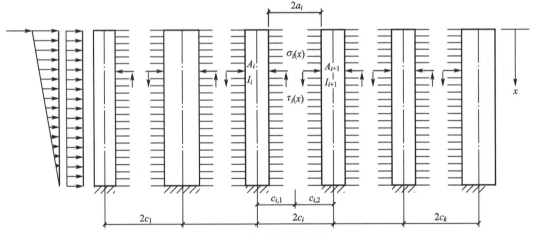

图 7.12　多肢墙的基本体系

　　与双肢墙不同的是，除了 τ_i 外，τ_{i-1} 和 τ_{i+1} 产生的轴力也使第 i 跨切口处产生位移。

　　与双肢墙不同的另一点是，每一跨连梁有一个微分方程式，因而得到的是二阶线性微分方程组。对于有 k 列洞口的墙，就有 k 个微分方程。这就是多肢墙用连续连杆法计算时所得到的基本微分方程组。

　　对于开有任意列孔洞的剪力墙，直接解微分方程组较复杂。存在将各肢墙合并在一起的一种近似解法，该方法将多肢墙的结果表现为与双肢墙类似的形式，并且可利用同样的数表，所以计算起来比较方便。

　　多肢墙的轴向变形影响参数 T 的计算公式较复杂，实用时可按表 7-11 的取值近似计算。

表 7-11 多肢墙 T 值表

墙肢数目	3~4	5~7	≥8
T	0.80	0.85	0.90

7.2.6 墙肢剪切变形和轴向变形的影响以及各类剪力墙的划分判别方式

1. 墙肢剪切变形和轴向变形的影响

计算发现,当剪力墙高宽比 $H/B \geqslant 4$ 时,剪切变形对双肢墙影响较小,可以忽略剪切变形的影响。但研究表明不考虑轴向变形的影响,误差是相当大的,尤其对双肢墙的影响较大,且层数越多影响越大。对 50m 以上或高宽比大于 4 的结构,宜考虑墙肢在水平荷载作用下的轴向变形对剪力墙内力和位移的影响。

2. 各类剪力墙的划分判别方式

由于剪力墙洞口尺寸不同,因而形成不同宽度的连梁和墙肢。剪力墙的整体性能是由于连梁对墙肢的约束形成的。连梁总的抗弯线刚度与墙肢总的抗弯线刚度的比值为 α^2,α 称为剪力墙整体参数。相关计算公式为

$$
\begin{aligned}
\alpha^2 &= \frac{6H^2D}{h\sum I_i} + \frac{3H^2D}{hcS} \\
&= \frac{6H^2D}{h\sum I_i}\left(1 + \frac{h\sum I_i}{2hcS}\right) \\
&= \frac{6H^2D}{h\sum I_i}\left(\frac{2cS + \sum I_i}{2cS}\right) = \frac{6H^2D}{Th\sum I_i}
\end{aligned}
\tag{7-45}
$$

式中 T——轴向变形影响参数,$T = \dfrac{2cS}{\sum I_i + 2cS} = \dfrac{I_A}{I}$;

I_A——扣除墙肢惯性矩后的剪力墙惯性矩,$I_A = I - \sum I_i$;

I——剪力墙对组合截面形心的惯性矩;

D——连梁的刚度系数,对第 i 跨连梁 $D_i = \dfrac{\widetilde{I}_{bi}c_i^2}{a_i^3}$。

由整体参数 α 的计算公式可以看出,α 的大小直接反映了剪力墙中连梁和墙肢刚度的相对大小,故可以按照 α 的大小来划分剪力墙的类别。

(1)当 $\alpha < 1$ 时,整体性很差,相当于没有联系的各个独立的墙肢。

$\alpha < 1$ 说明相对于墙肢来讲,连梁的作用很弱,可以不考虑连梁对墙肢的约束作用,将连梁看成是两端为铰的连杆。这样,整片剪力墙就变成了通过连梁铰接的几根悬臂墙肢。在水平荷载下,所有墙肢变形相同,荷载可以按照各墙肢刚度分配。这种墙可称为悬臂肢墙。

(2)当 $1 \leqslant \alpha < 10$ 时,整体性不很强,墙肢不(或很少)出现反弯点,可按多肢墙算法计算。

此时 α 值较大,就说明连梁的刚度较强,连梁对墙肢的约束作用即不容忽视,剪力墙即为联肢墙。

（3）当 $\alpha \geqslant 10$ 时，有两种以下情况，可按 I_A/I 值进行划分：

① $\alpha \geqslant 10$ 且 $I_A/I \leqslant Z$ 时，整体性很强，墙肢不出现反弯点，可按整体小开口墙算法计算。系数 Z 与 α 及层数 n 有关，当为等肢墙或各肢相差不多时，其值见表 7-12；当为不等肢墙且各肢相差很大时，可根据表 7-13 中的 S 值按式（7-46）计算。

$$Z_i = \frac{1}{S}\left(1 - \frac{3A_i/\sum A_i}{2nI_i/\sum I_i}\right) \tag{7-46}$$

表 7-12 系数 Z

荷载	均布荷载					倒三角形荷载				
层数 n α	8	10	12	16	20	8	10	12	16	20
10	0.832	0.897	0.945	1.000	1.000	0.887	0.938	0.794	1.000	1.000
12	0.810	0.874	0.926	0.978	1.000	0.867	0.915	0.950	0.994	1.000
14	0.797	0.858	0.901	0.957	0.993	0.833	0.901	0.933	0.976	1.000
16	0.788	0.847	0.888	0.943	0.977	0.844	0.889	0.924	0.963	0.989
18	0.781	0.838	0.879	0.932	0.965	0.837	0.881	0.913	0.953	0.978
20	0.775	0.832	0.871	0.923	0.956	0.832	0.875	0.906	0.945	0.970
22	0.771	0.827	0.864	0.917	0.948	0.828	0.871	0.901	0.939	0.964
24	0.768	0.823	0.861	0.911	0.943	0.825	0.867	0.897	0.935	0.959
26	0.766	0.820	0.857	0.907	0.937	0.822	0.864	0.893	0.931	0.956
28	0.763	0.818	0.854	0.903	0.934	0.820	0.861	0.889	0.928	0.953
$\geqslant 30$	0.762	0.815	0.853	0.900	0.930	0.818	0.858	0.885	0.925	0.949

表 7-13 系数 S

层数 n α	8	10	12	16	20
10	0.915	0.907	0.890	0.888	0.882
12	0.937	0.929	0.921	0.912	0.906
14	0.952	0.945	0.938	0.929	0.923
16	0.963	0.956	0.950	0.941	0.936
18	0.971	0.965	0.959	0.951	0.955
20	0.877	0.973	0.966	0.958	0.953
22	0.982	0.976	0.971	0.964	0.960
24	0.985	0.980	0.976	0.969	0.965
26	0.988	0.984	0.980	0.973	0.968
28	0.991	0.987	0.984	0.976	0.971
$\geqslant 30$	0.993	0.911	0.998	0.979	0.974

I_A/I 的大小反映了剪力墙上洞口的相对大小。当 $I_A/I \leqslant Z$ 时，剪力墙上洞口较小，整体性很好，这种墙即为小开口整体墙。

② $\alpha \geqslant 10$ 且 $I_A/I > Z$ 时，整体性很强，但墙肢多出现反弯点，可按壁式框架算法计算。此时剪力墙上洞口尺寸较大，墙肢较弱，因而计算出的 α 值较大。在水平力的作用

下，一般情况下各层墙肢中均有反弯点，剪力墙的受力特点类似于框架结构，故这种剪力墙称为壁式框架。

【例 7-2】 图 7.13 所示某 12 层剪力墙，采用 C30 混凝土，已知 $G/E = 0.42$，墙厚 200mm，层高均为 3m，总高 36m。试求：

(1) 剪力墙的整体参数 α 和等效惯性矩 I_{eq}；

(2) 剪力墙的内力；

(3) 剪力墙的顶点位移；

(4) 画出剪力墙肢内力图。

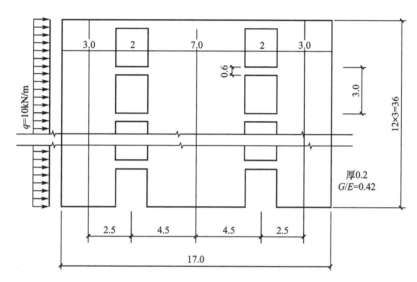

图 7.13　三肢剪力墙（单位：m）

【解】 (1) 计算整体参数 α 和等效惯性矩 I_{eq}。

① 相关几何参数计算如下：

墙肢惯性矩为

$$I_1 = I_3 = \frac{0.2 \times 3^3}{12} = 0.45 \, (\text{m}^4)$$

$$I_2 = \frac{0.2 \times 7^3}{12} = 5.7167 \, (\text{m}^4)$$

折算惯性矩为

$$\widetilde{I}_1 = \widetilde{I}_3 = \frac{I_1}{1 + \dfrac{12\mu E I_1}{h^2 GA}} = \frac{0.45}{1 + \dfrac{12 \times 1.2 \times 0.45}{3^2 \times 0.6 \times 0.42}} = 0.1167 \, (\text{m}^4)$$

$$\widetilde{I}_2 = \frac{5.7167}{1 + \dfrac{12 \times 1.2 \times 5.7167}{3^2 \times 1.40 \times 0.42}} = 0.3453 \, (\text{m}^4)$$

墙肢按惯性矩计算的分配系数见表 7-14。

表 7-14　墙肢分配系数表

编号 i	1	2	3	Σ	编号 i	1	2	3	Σ
A_i	0.60	1.40	0.60	2.60	$\tilde{I}_i$	0.1167	0.3453	0.1167	0.5787
I_i	0.45	5.7167	0.45	6.6167	$\tilde{I}_i/\Sigma\tilde{I}_i$	0.2017	0.5966	0.2017	—
$I_i/\Sigma I_i$	0.068	0.864	0.068						

连梁计算跨度为

$$a_i = 1 + \frac{0.6}{4} = 1.15 (\text{m})$$

惯性矩为

$$I_{bi} = \frac{0.2 \times 0.6^3}{12} = 0.0036 (\text{m}^4)$$

折算惯性矩为

$$\tilde{I}_{bi} = \frac{I_{bi}}{1 + \frac{3\mu EI_{bi}}{a_i^2 A_b G}} = \frac{0.0036}{1 + \frac{3 \times 1.2 \times 0.0036}{1.15^2 \times 0.2 \times 0.6 \times 0.42}} = 0.003 (\text{m}^4)$$

式中　$i=1,2$。连梁刚度 D 系数的计算见表 7-15。

表 7-15　D 值表

编号 i	1	2	Σ
c_i^2	12.25	12.25	—
$D_i = \frac{c_i^2 \tilde{I}_{bi}}{a_i^3}$	2.42×10^{-2}	2.42×10^{-2}	4.84×10^{-2}

② 综合参数计算如下：

$$\alpha_1^2 = \frac{6H^2 \Sigma D_i}{h \Sigma I_i} = \frac{6 \times 36^2 \times 4.84 \times 10^{-2}}{3 \times 6.617} = 18.96$$

对于三肢墙，由表 7-11 取轴向变形影响参数 $T=0.8$，考虑轴向变形的整体参数为

$$\alpha^2 = \frac{\alpha_1^2}{T} = \frac{18.96}{0.8} = 23.70$$

$\alpha = 4.868 < 10$，故可按多肢墙计算。

剪切参数为

$$\gamma^2 = \frac{2.38\mu \Sigma I_i}{H^2 \Sigma A_i} = \frac{2.38 \times 1.2 \times 6.6167}{36^2 \times 2.6} = 5.6082 \times 10^{-3}$$

等效刚度中的 ψ_a 按表 7-10 查取。由 $\alpha=4.868$，查均布荷载下的 ψ_a 值得 $\psi_a = 0.11328$。故由式(7-44)可得等效惯性矩为

$$I_{eq} = \frac{\Sigma I_i}{(1-T) + T\psi_a + 4\gamma^2} = \frac{6.6167}{(1-0.8) + 0.8 \times 0.11328 + 4 \times 5.6082 \times 10^{-3}}$$

$$= \frac{6.6167}{0.3131} = 21.1329 (\text{m}^4)$$

(2) 内力计算。

根据 $\phi_1(\alpha, \xi)$，可以求出第 j 层的总约束弯矩为

$$m_j = hTV_0\phi_1(\alpha, \xi) = 3 \times 0.8 \times 360\phi_1(\alpha, \xi) = 864\phi_1(\alpha, \xi)$$

式中 $\phi_1(\alpha, \xi)$ 可查表求得。

顶层总约束弯矩为上式的一半。因为只有两列连梁，且是对称布置的，所以 $\eta_i = \dfrac{1}{2}$。

各层连梁剪力（两梁是一样的）为

$$V_{bj} = \frac{m_j}{2c_i}\eta_i = \frac{m_j}{14}$$

连梁梁端弯矩（两梁是一样的）为

$$M_{bj} = V_{bj}\alpha_{i0} = \frac{m_j}{14}$$

墙肢弯矩为

$$M_i = \frac{I_i}{\sum I_i}\left(M_p - \sum_{s=j}^{n} m_s\right)$$

墙肢剪力为

$$V_i = \frac{\widetilde{I}_i}{\sum \widetilde{I}_i}V_p$$

墙肢轴力为

$$N_{1j} = N_{3j} = \sum_{s=j}^{n} V_{bs}, \qquad N_{2j} = 0$$

具体计算过程和结果见表 7-16。

（3）位移计算。

顶点位移为

$$\Delta = \frac{V_0 H^3}{8EI_{eq}} = \frac{360 \times 36^3}{8 \times 3 \times 10^7 \times 21.1329} = 0.0033(\text{m})$$

（4）墙肢的内力图如图 7.14 所示。

表 7-16 计算过程和结果

层	ξ	$\phi_1(\alpha, \xi)$	m_j	$\sum\limits_{s=j}^{n} m_s$	$M_p = \dfrac{V_0 H}{2}\xi^2$	V_{bj}/kN	M_{bj} /(kN·m)
12	0	0.190	82.08	82.08	0	5.863	5.863
11	0.0833	0.204	176.256	258.336	44.964	12.590	12.590
10	0.1667	0.237	204.768	463.104	180.072	14.626	14.626
9	0.25	0.283	244.512	707.616	405.000	17.465	17.465
8	0.3333	0.333	287.712	995.328	719.856	20.551	20.551
7	0.4167	0.384	331.776	1327.104	1125.180	23.698	23.698
6	0.5000	0.430	371.52	1698.624	1620.000	26.537	26.537
5	0.5833	0.463	400.032	2098.656	2204.748	28.574	28.574
4	0.6667	0.477	412.128	2510.784	2880.288	29.438	29.438
3	0.75	0.459	396.576	2907.36	3645.000	28.327	28.327
2	0.8333	0.392	338.688	3246.048	4499.64	24.192	24.192
1	0.9167	0.251	216.864	3462.912	5445.396	15.490	15.490
0	0.9999	0	0	3462.912	6478.704	0	0

（续）

层	$M_p - \sum\limits_{s=j}^{n} m_s$	$M_1(=M_3)$ /(kN·m)	M_2 /(kN·m)	$V_1(=V_3)$ /kN	V_2 /kN	$N_1(=N_3)$ /kN
12	−82.08	−5.581	−70.917	0	0	5.863
11	−213.372	−14.509	−184.353	6.051	17.898	18.453
10	−283.032	−19.246	−244.54	12.102	35.796	33.079
9	−302.616	−20.578	−261.46	18.153	53.694	50.544
8	−275.472	−18.732	−238.008	24.204	71.592	71.095
7	−201.924	−13.731	−174.462	30.255	89.490	94.793
6	−78.624	−5.346	−67.931	36.306	107.388	121.330
5	106.092	7.214	91.663	42.357	125.286	149.904
4	369.504	25.126	319.251	48.408	143.184	179.342
3	737.64	50.160	637.321	54.459	161.082	207.699
2	1253.592	85.244	1083.103	60.510	178.98	231.861
1	1982.484	134.809	1712.866	66.561	196.878	247.351
0	3015.792	205.074	2605.644	72.612	214.776	247.351

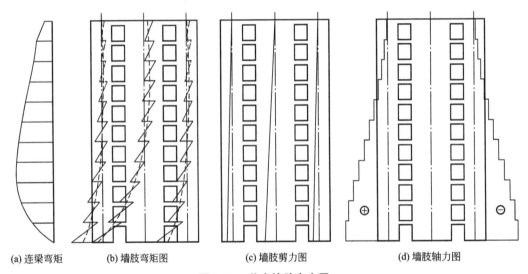

(a) 连梁弯矩　　(b) 墙肢弯矩图　　(c) 墙肢剪力图　　(d) 墙肢轴力图

图 7.14　剪力墙肢内力图

7.2.7　小开口整体墙的计算

小开口整体墙在水平荷载作用下，截面上的正应力不再符合直线分布，墙肢中存在局部弯矩（图 7.15）。如果外荷载对剪力墙截面上的弯矩用 $M_p(x)$ 来表示，那么它将在剪力墙中产生整体弯曲弯矩 $M_u(x)$ 和局部弯曲弯矩 $M_l(x)$，即

$$M_p(x) = M_u(x) + M_l(x) \tag{7-47}$$

分析发现，符合小开口整体墙的判断条件 $\alpha \geq 10$ 且 $I_A/I \leqslant Z$ 时，局部弯曲弯矩在总弯矩 $M_p(x)$ 中所占的比重较小，一般不会超过 15%。因此，可以按如下简化的方法计算：

（1）墙肢弯矩为

$$M_i(x)=0.85M_p(x)\frac{I_i}{I}+0.15M_p(x)\frac{I_i}{\sum I_i}$$

$$(7-48)$$

（2）墙肢轴力为

$$N_i=0.85M_p(x)\frac{A_iy_i}{I} \qquad (7-49)$$

（3）墙肢剪力可以按墙肢截面积和惯性矩的平均值进行分配，其值为

$$V_i=\frac{1}{2}V_p\left(\frac{A_i}{\sum A_i}+\frac{I_i}{\sum I_i}\right) \qquad (7-50)$$

式中　V_p——外荷载对于剪力墙截面的总剪力。

有了墙肢的内力后，按照上、下层墙肢的轴力差即可计算得到连梁的剪力，进而计算出连梁的端部弯矩。

需要注意的是，当小开口剪力墙中有个别细小的墙肢时，由于细小墙肢中反弯点的存在，需对细小墙肢的内力进行修正，修正后细小墙肢弯矩为

$$M_i'(x)=M_i(x)+V_j(x)h_j'/2 \qquad (7-51)$$

式中　h_j'——细小墙肢的高度，即洞口净高。

位移按材料力学计算并增大 20%。

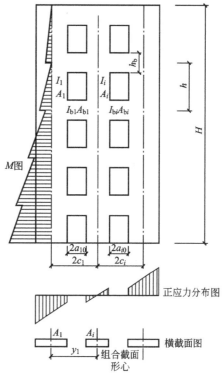

图 7.15　小开口整体墙的几何参数和内（应）力特点

7.2.8　壁式框架的近似计算

1. 计算简图及特点

如图 7.16 所示，壁式框架的计算简图取壁梁（即连梁）和壁柱（墙肢）的轴线。由于连梁和壁柱截面高度较大，在壁梁和壁柱的结合区域形成一个弯曲和剪切变形很小、刚度很大的区域。这个区域一般称作刚域。因而，壁式框架是杆件端部带有刚域的变截面

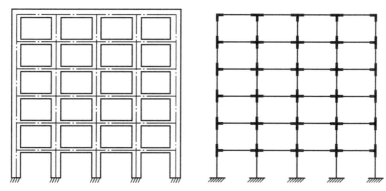

图 7.16　壁式框架的计算简图

刚架。其计算方法可以采用 D 值法，但是需要对梁、柱刚度和柱子反弯点高度进行修正。

壁梁、壁柱端部刚域的取法如图 7.17 所示。

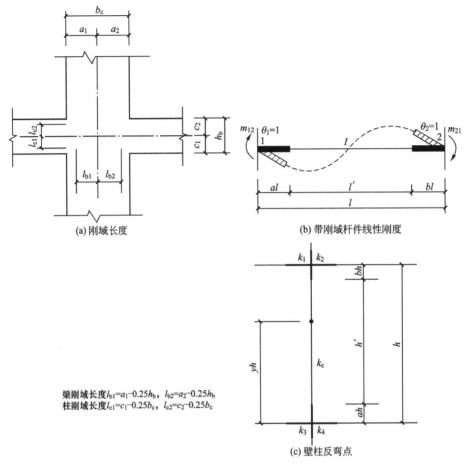

(a) 刚域长度
(b) 带刚域杆件线性刚度

梁刚域长度 $l_{b1}=a_1-0.25h_b$，$l_{b2}=a_2-0.25h_b$
柱刚域长度 $l_{c1}=c_1-0.25b_c$，$l_{c2}=c_2-0.25b_c$

(c) 壁柱反弯点

图 7.17　壁式框架计算简图

2. 带刚域杆件的刚度系数

如图 7.17(b) 所示，带刚域杆件的梁端约束弯矩系数可以由结构力学的方法计算

$$m_{12}=\frac{6EI(1+a-b)}{l(1-a-b)^3(1+\beta_i)}=6ci \tag{7-52}$$

$$m_{21}=\frac{6EI(1-a+b)}{l(1-a-b)^3(1+\beta_i)}=6c'i \tag{7-53}$$

式中　β_i——考虑剪切变形影响后的附加系数，$\beta_i=\dfrac{12\mu EI}{GAl'^2}$；

c——考虑刚域影响下梁左端刚域修正系数，$c=\dfrac{1+a-b}{(1-a-b)^3\ (1+\beta_i)}$；

c'——考虑剪切变形影响后的附加系数，$c'=\dfrac{1+b-a}{(1-a-b)^3\ (1+\beta_i)}$。

与普通杆件的梁端约束弯矩系数相比较，即可知道带刚域杆件的刚度系数为

$$K_{12} = ci \quad （壁梁线刚度左端）$$

$$K_{21} = c'i \quad （壁梁线刚度右端）$$

壁柱线刚度为

$$K = \frac{c+c'}{2}i \tag{7-54}$$

3. 壁柱的抗推刚度 D

有了带刚域杆件的刚度系数，就可以把带刚域杆件按普通杆件来对待。壁柱的抗推刚度 D 计算式为

$$D = \alpha K_c \frac{12}{h^2} \tag{7-55}$$

式中 α——按类似"D 值法"取值，具体计算见表 7-17；

表 7-17 壁式框架柱侧移刚度修正值 α

楼层	壁梁壁柱修正刚度值	梁柱刚度比 K	α	附 注
一般层		①情况 $$K = \frac{K_2 + K_4}{2K_c}$$ ②情况 $$K = \frac{K_1 + K_2 + K_3 + K_4}{2K_c}$$	$$\alpha = \frac{K}{2+K}$$	i_i 为梁未考虑刚域修正前的刚度 $$i_i = \frac{EI_i}{l_i}$$
底层		①情况 $$K = \frac{K_2}{K_c}$$ ②情况 $$K = \frac{K_1 + K_2}{K_c}$$	$$\alpha = \frac{0.5+K}{2+K}$$	i_c 为柱未考虑刚域修正前的刚度 $$i_c = \frac{EI_c}{h}$$

4. 反弯点高度的修正

壁柱反弯点高度按下式计算：

$$y = a + sy_n + y_1 + y_2 + y_3 \tag{7-56}$$

式中 a——柱子下端刚域长度系数；

s——壁柱扣除刚域部分柱子净高与层高的比值；

其他符号意义同前，查表时注意，应按带刚域的线刚度计算相关参量。

5. 壁式框架的侧移计算

壁式框架的侧移也由两部分组成：梁柱弯曲变形产生的侧移和柱子变形产生的侧移。轴向变形产生的侧移很小，可以忽略不计。

层间侧移为

$$\delta_j = \frac{V_j}{\sum D_{ji}} \tag{7-57}$$

顶点侧移为

$$\Delta = \sum \delta_j \tag{7-58}$$

【例 7-3】 如图 7.18 所示，某 12 层剪力墙结构，层高 3m，已知墙厚 200mm，混凝土等级为 C30，$G=0.42E$。求：

(1) 结构底部内力 M_0、V_0；

(2) 剪力墙的整体参数 α；

(3) 假定底层墙肢整体弯曲占 85%，求底层墙肢的弯矩。

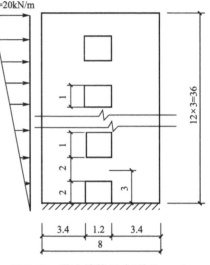

图 7.18 剪力墙的尺寸(单位：m)

【解】 (1) 计算底部内力：

$$M_0 = \frac{1}{3}qH^2 = \frac{1}{3} \times 20 \times 36^2 = 8640 (\text{kN} \cdot \text{m})$$

$$V_0 = qH/2 = 20 \times 36/2 = 360 (\text{kN})$$

(2) 计算剪力墙的整体参数：

$$I_1 = I_2 = \frac{1}{12} \times 0.2 \times 3.4^3 = 0.655 (\text{m}^4)$$

$$I = I_1 + I_2 + 2Ay^2 = 2 \times 0.655 + 2 \times 3.4 \times 0.2 \times 2.3 \times 2.3$$
$$= 8.5044 (\text{m}^4)$$

$$T = I_n/I = 7.19/8.50 = 0.85$$

连梁参数为

$$a_i = 0.6 + 2/4 = 1.1 (\text{m})$$

$$I_b = 0.2 \times 2^3/12 = 0.133 (\text{m}^4)$$

$$\tilde{I}_b = I_b / [1 + 3\mu E I_b/(G A_b a_i^2)] = 0.133/[1 + 3 \times 1.2 \times 0.133/(1.1^2 \times 0.2 \times 2 \times 0.42)]$$
$$= 0.04 (\text{m}^4)$$

$$D = \tilde{I}_b c^2/a_i^3 = 0.04 \times 2.3^2/1.1^3 = 0.159$$

$$\alpha = H\sqrt{\frac{6D}{Th\sum I_i}} = 36 \times \sqrt{\frac{6 \times 0.159}{0.85 \times 3 \times 2 \times 0.655}} = 19.2$$

(3) 计算底层墙肢的弯矩：

$$M_i = 0.85 M_p \frac{I_1}{I} + 0.15 M_p \frac{I_i}{\sum I_i}$$

$$= 0.85 \times 8640 \times \frac{0.655}{8.504} + 0.15 \times 8640 \times \frac{0.655}{2 \times 0.655}$$

$$= 1213.4 (\text{kN} \cdot \text{m})$$

7.3 剪力墙结构截面设计

高层剪力墙结构承受竖向和水平作用，产生内力（弯矩 M、轴力 N、剪力 V），抗震设计时，为了实现延性剪力墙，设计时应强墙弱梁、强剪弱弯，须首先按抗震等级进行内力调整并满足相应的构造要求，设计成延性剪力墙，剪力墙结构截面设计，应进行正截面偏心受压、偏心受拉、平面外竖向荷载轴心受压和斜截面抗剪承载力的计算。必要时还要进行抗裂度和裂缝宽度的验算。因此在剪力墙内，需配置竖向钢筋来抗弯，配置水平钢筋来抗剪。剪力墙的墙肢可以是整体墙，也可以是联肢墙的墙肢。剪力墙可来自于剪力墙结构，也可来自于框-剪结构，还可是其他结构的剪力墙部分。剪力墙的连梁应进行正截面受弯承载力的计算和斜截面抗剪承载力的计算。

7.3.1 剪力墙材料强度及截面厚度选定

1. 剪力墙混凝土强度

针对钢筋混凝土剪力墙结构的特点，混凝土强度等级不应低于C20；抗震设计时，剪力墙结构的混凝土强度等级不宜高于C60。

2. 剪力墙的截面厚度

按稳定性确定墙的厚度，同时还应满足最小墙厚要求。具体规定如下：

（1）应符合《高规》附录 D 的墙体稳定验算要求。

（2）一、二级剪力墙：底部加强部位不应小于 200mm，其他部位不应小于 160mm；一字形独立剪力墙底部加强部位不应小于 220mm，其他部位不应小于 180mm。

（3）三、四级剪力墙：不应小于 160mm，一字形独立剪力墙的底部加强部位尚不应小于 180mm。

（4）非抗震设计时不应小于 160mm。

（5）剪力墙井筒中，分隔电梯井或管道井的墙肢截面厚度可适当减小，但不宜小于 160mm。

【例 7-4】 剪力墙厚度计算示例。某一矩形剪力墙如图 7.19 所示，层高 5m，采用 C35 级混凝土，顶部作用的垂直荷载设计值 $q=3400$kN/m，试验算满足墙体稳定所需的厚度 t 为多少？

【解】 根据《高规》的有关规定，一字墙取 $\beta=1.0$，故

$$l_0 = \beta h = 1.0 \times 5000 = 5000 (\text{mm})$$

因 $q \leqslant \dfrac{E_c t^3}{10 l_0^2}$，则可得

$$t = \sqrt[3]{\frac{10 l_0^2 q}{E_c}} = \sqrt[3]{\frac{10 \times 5000^2 \times 3400}{3.15 \times 10^4}} = 299.94 (\text{mm})$$

可取 300mm。

3. 墙肢的剪压比限制

为了使剪力墙不发生斜压破坏，首先必须保证墙肢截面尺寸和混凝土强度不致过小，只有这样才能使配置的水平钢筋能够屈服并发挥预想的作用。应以剪力墙截面尺寸的最小值来限制剪力墙截面上的名义剪应力。对此，《高规》有以下规定：

（1）永久、短暂设计状况时

$$V \leqslant 0.25\beta_c f_c b_w h_{w0} \qquad (7-59)$$

（2）对地震设计状况，剪跨比 λ 大于 2.5 时

$$V \leqslant \frac{1}{\gamma_{RE}}(0.20\beta_c f_c b_w h_{w0}) \qquad (7-60)$$

剪跨比 λ 不大于 2.5 时

$$V \leqslant \frac{1}{\gamma_{RE}}(0.15\beta_c f_c b_w h_{w0}) \qquad (7-61)$$

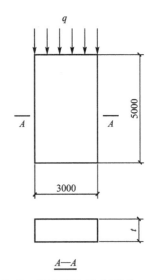

图 7.19 剪力墙的尺寸（单位：mm）

式中　V——剪力墙截面剪力设计值。对剪力墙底部加强部位，应为进行剪力调整后的剪力设计值。

　　　h_{w0}——剪力墙截面有效高度。

　　　β_c——混凝土强度影响系数。当混凝土强度等级不大于 C50 时取 1.0；当混凝土强度等级为 C80 时取 0.8；当混凝土强度等级在 C50 至 C80 之间时，可按线性内插取用。

　　　λ——计算截面处的剪跨比，即 $M_c/(V_c h_{w0})$，其中 M_c、V_c 应分别取与 V 同一组组合、未按《高规》的有关规定进行调整的弯矩和剪力计算值，并取墙肢上、下端截面计算的剪跨比的较大值。

在已经满足上述要求的前提下，按下文要求进行配筋计算。

7.3.2 剪力墙墙肢轴压比限值及边缘构件设计

1. 轴压比限值

轴压比是影响剪力墙在地震作用下塑性变形能力的重要因素。相同条件的剪力墙，轴压比低的，其延性大，轴压比高的，其延性小。

墙肢轴压比是指重力荷载代表值作用下墙肢承受的轴压力设计值 N 与墙肢的全截面面积 A 和混凝土轴心抗压强度设计值 f_c 的乘积之比，即 $N/(Af_c)$。

重力荷载代表值作用下，抗震设计时，一级、二级、三级剪力墙墙肢的轴压比不宜超过表 7-18 中的限值。

表 7-18 剪力墙墙肢轴压比限值

抗震等级	一级（9 度）	一级（6、7、8 度）	二、三级
轴压比限值	0.4	0.5	0.6

2. 边缘构件设计

在剪力墙轴压比满足要求的情况下，还需要对剪力墙边缘构件进行设计，由于边缘构件能提高剪力墙端部的极限压应变，在相对受压区高度相同的情况下能使墙肢延性增强，故墙肢均应设置边缘构件。边缘构件分为两类：构造边缘构件和约束边缘构件。

剪力墙（包括短肢剪力墙）两端和洞口两侧应设置边缘构件，并应符合下列规定。

（1）一、二、三级剪力墙底层墙肢底截面的轴压比大于表 7-19 的规定值时，以及部分框支剪力墙结构的剪力墙，应在底部加强部位及相邻的上一层设置约束边缘构件。

（2）B 级高度的高层建筑，考虑到其高度较大，为避免边缘构件配筋急剧减少的不利情况，规定了约束边缘构件与构造边缘构件之间设置过渡层的要求。B 级高度高层建筑的剪力墙，宜在约束边缘构件层与构造边缘构件层之间设置 1~2 层过渡层，过渡层边缘构件的箍筋配置要求可低于约束边缘构件的要求，但应高于构造边缘构件的要求。

（3）轴压比低的剪力墙，即使不设约束边缘构件，在水平力作用下也能有比较大的塑性变形能力。参见表 7-19 可以不设约束边缘构件的剪力墙的最大轴压比。

表 7-19　剪力墙可不设约束边缘构件的最大轴压比

抗震等级或烈度	一级（9 度）	一级（6、7、8 度）	二、三级
轴压比	0.1	0.2	0.3

3. 对约束边缘构件

剪力墙约束边缘构件可为暗柱、端柱和翼墙（图 7.20），并应符合下列要求。约束边缘构件沿墙肢方向的长度 l_c 和箍筋配箍特征值 λ_v 应符合表 7-20 的规定，其体积配箍率 ρ_V 应按下式计算：

$$\rho_V = \lambda_v \frac{f_c}{f_{yv}} \tag{7-62}$$

式中　ρ_V——箍筋体积配箍率，可计入箍筋、拉筋以及符合构造要求的水平分布钢筋，计入的水平分布钢筋的体积配箍率不应大于总体积配箍率的 30%；

λ_v——约束边缘构件配箍特征值；

f_c——混凝土轴心抗压强度设计值；

f_{yv}——箍筋或拉筋的抗拉强度设计值。

剪力墙约束边缘构件阴影部分（图 7.20）的竖向钢筋除应满足正截面受压（受拉）承载力计算要求外，其配筋率一、二、三级时分别不应小于 1.2%、1.0% 和 1.0%，并分别不应少于 8φ16、6φ16 和 6φ14 的钢筋（φ表示钢筋直径）；约束边缘构件内箍筋或拉筋沿竖向的间距，一级不宜大于 100mm，二、三级不宜大于 150mm；箍筋、拉筋沿水平方向的肢距不宜大于 300mm，不应大于竖向钢筋间距的 2 倍。

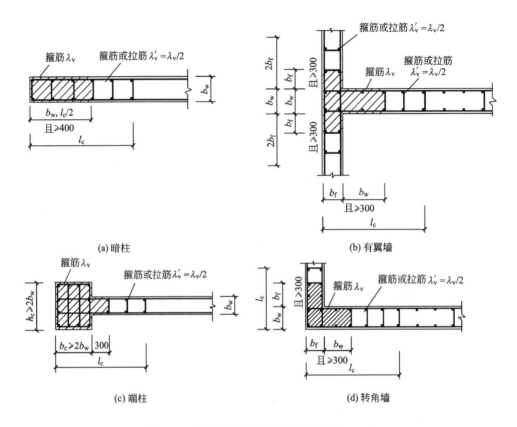

图 7.20　剪力墙的约束边缘构件(单位：mm)

表 7－20　约束边缘构件沿墙肢的长度 l_c 及其配筋特征值 λ_v

参　数	一级(9 度)		一级(6、7、8 度)		二、三级	
	$\mu_n \leqslant 0.2$	$\mu_n > 0.2$	$\mu_n \leqslant 0.3$	$\mu_n > 0.3$	$\mu_n \leqslant 0.4$	$\mu_n > 0.4$
l_c(暗柱)	$0.2h_w$	$0.25h_w$	$0.15h_w$	$0.20h_w$	$0.15h_w$	$0.20h_w$
l_c(翼墙或端柱)	$0.15h_w$	$0.20h_w$	$0.10h_w$	$0.15h_w$	$0.10h_w$	$0.15h_w$
λ_v	0.12	0.20	0.12	0.20	0.12	0.20

注：①　μ_n 为墙肢在重力荷载代表值作用下的轴压比，h_w 为墙肢的长度；

　　②　剪力墙的翼墙长度小于翼墙厚度的 3 倍或端柱截面边长小于 2 倍墙厚时，按无翼墙、无端柱查表；

　　③　l_c 为约束边缘构件沿墙肢的长度(图 7.20)，对暗柱不应小于墙厚和 400mm 的较大值，有翼墙或端柱时，不应小于翼墙厚度或端柱沿墙肢方向截面高度加 300mm。

4. 构造边缘构件

剪力墙构造边缘构件的范围宜按图 7.20 中阴影部分采用，其最小配筋应满足表 7－21 的规定，并应符合下列规定：

(1) 竖向配筋应满足正截面受压(受拉)承载力的要求。

（2）当端柱承受集中荷载时，其竖向钢筋、箍筋直径和间距应满足框架柱的相应要求。

（3）箍筋、拉筋沿水平方向的肢距不宜大于 300mm，不应大于竖向钢筋间距的 2 倍。

（4）抗震设计时，对于连体结构、错层结构以及 B 级高度高层建筑结构中的剪力墙（筒体），其构造边缘构件的最小配筋应符合下列要求：

① 竖向钢筋最小量应比表 7-21 中的数值提高 $0.001A_c$ 采用；

② 箍筋的配筋范围宜取图 7.21 中阴影部分，其配箍特征值 λ_v 不宜小于 0.1。

（5）非抗震设计的剪力墙，墙肢端部应配置不少于 $4\phi12$ 的纵向钢筋，箍筋直径不应小于 6mm、间距不宜大于 250mm。

表 7-21　剪力墙构造边缘构件的最小配筋要求　　　　单位：mm

抗震等级	底部加强部位		
	竖向钢筋最小量（取较大值）	箍　筋	
		最小直径	沿竖向最大间距
一	$0.010A_c$，$6\phi16$	8	100
二	$0.008A_c$，$6\phi14$	8	150
三	$0.006A_c$，$6\phi12$	6	150
四	$0.005A_c$，$4\phi12$	6	200

抗震等级	其他部位		
	竖向钢筋最小量（取较大值）	箍　筋	
		最小直径	沿竖向最大间距
一	$0.008A_c$，$6\phi14$	8	150
二	$0.006A_c$，$6\phi12$	8	200
三	$0.005A_c$，$4\phi12$	6	200
四	$0.004A_c$，$4\phi12$	6	250

注：① A_c 为构造边缘构件的截面积，即图 7.21 中剪力墙截面的阴影部分；

② 符号ϕ表示钢筋直径；

③ 其他部位的转角处宜采用箍筋。

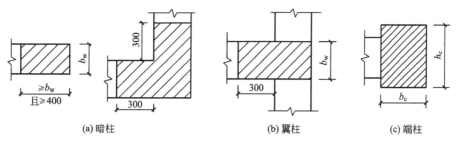

(a) 暗柱　　　　　　　(b) 翼柱　　　　　　　(c) 端柱

图 7.21　剪力墙的构造边缘构件范围（单位：mm）

7.3.3　墙肢内力设计值

墙肢的内力有轴力、弯矩和剪力。对于轴力，由偏心受压构件的 $M-N$ 关系曲线可知，对于大偏心受压构件，当轴力 N 增大时，在弯矩 M 不变的前提下将引起配筋量的减小，而剪力墙墙肢在地震作用下大多为大偏心受压构件，故对剪力墙墙肢的轴向力不应作出增大的调整。

墙肢弯矩设计值及剪力设计值调整方法如下：

（1）对于墙肢，为了实现强剪弱弯的原则，一般情况下对弯矩不作出增大的调整，但对于一级抗震等级的剪力墙，为了使地震时塑性铰的出现部位符合设计意图，而在其他部位保证不出现塑性铰，对一级抗震等级的剪力墙的设计弯矩包线做了如下规定：一级剪力墙的底部加强部位以上部位，墙肢的组合弯矩设计值和组合剪力设计值应乘以增大系数，弯矩增大系数可取为 1.2，剪力增大系数可取为 1.3。

（2）抗震设计的双肢剪力墙，其墙肢不宜出现小偏心受拉，因为如果双肢剪力墙中一个墙肢出现小偏心受拉，该墙肢可能会出现水平通缝而使混凝土失去抗剪能力，该水平通缝同时降低了该墙肢的刚度，由荷载产生的剪力绝大部分将转移到另一个墙肢，导致其抗剪承载力不足，该情况应在设计时予以避免。当墙肢出现大偏心受拉时，墙肢易出现裂缝，使其刚度降低，剪力将在墙肢中重分配。当任一墙肢为偏心受拉时，另一墙肢的弯矩设计值及剪力设计值应乘以增大系数 1.25，以提高其抗剪承载力，由于地震力是双向的，故应对两个墙肢同时进行加强。

（3）抗震设计时，为体现强剪弱弯的原则，底部加强部位剪力墙截面的剪力设计值，一、二、三级时应按式（7-63）调整，9 度一级剪力墙应按式（7-64）调整；二、三级的其他部位及四级时可不调整。

$$V = \eta_{vw} V_w \qquad (7-63)$$

式中　V——底部加强部位剪力墙截面的剪力设计值；

　　　V_w——底部加强部位剪力墙截面考虑地震作用组合的剪力计算值；

　　　η_{vw}——剪力增大系数，一级取 1.6，二级取 1.4，三级取 1.2（特一级取 1.9）。

$$V = 1.1 \frac{M_{wua}}{M_w} V_w \qquad (7-64)$$

式中　M_{wua}——剪力墙正截面抗震受弯承载力。应考虑承载力抗震调整系数 γ_{RE}，采用实配纵筋面积、材料强度标准值和和组合设计值等计算；有翼墙时应计入墙两侧各一倍翼墙厚度范围内的纵向钢筋。

　　　M_w——底部加强部位剪力墙底截面弯矩的组合计算值。

7.3.4　墙肢正截面承载力计算

墙肢在轴力和弯矩作用下，正截面承载力计算应按偏心受压构件进行。当墙肢轴力出现拉力时，同时考虑到墙肢弯矩影响，此时的正截面承载力计算应按偏心受拉构件进行。综上所述，墙肢正截面承载力分为正截面偏心受压承载力验算和正截面偏心受拉承载力验算两个方面。墙肢在轴力和弯矩作用下的承载力计算与柱相似，区别在于剪力墙的墙肢除在端部配置竖向抗弯钢筋外，还在端部以外配置竖向和横向分布钢筋。

1. 墙肢正截面偏心受压承载力验算

钢筋混凝土剪力墙正截面受弯计算公式依据了《混凝土结构设计规范》中偏心受压和偏心受拉构件的假定及有关规定，又根据中国建筑科学研究院结构所等单位所做的剪力墙试验研究结果进行了适当简化。

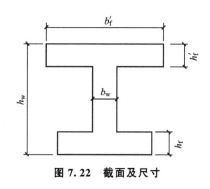

图 7.22　截面及尺寸

按照平截面假定，不考虑受拉混凝土的作用，受压区混凝土按矩形应力图块计算。大偏心受压时受拉、受压端部钢筋都达到屈服，在 1.5 倍受压区范围之外，假定受拉区分布钢筋应力全部达到屈服；小偏压时端部受压钢筋屈服，而受拉分布钢筋及端部钢筋均未屈服，且忽略部分钢筋的作用。

按照工字形截面的两个基本平衡公式（$\sum N = 0$，$\sum M = 0$），由上述假定可得到各种情况下的设计计算公式。

矩形、T 形、I 形偏心受压剪力墙墙肢（图 7.22）的正截面受压承载力按下列规定计算：

（1）持久、短暂设计状况时，基本公式为

$$N \leqslant A_s' f_y' - A_s \sigma_s - N_{sw} + N_c \tag{7-65}$$

$$N\left(e_0 + h_{w0} - \frac{h_w}{2}\right) \leqslant A_s' f_y'(h_{w0} - a_s') - M_{sw} + M_c \tag{7-66}$$

各符号含义见后面通注。式（7-66）左侧为轴力对端部受拉钢筋合力点取矩的计算结果，右侧分别为端部受压钢筋、受拉分布筋（忽略受压分布筋的作用）和受压混凝土对端部受拉钢筋合力点取矩的计算结果。

① 当 $x > h_f'$ 时，中和轴在腹板中，基本公式中的 N_c、M_c 由下列公式计算：

$$N_c = \alpha_1 f_c b_w x + \alpha_1 f_c (b_f' - b_w) h_f' \tag{7-67}$$

$$M_c = \alpha_1 f_c b_w x\left(h_{w0} - \frac{x}{2}\right) + \alpha_1 f_c (b_f' - b_w) h_f'\left(h_{w0} - \frac{h_f'}{2}\right) \tag{7-68}$$

② 当 $x \leqslant h_f'$ 时，中和轴在翼缘内，基本公式中的 N_c、M_c 由下列公式计算：

$$N_c = \alpha_1 f_c b_f' x \tag{7-69}$$

$$M_c = \alpha_1 f_c b_f' x\left(h_{w0} - \frac{x}{2}\right) \tag{7-70}$$

对于混凝土受压区为矩形的其他情况，按 $b_f' = b_w$ 代入式（7-69）、式（7-70）中进行计算。

③ 当 $x \leqslant \xi_b h_{w0}$ 时，为大偏压情形，此时受拉、受压端部钢筋都达到屈服，基本公式中的 σ_s、N_{sw}、M_{sw} 由下列公式计算：

$$\sigma_s = f_y \tag{7-71}$$

$$N_{sw} = (h_{w0} - 1.5x) b_w f_{yw} \rho_w \tag{7-72}$$

$$M_{sw} = \frac{1}{2}(h_{w0} - 1.5x)^2 b_w f_{yw} \rho_w \tag{7-73}$$

上列公式为忽略受压分布钢筋的有利作用，将受拉分布钢筋对端部受拉钢筋合力点取矩求得。

④ 当 $x > \xi_b h_{w0}$ 时，为小偏压情形，此时端部受压钢筋屈服，而受拉分布钢筋及端部钢筋均未屈服。既不考虑受压分布钢筋的作用，也不计入受拉分布钢筋的作用。基本公式中的 σ_s、N_{sw}、M_{sw} 由下列公式计算：

$$\sigma_s = \frac{f_y}{\xi_b - 0.8} \left(\frac{x}{h_{w0}} - \beta_1 \right) \tag{7-74}$$

$$N_{sw} = 0 \tag{7-75}$$

$$M_{sw} = 0 \tag{7-76}$$

界限相对受压区高度 ξ_b 由下式计算：

$$\xi_b = \frac{\beta_c}{1 + \dfrac{f_y}{E_s \varepsilon_{cu}}} \tag{7-77}$$

式中　a'_s——剪力墙受压区端部钢筋合力点到受压区边缘的距离。

b'_f——T 形或 I 形截面受压区翼缘宽度，矩形截面时 $b'_f = b_w$。

e_0——偏心距，$e_0 = M/N$。

f_y，f'_y——剪力墙端部受拉、受压钢筋强度设计值。

f_{yw}——剪力墙墙体竖向分布钢筋强度设计值。

f_c——混凝土轴心抗压强度设计值。

h'_f——T 形或 I 形截面受压区翼缘的高度。

h_{w0}——剪力墙截面有效高度，$h_{w0} = h_w - a'_s$。

ρ_w——剪力墙竖向分布钢筋配筋率，$\rho_w = \dfrac{A_{sw}}{b_w h_{w0}}$，$A_{sw}$ 为剪力墙腹板竖向钢筋总配筋面积。

ξ_b——界限相对受压区高度。

α_1——受压区混凝土矩形应力图的应力与混凝土轴心抗压强度设计值的比值。当混凝土强度等级不超过 C50 时取 1.0；当混凝土强度等级为 C80 时取 0.94；当混凝土强度等级在 C50 和 C80 之间时，可按线性内插取值。

β_c——随混凝土强度提高而逐渐降低的系数。当混凝土强度等级不超过 C50 时取 1.0；当混凝土强度等级为 C80 时取 0.8；当混凝土强度等级在 C50 和 C80 之间时，可按线性内插取值。

ε_{cu}——混凝土极限压应变，应按《混凝土结构设计规范》的有关规定采用。

（2）地震设计状况时，基本公式应做以下调整：

$$N \leqslant \frac{1}{\gamma_{RE}} (A'_s f'_y - A_s \sigma_s - N_{sw} + N_c) \tag{7-78}$$

$$N \left(e_0 + h_{w0} - \frac{h_w}{2} \right) \leqslant \frac{1}{\gamma_{RE}} [A'_s f'_y (h_{w0} - a'_s) - M_{sw} + M_c] \tag{7-79}$$

式中　γ_{RE}——承载力抗震调整系数，取 0.85。

2. 墙肢正截面偏心受拉承载力验算

（1）永久、短暂设计状况时

$$N \leqslant N_u = \frac{1}{\dfrac{1}{N_{ou}} + \dfrac{e_0}{M_{wu}}} \tag{7-80}$$

（2）地震设计状况时

$$N \leqslant \frac{N_u}{\gamma_{RE}} = \frac{1}{\gamma_{RE}} \left(\frac{1}{\dfrac{1}{N_{ou}} + \dfrac{e_0}{M_{wu}}} \right) \tag{7-81}$$

式中　N_{ou}——构件轴心受拉时的承载力；

　　　A_{sw}——剪力墙竖向分布钢筋的截面积；

　　　M_{wu}——墙肢纯弯时的受弯承载力。

N_{ou} 和 M_{wu} 可分别按下列公式计算：

$$N_{ou} = 2A_s f_y + A_{sw} f_{yw} \tag{7-82}$$

$$M_{wu} = A_s f_y (h_{w0} - a'_s) + A_{sw} f_{yw} \frac{h_{w0} - a'_s}{2} \tag{7-83}$$

7.3.5　墙肢斜截面受剪承载力计算

墙肢斜截面剪切破坏形态，有斜拉破坏、斜压破坏和剪压破坏三种形式。

1. 偏心受压斜截面受剪承载力

（1）永久、短暂设计状况时

$$V \leqslant \frac{1}{\lambda - 0.5} \left(0.5 f_t b_w h_{w0} + 0.13 N \frac{A_w}{A} \right) + f_{yh} \frac{A_{sh}}{s} h_{w0} \tag{7-84}$$

（2）地震设计状况时

$$V \leqslant \frac{1}{\gamma_{RE}} \left[\frac{1}{\lambda - 0.5} \left(0.4 f_t b_w h_{w0} + 0.1 N \frac{A_w}{A} \right) + 0.8 f_{yh} \frac{A_{sh}}{s} h_{w0} \right] \tag{7-85}$$

式中　N——剪力墙的轴向压力设计值。抗震设计时，应考虑地震作用效应组合。当 N 大于 $0.2 f_c b_w h_w$ 时，应取 $0.2 f_c b_w h_w$（这是由于轴力的增大虽能在一定程度上提高混凝土的抗剪承载力，但当轴力增大到一定程度时却无助于混凝土抗剪承载力的提高，过大时还会引起混凝土抗剪承载力的丧失，考虑到规范所取用的安全度，混凝土抗剪承载力丧失的可能性不会出现，故当 $N \geqslant 0.2 f_c b_w h_w$ 时，N 可取 $0.2 f_c b_w h_w$）。

　　　A——剪力墙截面面积。对于 T 形或 I 形截面，含翼板面积。

　　　A_w——T 形或 I 形截面剪力墙腹板的面积。矩形截面时应取 A。

　　　λ——计算截面处的剪跨比。计算时，当 λ 小于 1.5 时应取 1.5，当 λ 大于 2.2 时应取 2.2；当计算截面与墙底之间的距离小于 $0.5 h_{w0}$ 时，λ 应按距墙底 0.5 h_{w0} 处的弯矩值与剪力值计算。

　　　s——剪力墙水平分布钢筋间距。

配筋计算出来后须满足构造要求和最小配筋率要求，以防止发生剪拉破坏。

2. 偏心受拉斜截面受剪承载力

大偏心受拉时，墙肢截面还有部分受压区，混凝土仍可以抗剪，但轴向拉力对抗剪不利。偏心受拉墙肢的受剪承载力计算公式如下：

（1）永久、短暂设计状况时

$$V \leqslant \frac{1}{\lambda - 0.5}\left(0.5f_t b_w h_{w0} - 0.13N \frac{A_w}{A}\right) + f_{yh} \frac{A_{sh}}{s} h_{w0} \qquad (7-86)$$

（2）地震设计状况时

$$V \leqslant \frac{1}{\gamma_{RE}}\left[\frac{1}{\lambda - 0.5}\left(0.4f_t b_w h_{w0} - 0.1N \frac{A_w}{A}\right) + 0.8f_{yh} \frac{A_{sh}}{s} h_{w0}\right] \qquad (7-87)$$

综上所述，墙肢斜截面受剪承载力的设计思路为：通过控制名义剪应力的大小防止发生斜压破坏，通过按计算配置所需的水平钢筋防止发生剪压破坏，通过满足构造要求并满足最小水平配筋率防止发生斜拉破坏。

7.3.6 墙肢施工缝的抗滑移验算

抗震等级为一级的剪力墙，要防止水平施工缝处发生滑移。考虑了摩擦力的有利影响后，要验算通过水平施工缝的竖向钢筋是否足以抵抗水平剪力，已配置的端部和分布竖向钢筋不够时，可设置附加插筋，附加插筋在上、下层剪力墙中都要有足够的锚固长度。水平施工缝处的抗滑移能力应符合下列要求：

$$V_{wj} = \frac{1}{\gamma_{RE}}(0.6f_y A_s + 0.8N) \qquad (7-88)$$

式中　V_{wj}——剪力墙水平施工缝处剪力设计值；

　　　　A_s——水平施工缝处剪力墙腹板内竖向分布钢筋和边缘构件中的竖向钢筋总面积（不包括两侧翼墙），包括在墙体中有足够锚固长度的附加竖向插筋面积；

　　　　f_y——竖向钢筋抗拉强度设计值；

　　　　N——水平施工缝处考虑地震作用组合的不利轴向力设计值，压力取正值，拉力取负值。

7.3.7 墙肢构造措施

墙肢构造措施如下：

（1）为防止混凝土表面出现收缩裂缝，同时使剪力墙具有一定的出平面抗弯能力，高层建筑的剪力墙不允许单排配筋。高层剪力墙结构的竖向和水平分布钢筋不应单排配置。当剪力墙截面厚度不大于 400mm 时，可采用双排配筋；大于 400mm、但不大于 700mm 时，宜采用三排配筋；大于 700mm 时，宜采用四排配筋。各排分布钢筋之间的拉接筋间距不应大于 600mm，直径不应小于 6mm。

（2）剪力墙分布钢筋的配置应符合下列要求：

① 剪力墙竖向和水平分布筋的配筋率，一、二、三级抗震设计时均不应小于 0.25%，四级抗震设计和非抗震设计时不应小于 0.20%。

② 剪力墙的竖向和水平分布钢筋间距均不宜大于 300mm；直径不应小于 8mm，不宜大于墙厚的 1/10。

（3）房屋顶层剪力墙、长矩形平面房屋的楼梯间和电梯间剪力墙、端开间纵向剪力墙以及端山墙的水平和竖向分布钢筋的配筋率均不应小于0.25%，间距均不应大于200mm。

（4）剪力墙钢筋锚固和连接应符合下列要求：

① 非抗震设计时，剪力墙纵向钢筋最小锚固长度应取 l_a；抗震设计时，剪力墙纵向钢筋最小锚固长度应取 l_{aE}。l_a、l_{aE} 的取值应符合《高规》的有关规定。

② 剪力墙竖向及水平分布钢筋采用搭接连接时（图7.23），一、二级剪力墙的底部加强部位，接头位置应错开，同一截面连接的钢筋数量不宜超过总数量的50%，错开净距不宜小于500mm；其他情况剪力墙的钢筋可在同一截面连接。分布钢筋的搭接长度，非抗震设计时不应小于 $1.2l_a$，抗震设计时不应小于 $1.2l_{aE}$。

③ 暗柱及端柱内纵向钢筋连接和锚固要求宜与框架柱相同，应符合《高规》的有关规定。

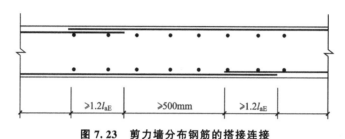

图7.23 剪力墙分布钢筋的搭接连接

7.3.8 短肢剪力墙抗震设计要求

抗震设计时，短肢剪力墙的设计应符合下列规定：

（1）短肢剪力墙截面厚度除应符合《高规》有关的要求外，底部加强部位尚不应小于200mm，其他部位尚不应小于180mm。

（2）一、二、三级短肢剪力墙的轴压比，分别不宜大于0.45、0.50、0.55，一字形截面短肢剪力墙的轴压比限值应相应减少0.1。

（3）短肢剪力墙的底部加强部位应按本节7.3.3的第（3）项调整剪力设计值，其他各层一、二、三级时剪力设计值应分别乘以增大系数1.4、1.2和1.1。

（4）短肢剪力墙边缘构件的设置应符合本节7.3.2的第（2）项规定。

（5）短肢剪力墙的全部竖向钢筋的配筋率，底部加强部位一、二级不宜小于1.2%，三、四级不宜小于1.0%；其他部位一、二级不宜小于1.0%，三、四级不宜小于0.8%。

（6）不宜采用一字形短肢剪力墙，不宜在一字形短肢剪力墙上布置平面外与之相交的单侧楼面梁。

【例7-5】 剪力墙设计计算示例。某18层现浇钢筋混凝土剪力墙高层结构，房屋高度54m，7度设防烈度，抗震等级二级。底层一双肢剪力墙如图7.24所示，墙厚均为200mm，采用C35混凝土。

（1）主体结构考虑横向水平地震作用计算内力和变形时，与剪力墙墙肢2垂直相交的内纵墙作为墙肢2的翼墙，试问该翼墙的有效长度 b 为多少？

（2）考虑地震作用组合时，底层墙肢1在横向水平地震作用下的反向组合内力设计值为：$M_1 = 3300$kN·m，$V_1 = 616$kN，$N_1 = -2200$kN（拉）；该底层墙肢2相应于墙肢1的

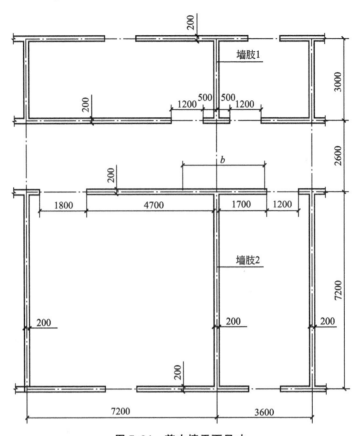

图 7.24　剪力墙平面尺寸

反向组合内力设计值为：$M_2 = 33000 \text{kN} \cdot \text{m}$，$V_2 = 2200 \text{kN}$，$N_2 = 15400 \text{kN}$。墙肢 2 进行截面设计时，其相应于反向地震作用的组合内力设计值 M_{w2}、V_{w2} 应取多少？（提示：$a_S = a_S' = 200 \text{mm}$。）

（3）该底层墙肢 1 边缘构件的配筋形式如图 7.25 所示，其轴压比为 0.45，箍筋采用 HPB300 级钢筋（$f_{yv} = 270 \text{N/} \text{mm}^2$），箍筋的混凝土保护层厚度取 15mm。试问其箍筋采用什么配置时，才能满足规范、规程的最低要求？

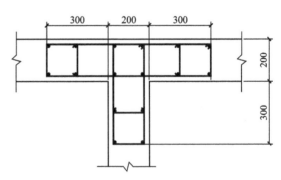

图 7.25　剪力墙尺寸（单位：mm）

【解】　（1）根据抗震设计规范的有关规定计算。对左边：

① $\dfrac{1}{2} S_1 = \dfrac{1}{2} \times (7.2 - 0.2) \text{m} = 3.5 \text{m}$。

② 至洞边：4.7m。

③ 15% H：15% $\times$ 54m = 8.1m。

取三项中较小者，3.5m。

对右边：

① $\dfrac{1}{2} S_2 = \dfrac{1}{2} \times (3.6 - 0.2)\mathrm{m} = 1.7\mathrm{m}$。

② 至洞边：1.7m。

③ $15\% H$：$15\% \times 54\mathrm{m} = 8.1\mathrm{m}$。

取三项中较小者，1.7m。

所以

$$b = 3.5\mathrm{m} + 1.7\mathrm{m} + 0.2\mathrm{m} = 5.4\mathrm{m}$$

(2) 墙肢 1 在反向地震作用组合时：

$$e_0 = \frac{M}{N} = \frac{3300}{2200}\mathrm{m} = 1.5\mathrm{m} > \frac{h_\mathrm{w}}{2} - a_\mathrm{s} = \left(\frac{3.2}{2} - 0.2\right)\mathrm{m} = 1.4\mathrm{m}$$

故属大偏拉，根据《高规》有关规定，墙肢 2 弯矩应乘以增大系数 1.25，即

$$M_\mathrm{w2} = 1.25 \times 33000 = 41250(\mathrm{kN \cdot m})$$

墙肢剪力，同样根据《高规》有关规定可得

$$V_\mathrm{w2} = 1.25 \times 1.4 \times 2200 = 3850(\mathrm{kN})$$

(3) 底层墙肢属于底部加强部位，$\mu_\mathrm{N} = 0.45$，根据《高规》有关规定应设为约束边缘构件；其抗震等级为二级，查《高规》表后取 $\lambda_V = 0.20$，则可得最小体积配筋率为

$$\rho_{V,\min} = \lambda_V f_\mathrm{c} / f_\mathrm{yv} = 0.20 \times 16.7 / 270 = 1.237\%$$

取箍筋间距为 100mm，假定箍筋直径为 10mm，则 $\rho_V \geqslant \rho_{V,\min}$，可得

$$\rho_V = \frac{(790 \times 2 + 160 \times 6 + 475 \times 2) \cdot A_\mathrm{s1}}{100\mathrm{mm} \times (780 \times 150 + 315 \times 150)} \geqslant 1.237\%$$

解得 $A_\mathrm{s1} \geqslant 58.2\mathrm{mm}^2$。

故选 $\phi 10 (A_\mathrm{s1} = 78.5\mathrm{mm}^2)$，**箍筋配置选择 $\phi 10@100$。**

7.3.9　连梁设计

对墙肢间的梁、墙肢和框架柱相连的梁，当梁跨高比小于 5 时应按连梁设计。

1. 连梁的内力设计值

为了实现连梁的"强剪弱弯"、推迟剪切破坏、提高延性，连梁的内力应进行调整，这种调整主要是剪力的调整。连梁应与剪力墙取相同的抗震等级。连梁两端截面的剪力设计值 V 应按下列规定确定：

(1) 非抗震设计以及四级剪力墙的连梁，应分别取考虑水平风荷载、水平地震作用组合的剪力设计值。

(2) 一、二、三级剪力墙的连梁，其梁端截面组合的剪力设计值应按式(7-89)确定，9 度时一级剪力墙的连梁，设计时要求用连梁实际抗弯配筋反算该增大系数，应按式(7-90)确定：

$$V = \eta_\mathrm{vb} \frac{M_\mathrm{b}^\mathrm{l} + M_\mathrm{b}^\mathrm{r}}{l_\mathrm{n}} + V_\mathrm{Gb} \tag{7-89}$$

$$V = 1.1(M_\mathrm{bua}^\mathrm{l} + M_\mathrm{bua}^\mathrm{r}) / l_\mathrm{n} + V_\mathrm{Gb} \tag{7-90}$$

式中　M_b^l、M_b^r——连梁左、右端截面顺时针或逆时针方向的弯矩设计值；

$M_{\mathrm{bua}}^{\mathrm{l}}$、$M_{\mathrm{bua}}^{\mathrm{l}}$——连梁左、右端截面顺时针或逆时针方向实配的抗震受弯承载力所对应的弯矩值，应按实配钢筋面积(计入受压钢筋)和材料强度标准值并考虑承载力抗震调整系数计算；

l_{n}——连梁的净跨；

V_{Gb}——在重力荷载代表值(9 度时还应包括竖向地震作用标准值)作用下，按简支梁计算的梁端截面剪力设计值；

η_{vb}——连梁剪力增大系数，一级取 1.3，二级取 1.2，三级取 1.1。

上述剪力调整时，由竖向荷载引起的剪力 V_{Gb} 可按简支梁计算的原因有二：一是连梁尚未完全开裂时，由于连梁两侧支座情况基本一致，按两端简支与按两端固支的计算结果是一致的；二是对于连梁开裂以后的情况，按两端简支计算竖向荷载引起的剪力与实际情况是基本相符的。

2. 连梁最小截面尺寸限制

若连梁中的平均剪应力过大，剪切斜裂缝就会过早出现，在箍筋未能充分发挥作用之前，连梁就已发生剪切破坏。试验研究表明，连梁截面上的平均剪应力大小对连梁破坏性能影响较大，尤其在小跨高比条件下。因此，要限制连梁截面上的平均剪应力，使连梁的截面尺寸不至于过小，对小跨高比的连梁限制应更严格。限制条件如下：

(1) 永久、短暂设计状况时

$$V \leqslant 0.25\beta_{\mathrm{c}} f_{\mathrm{c}} b_{\mathrm{b}} h_{\mathrm{b0}} \tag{7-91}$$

(2) 地震设计状况下，当跨高比大于 2.5 时

$$V \leqslant \frac{1}{\gamma_{\mathrm{RE}}}(0.20\beta_{\mathrm{c}} f_{\mathrm{c}} b_{\mathrm{b}} h_{\mathrm{b0}}) \tag{7-92}$$

当跨高比不大于 2.5 时

$$V \leqslant \frac{1}{\gamma_{\mathrm{RE}}}(0.15\beta_{\mathrm{c}} f_{\mathrm{c}} b_{\mathrm{b}} h_{\mathrm{b0}}) \tag{7-93}$$

式中　V——按第 (1) 条调整后的连梁截面剪力设计值。

b_{b}——连梁截面宽度。

h_{b0}——连梁截面有效高度。

β_{c}——混凝土强度影响系数。当混凝土强度等级不大于 C50 时取 1.0；当混凝土强度等级为 C80 时取 0.8；当混凝土强度等级在 C50 至 C80 之间时，可按线性内插取用。

剪力墙连梁对剪切变形十分敏感，其名义剪应力限制比较严，在很多情况下设计计算会出现"超限"情况，《高规》给出了以下处理方法：

(1) 减小连梁截面高度或采取其他减小连梁刚度的措施。连梁名义剪应力超过限制值时，加大截面高度会吸引更多剪力，更为不利。减小截面高度或加大截面宽度是有效措施，但后者一般很难实现。

(2) 抗震设计的剪力墙中连梁弯矩及剪力可进行塑性调幅，以降低其剪力设计值。连梁塑性调幅可采用两种方法，一是按照《高规》的方法，在内力计算前就将连梁刚度进行折减；二是在内力计算之后，将连梁弯矩和剪力组合值乘以折减系数。两种方法的效果都是减小连梁内力和配筋。因此在内力计算时已经按《高规》的要求降低了刚度的连梁，其

调幅范围应当限制或不再继续调幅。当部分连梁降低弯矩设计值后,其余部位连梁和墙肢的弯矩设计值应相应提高。

无论用什么方法,连梁调幅后的弯矩、剪力设计值不应低于使用状况下的值,也不宜低于比设防烈度低一度的地震作用组合所得的弯矩、剪力设计值,其目的是避免在正常使用条件下或较小的地震作用下连梁上出现裂缝。因此建议一般情况下,可掌握调幅后的弯矩不小于调幅前按刚度不折减计算的弯矩(完全弹性)的 80%(6~7 度)和 50%(8~9 度),并不小于风荷载作用下的连梁弯矩。

(3)当连梁破坏对承受竖向荷载无明显影响时,可考虑在大震作用下该连梁不参与工作,按独立墙肢计算简图进行第二次多遇地震作用下的结构内力分析,墙肢应按两次计算所得的较大值计算配筋设计。

当第(1)、(2)条的措施不能解决问题时,允许采用第(3)条的方法处理,即假定连梁在大震下剪切破坏,不再能约束墙肢。因此可考虑连梁不参与工作,而按独立墙肢进行第二次结构内力分析,这时就是剪力墙的第二道防线。此时,剪力墙的刚度降低,侧移允许增大,这种情况往往使墙肢的内力及配筋加大,以保证墙肢的安全。第二道防线的计算没有了连梁的约束,位移会加大,但是大震作用下就不必按小震作用要求限制其位移。

3. 连梁的斜截面受剪承载力

大多数连梁的跨高比较小。在住宅、旅馆等建筑采用的剪力墙结构中,连梁的跨高比可能小于 2.5,甚至接近于 1。在水平荷载作用下,连梁两端的弯矩方向相反,剪切变形大,易出现剪切裂缝。尤其在小跨高比情况下,连梁的剪切变形更大,对连梁的剪切破坏影响更大。在反复荷载作用下,斜裂缝会很快扩展到全对角线上,发生剪切破坏,有时还会在梁的端部发生剪切滑移破坏。因此,在地震作用下,连梁的抗剪承载力会降低。连梁的抗剪承载力按式(7-94)~式(7-96)验算。

(1)永久、短暂设计状况时

$$V \leqslant 0.7 f_t b_b h_{b0} + f_{yv} \frac{A_{sv}}{s} h_{b0} \tag{7-94}$$

(2)地震设计状况下,当连梁跨高比大于 2.5 时

$$V \leqslant \frac{1}{\gamma_{RE}} \left(0.42 f_t b_b h_{b0} + f_{yv} \frac{A_{sv}}{s} h_{b0} \right) \tag{7-95}$$

当连梁跨高比不大于 2.5 时

$$V \leqslant \frac{1}{\gamma_{RE}} \left(0.38 f_t b_b h_{b0} + 0.9 f_{yv} \frac{A_{sv}}{s} h_{b0} \right) \tag{7-96}$$

式中 V——调整后的连梁截面剪力设计值。其余符号含义同前。

4. 连梁正截面承载力计算

剪力墙中的连梁受到弯矩、剪力和轴力的共同作用,由于轴力较小,常常忽略轴力而按受弯构件设计。连梁的抗弯承载力验算与普通的受弯构件相同。连梁一般采用对称配筋 $(A_s = A_s')$,可按双筋截面验算。由于受压区很小,忽略混凝土的受压区贡献,通常采用如下简化计算公式:

$$M \leqslant f_y A_s (h_{b0} - a_s') \tag{7-97}$$

式中 A_s——纵向受拉钢筋面积;

h_{b0}——连梁截面有效高度;

a_s'——纵向受压钢筋合力点至截面近边的距离。

地震设计状况下,式(7-97)右端应除以承载力抗震调整系数 0.75。

1)连梁纵筋的最小配筋率

连梁纵筋有最小配筋率限值,以防止连梁出现少筋破坏。跨高比(l/h_b)不大于 1.5 的连梁,非抗震设计时,其纵向钢筋的最小配筋率可取 0.2%;抗震设计时,其纵向钢筋的最小配筋率宜符合表 7-22 的要求;跨高比大于 1.5 的连梁,其纵向钢筋的最小配筋率可按框架梁的要求采用。

表 7-22 跨高比不大于 1.5 的连梁纵向钢筋的最小配筋率 单位:%

跨高比	最小配筋率(采用较大值)
$l/h_b \leqslant 0.5$	$0.20,45f_t/f_y$
$0.5 < l/h_b \leqslant 1.5$	$0.25,55f_t/f_y$

2)连梁纵筋的最大配筋率

连梁纵筋也有最大配筋率限值,以防止连梁的受弯钢筋配置过多,避免连梁由于抗剪承载力不足而导致其剪切破坏。

剪力墙结构连梁中,非抗震设计时,顶面及底面单侧纵向钢筋的最大配筋率不宜大于 2.5%;抗震设计时,顶面及底面单侧纵向钢筋的最大配筋率宜符合表 7-23 的要求。如不满足,则应按实配钢筋进行连梁强剪弱弯的验算。

表 7-23 连梁纵向钢筋的最大配筋率 单位:%

跨 高 比	最大配筋率
$l/h_b \leqslant 1.0$	0.6
$1.0 < l/h_b \leqslant 2.0$	1.2
$2.0 < l/h_b \leqslant 2.5$	1.5

5. 连梁构造措施

连梁的配筋构造应满足下列要求,如图 7.26 所示:

(1)连梁顶面、底面纵向水平钢筋伸入墙肢的长度,抗震设计时不应小于 l_{aE},非抗震设计时不应小于 l_a,且均不应小于 600mm。

(2)抗震设计时,沿连梁全长箍筋的构造应符合有关框架梁梁端箍筋加密区的箍筋构造要求;非抗震设计时,沿连梁全长的箍筋直径不应小于 6mm,间距不应大于 150mm。

(3)顶层连梁纵向水平钢筋伸入墙肢的长度范围内应配置箍筋,箍筋间距不宜大于 150mm,直径应与该连梁的箍筋直径相同。

(4)连梁高度范围内的墙肢水平分布钢筋应在连梁内拉通作为连梁的腰筋。连梁截面高度大于 700mm 时,其两侧面腰筋的直径不应小于 8mm,间距不应大于 200mm;跨高比不大于 2.5 的连梁,其两侧腰筋的总面积配筋率不应小于 0.3%。

6. 剪力墙开小洞口和连梁开洞应符合的规定

(1) 剪力墙开有边长小于 800mm 的小洞口且在结构整体计算中不考虑其影响时，应在洞口上、下和左、右配置补强钢筋，补强钢筋的直径不应小于 12mm，截面积应分别不小于被截断的水平分布钢筋和竖向分布钢筋的面积。

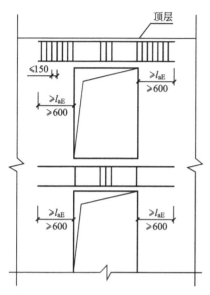

图 7.26 连梁配筋构造示意图(单位：mm)

(2) 由于布置管道的需要，有时需在连梁上开洞，穿过连梁的管道宜预埋套管，洞口上、下的截面有效高度不宜小于梁高的 1/3，且不宜小于 200mm；被洞口削弱的截面应进行承载力验算，洞口处应配置补强纵向钢筋和箍筋，补强纵向钢筋的直径不应小于 12mm。

【例 7-6】 连梁截面配筋示例。某高层钢筋混凝土剪力墙结构建筑，抗震等级为二级，其中某剪力墙开洞后形成的连梁截面尺寸 $b_b \times h_b = 200\text{mm} \times 500\text{mm}$，连梁净跨 $l_n = 2600\text{mm}$，采用 C30 混凝土，纵筋采用 HRB400 级、箍筋采用 HPB300 级钢筋($f_{yv} = 270\text{N/mm}^2$)。当永久、短暂设计状况时，连梁的跨中弯矩设计值 $M_b = 54.6\text{kN} \cdot \text{m}$；地震设计状况时，连梁跨中弯矩设计值 $M_b = 57.8\text{kN} \cdot \text{m}$。连梁支座弯矩设计值，组合 1 为 $M_b^l = 110\text{kN} \cdot \text{m}$，$M_b^r = -160\text{kN} \cdot \text{m}$；组合 2 为 $M_b^l = -210\text{kN} \cdot \text{m}$，$M_b^r = 75\text{kN} \cdot \text{m}$。重力荷载代表值产生的剪力设计值 $V_{Gb} = 85\text{kN}$，且梁上重力荷载为均布荷载。取 $a_s = a_s' = 35\text{mm}$。结构安全等级为二级。

(1) 连梁的上、下部纵向受力钢筋对称配置($A_s = A_s'$)，试问连梁跨中截面下部纵筋截面积 A_s 为多少？

(2) 连梁梁端抗剪箍筋配置 A_{sv}/s 为多少？

【解】 (1) 分不同情况考虑：

① 永久、短暂设计状况时，$\gamma_0 = 1.0$，$\gamma_0 M = 54.6\text{kN} \cdot \text{m}$，对称配筋，$x = 0 < 2a_s' = 70\text{mm}$，由《混凝土结构设计规范》有关规定可得

$$A_s = \frac{\gamma_0 M}{f_y(h - a_s - a_s')} = \frac{54.6 \times 10^6}{360 \times (500 - 35 - 35)} = 353(\text{mm}^2)$$

② 地震设计状况时，$\gamma_{RE} = 0.75$，$x = 0 < 2a_s' = 70\text{mm}$，则可得

$$A_s = \frac{\gamma_{RE} M}{f_y(h - a_s - a_s')} = \frac{0.75 \times 57.8 \times 10^6}{360 \times (500 - 35 - 35)} = 280(\text{mm}^2)$$

因 $l_n/h_b = 2.6/0.5 = 5.2 > 5.0$，由《高规》有关规定可得

$$\rho_{min} = \max(0.25\%, \ 0.55f_t/f_y) = \max(0.25\%, \ 0.55 \times 1.43/360) = 0.25\%$$

$$A_{s,min} = 0.25\% \times 200 \times 500\text{mm}^2 = 250\text{mm}^2 < 353\text{mm}^2$$

所以最终取 $A_s = 353\text{mm}^2$。

(2) 考虑不同组合：

组合 1 时，$M_b^l + M_b^r = 110 + 160 = 270(\text{kN} \cdot \text{m})$；

组合 2 时，$M_b^l + M_b^r = 210 + 75 = 285$(kN·m)；

故取 $M_b^l + M_b^r = 285$kN·m。

由《高规》有关规定可得

$$V_b = \eta_{vb} \frac{M_b^l + M_b^r}{l_n} + V_{Gb} = 1.2 \times \frac{285}{2.6} + 85 = 216.54 \text{(kN)}$$

因 $l_n / h_b = 2.6/0.5 = 5.2 > 5.0$，由《高规》有关规定，应按框架梁计算。

由《混凝土结构设计规范》有关规定可得

$$A_{sv}/s \geqslant \frac{\gamma_{RE} V_b - 0.6\alpha_{cv} f_t b h_{b0}}{f_{yv} h_{b0}} = \frac{0.85 \times 216.540 \times 10^3 - 0.6 \times 0.7 \times 1.43 \times 200 \times 465}{270 \times 465}$$

$$= 1.021 \text{(mm}^2/\text{mm)}$$

最小配箍率查《高规》有关表，取 φ8@100，则有

$$A_{sv}/s = \frac{2 \times 50.3}{100} = 1.006 \text{(mm}^2/\text{mm)} < 1.021 \text{(mm}^2/\text{mm)}$$

故最终取 1.021mm²/mm。

本 章 小 结

1. 剪力墙的受力变形特点、剪力墙结构的一般规定属于概念设计，剪力墙结构的概念设计包括结构布置要求、最小厚度要求、材料强度要求、延性要求、短肢剪力墙的设计要求等。

2. 剪力墙结构的内力和侧移计算，可简化为竖向荷载作用下的计算以及水平荷载作用下平面剪力墙的计算。

3. 由于抗震的原因，须对剪力墙墙肢和连梁的内力进行调整，剪力墙结构截面设计应进行正截面偏心受压承载力设计、正截面偏心受拉承载力设计及斜截面受剪承载力设计。

4. 剪力墙结构截面设计及构造是具体规定和施工图设计中的重要内容。

5. 本章是《高层建筑混凝土结构技术规程》，第 7 章"剪力墙结构设计"的精细化。

习 题

【选择题】

7-1 双肢剪力墙计算宜选用( )分析法。

    A. 材料力学分析法　　B. 连续化方法　　C. 壁式框架分析法　　D. 有限元法

7-2 在水平力作用下，剪力墙的变形曲线为弯曲型，不正确的是( )。

    A. 层间位移下大上小　　　　　　　　B. 层间位移下小上大

    C. 各层层间位移相等　　　　　　　　D. 层间位移变化没有规律

7-3 高层建筑剪力墙结构，采用简化计算时，水平力作用下的内力计算，下列哪种分配方法正确?( )

    A. 按各片剪力墙的等效刚度分配，然后进行单片剪力墙的计算

    B. 按各道剪力墙刚度进行分配，然后进行各墙肢的计算

    C. 按各道剪力墙的等效刚度分配，然后进行各墙肢的计算

    D. 按各道剪力墙墙肢刚度比例进行分配，然后进行各墙肢的计算

7-4 双肢剪力墙计算时，整体系数 α 的大小对结构的影响规律正确的是(   )。

    A. 整体系数 α 越大，墙的刚度越大，侧移越减小

    B. 整体系数 α 越大，墙的刚度越小，侧移越增大

    C. 整体系数 α 越大，连梁剪力越减小

    D. 整体系数 α 越大，墙肢轴力不变

【计算题】

7-5 某钢筋混凝土结构为较多短肢剪力墙的剪力结构，丙类建筑，高度 78m，设防烈度为 7 度，场地 Ⅱ 类。该结构底层的一字形抗震墙墙肢，长 1500mm，宽 200mm，层高 4000mm，采用 C30 混凝土，试问在重力荷载代表值作用下产生的最大轴压力设计值 N 应为多少，才能满足《高规》的轴压比限值要求？

【简答题】

7-6 在进行剪力墙设计时，如何实现延性剪力墙？

7-7 剪力墙分为哪几种类型？根据什么条件区分？

7-8 剪力墙结构定义、优点、缺点及其适用范围如何？

7-9 高墙与矮墙的主要区别是什么？

7-10 高层结构剪力墙设计中，为什么有最大适用高度限制？

7-11 高层结构剪力墙设计中，为什么有高宽比限制？

7-12 在剪力墙内，水平钢筋和竖向钢筋设计原则是什么？

7-13 为什么要用等效截面积和等效惯性矩来代替原截面特征计算整体剪力墙水平侧移？

7-14 连续连杆法的基本思路是什么？

7-15 双肢剪力墙采用连续连杆法计算所得荷载效应的特点是什么？

7-16 连梁延性设计要点是什么？

7-17 开洞剪力墙中，连梁性能对剪力墙破坏形式及延性有些什么影响？连梁延性设计要点是什么？

7-18 抗震延性悬臂剪力墙设计和构造措施有哪些？

7-19 联肢剪力墙"强墙弱梁"的设计要点是什么？

第 8 章
高层框架-剪力墙结构设计

主要讲述高层框架-剪力墙结构设计所需掌握的相关知识和设计要求，旨在让学生熟悉和掌握高层框架-剪力墙结构设计的基本计算，理解设计原理。通过本章学习，应达到以下教学目标：

(1) 掌握框架-剪力墙结构的概念设计；

(2) 掌握框架-剪力墙结构的近似计算方法，能独立进行框架-剪力墙结构设计；

(3) 掌握框架-剪力墙结构延性设计方法。

知识要点	能力要求	相关知识
框架-剪力墙结构一般规定	(1) 了解框架-剪力墙协同工作性能； (2) 熟悉框架-剪力墙结构一般规定； (3) 掌握框架-剪力墙结构形式、框架的剪力调整、板柱-剪力墙抗风设计	(1) 框架-剪力墙协调变形特点； (2) 适用高度及高宽比、选型布置、地震倾覆力矩比值、板柱-剪力墙布置等
框架-剪力墙结构的简化计算	(1) 理解框架-剪力墙的基本假定和计算简图； (2) 熟悉手算的近似计算方法，可采用连续连杆法； (3) 掌握框架-剪力墙计算方法，主要是计算机借助单元矩阵位移法	(1) 工程设计中，根据框架和剪力墙的联系方式，分为铰接体系和刚接体系两类； (2) 框架-剪力墙铰接体系结构分析； (3) 框架-剪力墙刚接体系结构分析
框架-剪力墙截面设计及构造	(1) 框架-剪力墙中剪力墙分布钢筋； (2) 带边框剪力墙的构造	(1) 板柱-剪力墙结构设计； (2) 板柱-剪力墙中，板的构造设计

 引例

在进行某个特定类型的高层框架-剪力墙结构设计之前，除了一般高层结构的设计原理之外，设计者必需了解和掌握该类结构形式及特点、概念设计、结构计算、构件的设计与构造、《高层建筑混凝土结构技术规程》对相应类型的要求等内容，在此基础上，才能结合特定地域情况、场地条件及设计任务书中的各项要求等开始具体的设计进程。

高层框架-剪力墙结构适用于组成形式较灵活的办公楼、商业大厦、饭店、旅馆、教学楼、图书馆、住宅楼等高层和多层公共建筑中。框架-剪力墙结构结合了框架和剪力墙各自的优点,两者协同工作,剪力墙承担绝大部分水平荷载,而框架则以承担竖向荷载为主,总体结构具有多道抗震防线,是抗震性能很好的新型受力结构体系。高层剪力墙结构设计要符合《高层建筑混凝土结构技术规程》的一般规定和截面设计及构造。因此在开始设计前,设计者需要对高层框架-剪力墙结构设计的前期相关知识和要求做充分了解和掌握。

如果要在中国深圳某房地产开发公司新建一座 24 层高层框架-剪力墙结构办公楼,总高度为 58m,抗震设防烈度为 8 度,丙类建筑,场地 I_1 类,在开始着手该办公楼的结构方案设计之前,需要了解和掌握框架-剪力墙结构的哪些形式及特点?完成哪些概念设计?怎样进行结构计算?怎样进行构件的设计与构造?应该为这个高层框架-剪力墙结构确定一个什么样的设计目标?在设计中应遵循哪些基本原则?施工图设计内容包括哪一些?作为高层建筑结构中广泛应用的框架-剪力墙结构,还有哪些要求需要我们特别关注和应对?

8.1 一 般 规 定

框架-剪力墙结构广泛地应用于组成形式较灵活的高层建筑,如办公楼、商业大厦、饭店、旅馆、教学楼、电信大楼、图书馆、住宅楼等建筑。框架-剪力墙结构定义为:由框架和剪力墙共同承受竖向和水平作用的结构。在这种结构体系中,框架和剪力墙共同受力,剪力墙承担绝大部分水平荷载,而框架则以承担竖向荷载为主。又称框架-抗震墙结构,简称框剪结构。框架-剪力墙结构结合了框架和剪力墙各自的优点,可由框架构成自由灵活的大空间,以满足不同建筑功能的要求,同时由剪力墙提供相当大的侧向刚度。框剪结构由延性较好的框架、抗侧刚度较大的剪力墙和有良好耗能性能的连梁所组成,具有多道抗震防线,国内外经受地震后震害调查,表明其确为一种抗震性能很好的结构体系。当框架结构的刚度和强度不能满足抗震抗风要求时,采用刚度和强度均较大的剪力墙与框架协同工作,减小水平荷载作用下的侧移变形,可以防止砌体填充墙、门窗、吊顶等非结构构件的严重破坏和倒塌。因此,当建筑高度较高,且有抗震设防要求时,框剪结构抗震性能要优于纯框架结构,如图 8.1 所示。

本章包括了框架-剪力墙结构和板柱-剪力墙结构的设计内容。震害表明,板柱框架破坏严重,其板与柱的连接节点为薄弱点。因而在地震区必须加设剪力墙(或筒体)以抵抗地震作用,形成板柱-剪力墙结构。板柱-抗震墙结构作为一种特殊的结构形式,现行规范对其结构体系的使用有较多的限制条件,同时也做出了较为详细的构造规定。板柱-剪力墙结构受力特点与框架-剪力墙结构类似,故把这种结构也纳入本章。框架-剪力墙结构和板柱-剪力墙结构布置、计算分析、截面设计及构造要求除应满足相应规定外,还应遵守前面计算分析对框架、剪力墙的有关规定。

框架-剪力墙结构设计的一般规定属于概念设计的重要内容。

8.1.1 框架-剪力墙结构协同工作性能

前面章节分别分析了框架结构和剪力墙结构,框剪结构是由框架和剪力墙两种不同的

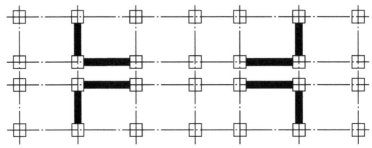

图 8.1　框架-剪力墙结构建筑实例及结构示意图

抗侧力体系组成的新型受力体系，这两种结构的受力特点和变形性质是不同的。

在水平力作用下，框架变形为剪切型为主，相对剪力墙结构而言，框架变形正好相反，楼层越高，水平位移增长越慢。在纯框架结构中，各榀框架的变形相似，所以楼层剪力按框架柱的抗侧移刚度 D 值比例来分配。框架的侧移曲线是剪切型，曲线凹向原始位置，如图 8.2(a)、(d)所示。

在水平力作用下，剪力墙相当于一竖向悬臂构件，其变形曲线以弯曲型为主，楼层越高，水平位移增长速度越快。《高层建筑混凝土结构技术规程》（简称《高规》）近似按倒三角形分布荷载作用下结构顶点位移相等的原则，将结构的侧向刚度折算为竖向悬臂受弯构件的等效侧向刚度，据此得出顶点位移值与高度是四次方关系。而剪力墙的侧移曲线是弯曲型，曲线凸向原始位置，如图 8.2(b)、(d)所示。

在一般剪力墙结构中，由于所有抗侧力结构都是剪力墙，在水平力作用下各片墙的侧向位移相似，所以，楼层剪力在各片墙之间是按其等效刚度比例进行分配的。

在框架-剪力墙结构中，框架和剪力墙之间通过平面内刚度无限大的楼板连接在一起，在水平力作用下，迫使这两种水平荷载下侧移变形性质截然不同的结构在各层楼板标高处共同变形(不计扭转影响时)。因此，框剪结构在水平力作用下的变形呈弯剪型位移曲线，在同一高度处框架、剪力墙的侧移基本相同。这使得框-剪结构的侧移曲线既不是剪切型，也不是弯曲型，而是一种弯、剪混合型，简称弯剪型，如图 8.2(c)、(d)所示。

在结构底部，框架将把剪力墙向右拉；在结构顶部，框架将把剪力墙向左推。因而，框-剪结构底部侧移比纯框架结构的侧移要小一些，比纯剪力墙结构的侧移要大一些。在下部楼层，因为剪力墙位移小，它拉住框架的变形，使剪力墙承担了大部分剪力；其顶部侧移则正好相反，剪力墙的位移越来越大，而框架的变形反而小。框架和剪力墙在共同承担外部荷载的同时，二者之间为保持变形协调还存在着相互作用，如图 8.2(e)、(f)所示。框架和剪力墙之间的这种相互作用关系，即为协同工作原理。

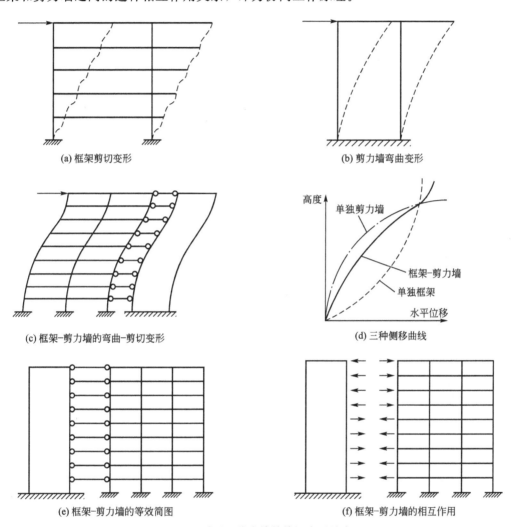

图 8.2　框架-剪力墙的协调变形特点

　　在水平力作用下，由于框架与剪力墙协同工作，所以，框架除承受水平力作用下的那部分剪力外，还要负担拉回剪力墙变形的附加剪力，因此，在上部楼层即使水平力产生的楼层剪力很小，而框架中仍有相当数值的剪力。框架在水平力作用下，上下各楼层的剪力取值比较接近，梁、柱的弯矩和剪力值变化较小，使得梁、柱构件规格较少。

　　框架-剪力墙在水平力作用下，框架与剪力墙之间楼层剪力的分配和框架各楼层剪力分布情况，是随楼层所处高度而变化的，与结构刚度特征值直接相关，结构刚度特征值是框架抗侧刚度与剪力墙抗侧刚度的比值。

　　框架-剪力墙结构中框架底部剪力为零，剪力控制截面在房屋高度的中部甚至是上部，而纯框架最大剪力在底部。因此，实际布置有剪力墙(如楼梯间墙、电梯井墙、设备管道井墙等)的框架结构,必须按框剪结构协同工作计算内力,不能简单地按纯框架分析,否则不能保证框架部分上部楼层构件的安全。

对框架-剪力墙,《高规》明确了其水平位移限值针对的是风荷载或多遇地震作用标准值作用下结构分析所得到的位移计算值。结构侧移大小是高层建筑结构刚度的一个反映,也是对构件截面大小、刚度大小的一个相对指标。

《高规》采用层间位移角的限值即楼层层间最大水平位移与层高之比 $\Delta u/h$ 作为刚度控制指标。高度不大于150m的常规高度高层建筑,整体弯曲变形相对影响较小,层间位移角 $\Delta u/h$ 的限值按1/800取值;但当高度超过150m时,弯曲变形产生的侧移有较快增长,所以超过250m高度的建筑,层间位移角限值按1/500取值;150～250m之间的高层建筑,按线性插入考虑。如计算侧移超过此规定,则须对平面布置及剪力墙数量进行适当调整。

8.1.2　适用高度及高宽比

钢筋混凝土高层框架-剪力墙结构,为防止在强烈地震作用下或强台风袭击下房屋整体倾覆、产生过大的侧向变形,应减小非结构构件如填充墙、内隔墙、门窗和吊顶等的破坏,尤其是在软弱地基上的高层建筑,并使设计经济合理。框剪结构房屋不宜超过表8-1和表8-2的高度限值。

表8-1　A级高度钢筋混凝土框架-剪力墙的最大适用高度　　单位:m

结构体系	非抗震设计	抗震设防烈度				
		6度	7度	8度		9度
				0.20g	0.30g	
框架-剪力墙	150	130	120	100	80	50
板柱-剪力墙	110	80	70	55	40	不应采用

表8-2　B级高度钢筋混凝土框架-剪力墙的最大适用高度　　单位:m

结构体系	非抗震设计	抗震设防烈度			
		6度	7度	8度	
				0.20g	0.30g
框架-剪力墙	170	160	140	120	100

【例8-1】　某钢筋混凝土框架-剪力墙结构办公楼,高度128m,7度抗震设防,丙类建筑,场地Ⅱ类,试确定框架、剪力墙的抗震等级。

【解】　$H=128$m,7度抗震设防,丙类建筑,查表8-1、表8-2,应属于B级高度建筑。查《高规》有关的表可知:框架抗震等级为一级,剪力墙抗震等级也为一级。

框剪结构有两种类型:其一为由框架和单肢整截面墙、整体小开口墙、小筒体墙、双肢墙组成的一般框剪结构,其二为由外周边为柱距较大的框架和中部为封闭式剪力墙筒体组成的框架-筒体结构。这两种类型结构在进行内力和位移分析、构造处理时均按框剪结构考虑。它们的高宽比不宜超过表 7-3 的规定。

8.1.3 框架-剪力墙结构的选型布置

1. 框架-剪力墙结构形式

框剪结构由框架和剪力墙组成，以其整体承担荷载和外部作用，其组成形式较灵活，设计时可根据工程具体情况选择适当的组成形式和适量的框架和剪力墙。可采用下列形式：

（1）框架与剪力墙（单片墙、联肢墙或较小井筒）分开布置；

（2）在框架结构的若干跨内嵌入剪力墙（带边框剪力墙）；

（3）在单片抗侧力结构内连续分别布置框架和剪力墙；

（4）上述两种或三种形式混合。

2. 框架-剪力墙结构的布置要求

框架-剪力墙结构应设计成双向抗侧力体系，且结构在两个主轴方向的刚度和承载力不宜相差过大。抗震设计时，结构两主轴方向均应布置剪力墙，以体现多道防线的要求。框架-剪力墙结构中，主体结构构件之间除个别节点外不应采用铰接（但在某些具体情况下，比如采用铰接对主体结构构件受力有利时，可以针对具体构件进行分析判定后在局部位置采用铰接），以保证结构整体的几何不变和刚度的发挥。梁与柱或柱与剪力墙的中线宜重合，使内力传递和分布合理且保证节点核心区的完整性。框架梁、柱中心线之间有偏离时，应符合框架结构的有关规定。

3. 框架的合理构造

框架结构在框架-剪力墙结构中是一个最重要的组成部分。框架梁柱的截面尺寸仍宜按框架结构的要求来控制，以保证框架结构仍具有较好的抗侧能力和延性。但如果框架结构中剪力墙的数量及平面布置合理，框架-剪力墙结构中的框架结构在水平荷载作用下受力状态可大大改善，框架梁柱的截面尺寸可适当减少，框架的抗震等级可相应略有降低。

4. 剪力墙的布置

框架-剪力墙结构中，剪力墙也是一个重要的基本组成部分，布置适量的剪力墙是其基本特点，剪力墙的布置宜符合下列规定：

（1）剪力墙宜均匀布置在建筑物的周边、楼梯间、电梯间、平面形状变化及恒荷载较大的部位，剪力墙间距不宜过大。

（2）平面形状凹凸较大时，宜在凸出部分的端部附近布置剪力墙。

（3）纵、横剪力墙宜组成 L 形、T 形和 〔形等形式。

（4）单片剪力墙底部承担的水平剪力不应超过结构底部总水平剪力的 30%。

（5）剪力墙宜贯通建筑物的全高，宜避免刚度突变；剪力墙开洞时，洞口宜上下对齐。

（6）楼、电梯间等竖井宜尽量与靠近的抗侧力结构结合布置。

（7）抗震设计时，剪力墙的布置宜使结构各主轴方向的侧向刚度接近。

5. 长矩形平面的剪力墙布置

长矩形平面或平面有一部分较长的建筑中，其剪力墙的布置尚宜符合下列规定：

（1）横向剪力墙沿长方向的间距宜满足表8-3的要求，当这些剪力墙之间的楼盖有较大开洞时，剪力墙的间距应适当减小。

（2）纵向剪力墙不宜集中布置在房屋的两尽端。

表8-3　剪力墙间距　　　　　　　　　　　　　　　　　单位：m

楼盖形式	非抗震设计（取较小值）	抗震设计烈度		
		6、7度（取较小值）	8度（取较小值）	9度（取较小值）
现浇式	5.0B，60	4.0B，50	3.0B，40	2.0B，30
装配整体式	3.5B，50	3.0B，40	2.5B，30	—

注：① B为剪力墙之间的楼盖宽度；

　　② 装配整体式楼盖的现浇层应符合《高规》的有关要求；

　　③ 现浇层厚度大于60mm的叠合楼板可作为现浇板考虑；

　　④ 当房屋端部未布置剪力墙时，第一片剪力墙与房屋端部的距离不宜大于表中剪力墙间距的1/2。

6．剪力墙的合理数量

一般来说，多设剪力墙对抗震是有利的。但剪力墙太多时，虽然有较强的抗震能力，由于刚度太大、周期太短，地震作用要加大，不仅使上部结构材料增加，结构不经济，而且带来基础设计的困难。多次实际震害的情况表明：在钢筋混凝土结构中，剪力墙数量越多，地震震害减轻得越多。框架结构在强地震中大量破坏、倒塌，而剪力墙结构破坏轻微。另外框剪结构中，框架的设计水平剪力有最低限值，剪力墙再增多，框架的材料消耗也不会减少。所以，单从抗震角度来说，剪力墙数量以多为好；但从经济上来说，剪力墙则不宜过多，框架-剪力墙结构体系布置适量剪力墙是其基本特点，在结构设计中，剪力墙的合理数量主要可由框架结构特征刚度值λ来表征，研究表明，合理的剪力墙数量应落在λ＝1～2.5之间。

【例8-2】 框架-剪力墙结构中剪力墙布置概念设计示例。某15层现浇钢筋混凝土框架-剪力墙高层结构办公楼，呈长矩形平面，楼、屋盖抗震墙之间无大洞口。当抗震设防烈度为7度时，下列关于剪力墙布置的说法中何者不正确？

A. 剪力墙宜均匀布置在建筑物的周边、楼梯间、电梯间、平面形状变化及恒荷载较大的部位，剪力墙间距不宜过大

B. 楼、屋盖长宽比不大于3时，可不考虑楼盖平面内变形对楼层水平地震剪力分配的影响

C. 两方向的剪力墙宜集中布置在结构单元的两尽端，增大整个结构的抗扭能力

D. 设计成双向抗侧力体系，结构两主轴方向均应布置剪力墙

【解】 根据《高规》的有关规定，A、B、D项正确，C项不正确。

8.1.4　结构体系与框架部分分配地震倾覆力矩比值的大致关系

在规定水平力作用下，根据结构底层框架部分分配的地震倾覆力矩与结构总地震倾覆力矩的比值不同，应采用不同的设计方法，如图8.3所示。在结构设计时，应根据此比值

确定结构的适用高度和构造措施，计算模型及分析均按框架-剪力墙结构进行实际输入和计算分析。

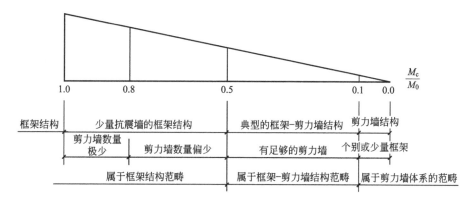

图 8.3 框架-剪力墙结构按倾覆力矩比确定设计方法

（1）地震倾覆力矩比对最大适用高度的影响见表 8-4。

表 8-4 地震倾覆力矩比对最大适用高度的影响

地震倾覆力矩比	最大适用高度
≤10%	按框架-剪力墙结构的要求执行
>10%，≤50%	按框架-剪力墙结构的要求执行
>50%，≤80%	可比框架结构适当增加，提高的幅度可视剪力墙承担的地震倾覆力矩来确定
>80%	宜按框架结构采用

（2）地震倾覆力矩比对层间位移角限值的影响见表 8-5。

表 8-5 地震倾覆力矩比对层间位移角限值的影响

地震倾覆力矩比	层间位移角限值
≤10%	按剪力墙结构采用
>10%，≤50%	按框架-剪力墙结构采用
>50%，≤80%	《高层建筑混凝土结构技术规范》第8.1.3条的规定和条文说明："为避免剪力墙过早开裂或破坏，其位移相关控制指标按框架-剪力墙结构的规定采用。" 《建筑抗震设计规范》第6.1.3条的条文说明："层间位移角限值需按底层框架部分承担倾覆力矩的大小，在框架结构和框架-抗震墙结构两者的层间位移角限值之间偏于安全内插。"
>80%	《高层建筑混凝土结构技术规范》第8.1.3条的规定和条文说明："为避免剪力墙过早开裂或破坏，其位移相关控制指标按框架-剪力墙结构的规定采用。当结构的层间位移角不满足框架-剪力墙结构的规定时，可按本规程第3.11节的有关规定进行结构抗震性能分析和论证。" 《建筑抗震设计规范》第6.1.3条的条文说明："层间位移角限值需按底层框架部分承担倾覆力矩的大小，在框架结构和框架-抗震墙结构两者的层间位移角限值之间偏于安全内插。"

（3）地震倾覆力矩比对抗震等级的影响见表 8-6。

表 8-6　地震倾覆力矩比对抗震等级的影响

地震倾覆力矩比	框架部分的抗震等级	剪力墙部分的抗震等级
≤10%	可参照框架-剪力墙结构的框架确定	仍按剪力墙结构确定
>10%，≤50%	按框架-剪力墙结构确定	按框架-剪力墙结构确定
>50%，≤80%	宜按框架结构确定	《高层建筑混凝土结构技术规范》第 8.1.3 条规定："按框架-剪力墙结构的规定采用。"
>80%	应按框架结构确定	《建筑抗震设计规范》第 6.1.3 条规定："可与其框架的抗震等级相同。"

（4）地震倾覆力矩比对轴压比限值的影响见表 8-7。

表 8-7　地震倾覆力矩比对轴压比限值的影响

地震倾覆力矩比	轴压比限制
≤10%	应按框架-剪力墙结构的规定进行设计
>10%，≤50%	按框架-剪力墙结构的规定进行设计
>50%，≤80%	宜按框架结构的规定采用
>80%	应按框架结构的规定采用

【例 8-3】　某采用现浇钢筋混凝土的框架-剪力墙结构 15 层办公楼，每层层高均为 3m，房屋高度 45m，抗震设防烈度为 7 度，丙类建筑，该建筑物所在场地为Ⅲ类场地，设计基本加速度为 0.15g，采用 C40 混凝土，横向地震作用时，基本振型下结构总地震倾覆力矩 $M_0 = 3.8 \times 10^5$ kN·m，剪力墙承受的地震倾覆力矩 $M_w = 1.8 \times 10^5$ kN·m。该结构中部未加剪力墙的某一榀框架，底层边柱 AB 柱底截面考虑地震作用组合的轴力设计值 $N_A = 5600$ kN；该柱剪跨比大于 2.0，配 HPB300 级钢筋 φ10 井字复合箍。求柱 AB 柱底截面最小尺寸为多少？

【解】　$50\% < M_c / M_0 = \dfrac{3.8 \times 10^5 - 1.8 \times 10^5}{3.8 \times 10^5} = 52.6\% < 80\%$

根据表 8-6 和表 8-7，该框架部分应按框架结构确定抗震等级和轴压比。

Ⅲ类场地，设防烈度 7 度（0.15g），根据《高规》的有关规定，应按 8 度考虑抗震构造措施来选择抗震等级，该榀框架抗震等级为一级；柱轴压比限值取 $[\mu_N] = 0.65$，按计算公式可得

$$\mu_N = \frac{N}{f_c A} \leqslant [\mu_N] = 0.65$$

从而有

$$A \geqslant \frac{N}{f_c \times 0.65} = \frac{5600 \times 10^3}{19.1 \times 0.65} = 4.51 \times 10^5 \,(\text{mm}^2)$$

柱底截面最小尺寸可取 700mm×700mm（$A = 4.9 \times 10^5$ mm²），满足相应要求。

8.1.5 板柱-剪力墙结构的布置

板柱结构由于楼盖基本没有梁，可以减小楼层高度，对使用和管道安装都较方便，因而板柱结构在建筑工程中时有采用。但板柱结构抵抗水平力的能力差，特别是板与柱的连接点是非常薄弱的部位，对抗震尤为不利。为此，《高规》规定抗震设计时，高层建筑不能单独使用板柱结构，而必须设置剪力墙（或剪力墙组成的筒体）来承担水平力。相关布置应符合下列规定：

（1）应同时布置筒体或两主轴方向的剪力墙以形成双向抗侧力体系，并应避免结构刚度偏心，其中剪力墙或筒体应分别符合《高规》第 7 章和第 9 章的有关规定，且宜在对应剪力墙或筒体的各楼层处设置暗梁。

（2）抗震设计时，房屋的周边应设置边梁形成周边框架，房屋的顶层及地下室顶板宜采用梁板结构。

（3）有楼梯、电梯间等较大开洞时，洞口周围宜设置框架梁或边梁。

（4）无梁板可根据承载力和变形要求，采用无柱帽（柱托）板或有柱帽（柱托）板形式。柱托板的长度和厚度应按计算确定，且每方向长度不宜小于板跨度的 1/6，其厚度不宜小于板厚的 1/4。7 度时宜采用有柱托板，8 度时应采用有柱托板，此时托板每方向长度尚不宜小于同方向柱截面宽度和 4 倍板厚之和，托板总厚度尚不应小于柱纵向钢筋直径的 16 倍。当无柱托板且无梁板受冲切承载力不足时，可采用型钢剪力架（键），此时板的厚度并不应小于 200mm。

（5）双向无梁板厚度与长跨之比，不宜小于表 8-8 的规定。

表 8-8 双向无梁板厚度与长跨的最小比值

非预应力楼板		预应力楼板	
无柱托板	有柱托板	无柱托板	有柱托板
1/30	1/35	1/40	1/45

8.1.6 板柱-剪力墙结构的抗风设计

抗震设计时，按多道设防的原则，抗风设计时，板柱-抗震墙结构中的抗震墙为结构的主要抗侧力构件。板柱-剪力墙结构中各层筒体或剪力墙应能承担不小于 80％相应方向该层承担的风荷载作用下的剪力；抗震设计时，应能承担各层全部相应方向该层承担的地震剪力，而各层板柱部分尚应能承担不小于 20％相应方向该层承担的地震剪力，且应符合有关抗震构造要求。

8.1.7 框架的剪力调整

框架-剪力墙结构在水平地震作用下，框架部分计算所得的剪力一般都较小。按多道防线的概念设计要求，墙体是第一道防线，在设防地震、罕遇地震下先于框架破坏，由于塑性内力重分布，框架部分按侧向刚度分配的剪力会比多遇地震下加大，为保证作为第二道防线的框架具有一定的抗侧力能力，需要对框架承担的剪力予以适当的调整。随着建筑形式的多样化，框架柱的数量沿竖向有时会有较大的变化。框架柱的数量沿竖向有规律分段变化时，可按照分段调整的规定。对框架柱数量沿竖向变化更复杂的情况，设计时应专门研究框架柱剪力的调整方法。

对有加强层的结构，框架承担的最大剪力不包含加强层及相邻上下层的剪力。

抗震设计时，框架-剪力墙结构对应于地震作用标准值的各层框架总剪力应符合下列规定：

（1）满足式（8-1）要求的楼层，其框架总剪力不必调整；不满足式（8-1）要求的楼层，其框架总剪力应按 $0.2V_0$ 和 $1.5V_{f,max}$ 二者的较小值采用。

$$V_f \geqslant 0.2V_0 \tag{8-1}$$

式中　V_0——对框架柱数量从下至上基本不变的结构，应取对应于地震作用标准值的结构底层总剪力；对框架柱数量从下至上分段有规律变化的结构，应取每段底层结构对应于地震作用标准值的总剪力。

V_f——对应于地震作用标准值且未经调整的各层（或某一段内各层）框架承担的地震总剪力。

$V_{f,max}$——对框架柱数量从下至上基本不变的结构，应取对应于地震作用标准值且未经调整的各层框架承担的地震总剪力中的最大值；对框架柱数量从下至上分段有规律变化的结构，应取每段中对应于地震作用标准值且未经调整的各层框架承担的地震总剪力中的最大值。

（2）各层框架所承担的地震总剪力按第（1）款调整后，应按调整前、后总剪力的比值调整每根框架柱和与之相连框架梁的剪力及端部弯矩标准值，框架柱的轴力标准值可不予调整。

（3）按振型分解反应谱法计算地震作用时，第（1）款所规定的调整可在振型组合之后并在满足《高规》关于楼层最小地震剪力系数的前提下进行。

【例8-4】　某框剪结构中框架柱数量各层基本不变，对应于水平作用标准值，结构基底总剪力 $V_0 = 14000kN$，各层框架所承担的未经调整的地震总剪力中的最大值 $V_{f,max} = 2100kN$，某楼层框架承担的未经调整的地震总剪力 $V_f = 1600kN$，该楼层某根柱调整前的柱底内力标准值为弯矩 $M = \pm 283kN \cdot m$，剪力 $V = \pm 74.5kN$，试问：抗震设计时，在水平地震作用下，该柱应采用的内力标准值为多少？〔提示：楼层剪重比应满足规程中关于楼层最小地震剪力系数（剪重比）的要求。〕

【解】　根据《高规》有关的规定，$V_f = 1600kN < 0.2V_0 = 0.2 \times 14000kN = 2800kN$，故楼层地震作用需调整。

$$V_f = \min(0.2V_0, 1.5V_{f,max}) = \min(0.2 \times 14000kN, 1.5 \times 2100kN) = 2800kN$$

故调整系数为　　　　　　　　　　$2800/1600 = 1.75$

该柱应采用的内力标准值为

$$M' = 1.75M = \pm 495.25kN \cdot m$$
$$V' = 1.75V = \pm 130.38kN$$

8.2 框架-剪力墙结构的内力和位移计算

8.2.1 基本假定与计算简图

1. 基本假定

框架-剪力墙结构体系在水平荷载作用下的内力分析是一个三维超静定问题，通常把它简化为平面结构来计算，并在结构分析中做如下基本假定：

（1）楼板在自身平面内的刚度为无穷大，平面外刚度为零。这一点同剪力墙结构分析时的假定是一样的。在此假定下，保证楼板将整个计算区段内的框架和剪力墙连成一个整体，一个结构区段内的所有框架和剪力墙将协同变形，这一假定使得在水平荷载作用下，框架和剪力墙之间不产生相对位移，没有相对变形。

（2）当结构体型规则、剪力墙布置比较对称均匀时，结构在水平荷载作用下不计入扭转的影响；否则应考虑扭转的影响。

结构区段在水平荷载作用下，不存在扭转。这一假定是为了现在的分析方便而提出来的。没有扭转、只有平移时，一个结构区段内所有框架、剪力墙在同一楼层标高处侧移相等，从而使分析大为简化。实际结构中，在水平力作用下，结构出现扭转是不可避免的。存在扭转时结构的受力分析将在后面的内容中加以讨论。需要指出的是，扭转的存在不仅使计算工作大为复杂，而且对结构的受力也是十分不利的。

（3）不考虑剪力墙和框架柱的轴向变形及基础转动的影响。

在上述三个基本假定的前提下，水平力作用时，同一楼层标高处，剪力墙与框架的水平位移是相同的。此时，可将所有剪力墙和所有框架分别综合在一起，当作平面结构处理。总剪力墙和总框架的抗侧移刚度分别为各榀剪力墙和各榀框架的抗侧移刚度之和。按照剪力墙之间和框架与剪力墙之间有无连梁，或者是考虑这些梁对剪力墙转动的约束作用，框架-剪力墙结构分为铰结体系和刚结体系两类。

2. 框剪结构的计算简图

在上述假定下，框剪结构受水平力作用时，可以将所有剪力墙综合在一起，称作总剪力墙；将所有框架也综合在一起，称作总框架。总框架和总剪力墙之间，通过楼板相联系，从而可以按平面结构来处理。结构的计算简图取决于框架和剪力墙之间的联系方式。有以下两种情况：

1）铰接体系

在剪力墙平面内，没有联系梁与剪力墙相连。框架和剪力墙之间只是通过楼板相连。由于假定楼盖在平面外的刚度为零，楼板将只能传递水平力，不能传递弯矩，即楼板的作用可以简化为铰接连杆，这种体系即为铰接体系。总框架和总剪力墙之间在楼层处通过铰接连杆相连接，如图 8.4 所示。

2）刚接体系

在剪力墙平面内，有联系梁与剪力墙相连。这样，剪力墙在弯曲变形时，必然受到联

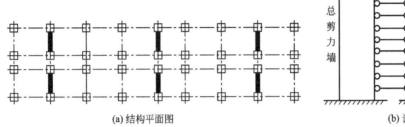

(a) 结构平面图　　　　　　　　　(b) 计算简图

图 8.4　框架-剪力墙铰接体系

系梁对剪力墙的约束作用，联系梁不仅有轴向力，还有弯矩。总剪力墙和总框架之间就不再是铰接连杆，连杆和总剪力墙之间应该是刚接。连杆和总框架之间仍是铰接，这是因为连梁对框架的约束作用可以在柱子抗推刚度 D 的计算中考虑。这种体系即为刚接体系，如图 8.5 所示。

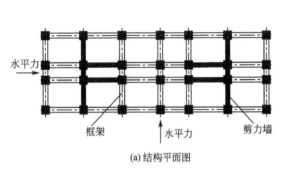

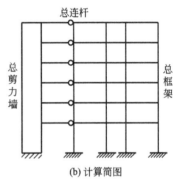

(a) 结构平面图　　　　　　　　　(b) 计算简图

图 8.5　框架-剪力墙刚接体系

3. 计算方法

　　框架-剪力墙结构的计算方法主要有计算机借助单元矩阵位移法求解和简化的手算近似方法两种。

　　计算机借助单元矩阵位移法进行求解，求解中将剪力墙简化为杆件或化为带刚性域的平面壁式框架，如图 8.6 所示，同时考虑杆件的轴向、剪切及弯曲等变形影响，计算结果较准确。

　　现在设计院做框剪高层建筑结构设计时，内力计算和截面设计一般都通过计算程序由计算机来实现。

　　手算的近似方法是将所有剪力墙合并成总剪力墙，所有框架合并成总框架，将连系框架和剪力墙间的连杆切开后用力学方法进行求解，从而求得连杆的未知力。

　　类似于连肢墙，框剪结构的计算仍可采用连续连杆法。将总框架、总剪力墙之间的连梁离散为无限连续的连杆，切断连杆暴露出分布力 $p_{\mathrm{f}}(x)$［刚结体系中还有 $m(x)$］，利用

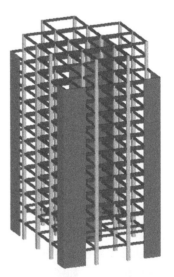

图 8.6　框架-剪力墙结构计算空间示意图

变形协调条件求得 $p_f(x)$ [及 $m(x)$]，即可求得有关结构的内力。

下面论述手算近似方法。

8.2.2 总框架的剪切刚度和剪力墙抗弯刚度计算

总框架的剪切刚度是指使框架某一层产生单位剪切变形所需要的作用力，用 C_f 表示。

按照上述定义，框架产生单位剪切变形时，该层柱子顶部相对于柱底的水平侧移为层高 h，根据柱子抗推刚度的定义，总框架在该层的抗剪刚度（图8.7）为

$$C_f = h \sum D_{ji} \tag{8-2}$$

式中 D_{ji}——第 j 层第 i 根柱子的抗推刚度。

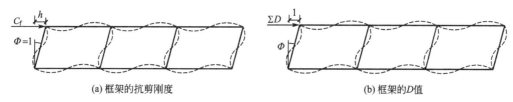

(a) 框架的抗剪刚度　　　　　　　(b) 框架的 D 值

图 8.7 框架的抗剪刚度和 D 值

如果考虑柱子轴向变形对侧移（刚度）的影响，总框架的剪切刚度应小于 C_f，用 C_{f0} 来表示则其值为

$$C_{f0} = \frac{\delta_m}{\delta_m + \delta_n} C_f \tag{8-3}$$

式中 δ_m、δ_n——框架弯曲变形、轴向变形所产生的顶点侧移。

这个协同工作计算方法中，假定总框架各层抗剪刚度相等，均为 C_f；也假定总剪力墙各层抗弯刚度相等，均为 EI_w。实际工程中，各层 C_f 或 EI_w 值可能不同。如果各层刚度变化太大，则本方法不适用。如果相差不大，则可用沿高度加权平均方法得到平均的 C_f 和 EI_w 值：

$$\begin{cases} EI_w = \dfrac{\sum E_j I_{wj} h_j}{\sum h_j} \\[3mm] C_f = \dfrac{\sum C_{fj} h_j}{\sum h_j} \end{cases} \tag{8-4}$$

式中 $E_j I_{wj}$——剪力墙沿竖向各段的抗弯刚度；

C_{fj}——框架沿竖向各段的抗剪刚度；

h_j——各段相应的高度。

8.2.3 框剪结构铰接体系在水平荷载下的计算

本节寻求基本方程及其一般解。设框剪结构所受水平荷载为任意荷载 $p(x)$，将连杆离散化后切开，暴露出内力为连杆轴力 $p_f(x)$，如图8.8所示，则对总剪力墙有

$$E_w I_w \frac{d^4 y}{dx^4} = p(x) - p_f(x) \tag{8-5}$$

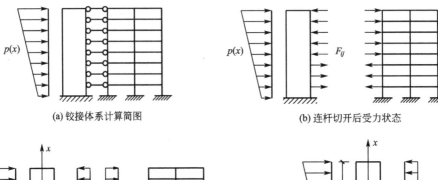

(a) 铰接体系计算简图　　　　　　　　(b) 连杆切开后受力状态

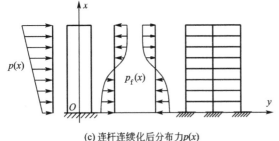

(c) 连杆连续化后分布力$p(x)$　　　　　　(d) 总剪力墙计算简图

图 8.8　铰接体系

对总框架，按总框架抗剪刚度的定义有

$$V_f = C_f \theta = C_f \frac{dy}{dx} \tag{8-6}$$

微分一次得

$$\frac{dV_f}{dx} = C_f \frac{d^2 y}{dx^2} = -p_f(x) \tag{8-7}$$

将式(8-5)代入，整理即可得到铰接体系的基本方程为

$$\frac{d^4 y}{dx^4} - \frac{C_f}{E_w I_w}\frac{d^2 y}{dx^2} = \frac{p(x)}{E_w I_w} \tag{8-8}$$

为分析方便，引入参数

$$\lambda = H\sqrt{\frac{C_f}{E_w I_w}}, \qquad \xi = \frac{x}{H} \tag{8-9}$$

λ 是一个无量纲的量，反映了总框架和总剪力墙之间刚度的相对关系，对框剪结构的受力状态和变形状态及外力的分配都有很大的影响，称为刚度特征值；ξ 是相对坐标，原点为固定端处，应注意与双肢墙推倒时不同。

自振周期是对结构刚度特征的综合反映。大量的工程统计表明，结构布置合理的框架-剪力墙的自振周期为

$$T = (0.06 \sim 0.08)n$$

式中　n——结构总层数。

代入以上参数可得

$$\frac{d^4 y}{d\xi^4} - \lambda^2 \frac{d^2 y}{d\xi^2} = \frac{p(\xi)H^4}{E_w I_w} \tag{8-10}$$

式(8-10)是一个四阶常系数线形微分方程，一般解为

$$y = C_1 + C_2 \xi + A \operatorname{sh}(\lambda\xi) + B \operatorname{ch}(\lambda\xi) + y_1 \tag{8-11}$$

式中　C_1、C_2、A、B——任意常数；

　　　　y_1——式(8-10)的特解，与具体荷载有关。

确定四个任意常数的边界条件如下：

(1) 当 $x=H$(即 $\xi=1$)时，在三角形分布及均布水平荷载下，框架-剪力墙顶部总剪力为零，即 $V=V_w+V_f=0$；在顶部集中水平力作用下，$V_w+V_f=P$。

(2) 当 $x=0$(即 $\xi=0$)时，底部为固接，剪力墙底部转角近似为零。

(3) 当 $x=H$(即 $\xi=1$)时，剪力墙顶部弯矩 M_w 为零。

(4) 当 $x=0$(即 $\xi=0$)时，底部为固接，剪力墙底部位移为零。

在给定荷载下就可以求出特解，再利用以上四个边界条件即可确定四个任意常数 C_1、C_2、A、B，从而求出 y。

8.2.4　框剪结构铰接体系的内力计算

针对具体荷载，引入边界条件，即可求得上述微分方程的解 y，进而求到结构内力：

$$\theta=\frac{\mathrm{d}y}{\mathrm{d}x}=\frac{1}{H}\frac{\mathrm{d}y}{\mathrm{d}\xi} \tag{8-12}$$

$$M_w=E_wI_w\frac{\mathrm{d}\theta}{\mathrm{d}x}=E_wI_w\frac{\mathrm{d}^2y}{\mathrm{d}x^2}=\frac{E_wI_w}{H^2}\frac{\mathrm{d}^2y}{\mathrm{d}\xi^2} \tag{8-13}$$

$$V_w=-\frac{\mathrm{d}M_w}{\mathrm{d}x}=-\frac{E_wI_w}{H^3}\frac{\mathrm{d}^3y}{\mathrm{d}\xi^3} \tag{8-14}$$

$$V_f=V_p-V_w \tag{8-15}$$

式中　M_w——总剪力墙弯矩；

　　　　V_w——总剪力墙剪力；

　　　　V_f——总框架剪力。

由于计算复杂，一般采用图表。均布水平荷载剪力墙的位移、弯矩和剪力系数如图 8.9(a)～(c)所示；倒三角形水平荷载剪力墙的位移、弯矩和剪力系数如图 8.9(d)～(f)所示；顶部作用水平集中力的剪力墙的位移、弯矩和剪力系数如图 8.9(g)～(i)所示。

(1) 剪力墙的弯矩和剪力。利用图表计算出总剪力墙某一高度处的弯矩 M_{wj} 和剪力 V_{wj} 以后，将其按剪力墙的等效刚度在剪力墙之间进行如下分配：

剪力墙弯矩为

$$M_{wij}=\frac{EI_{di}}{\sum EI_{di}}M_{wj} \tag{8-16}$$

剪力墙剪力为

$$V_{wij}=\frac{EI_{di}}{\sum EI_{di}}V_{wj} \tag{8-17}$$

(2) 框架内力。总框架剪力等于外荷载产生的剪力减去总剪力墙剪力，即

$$V_{fj}=V_{pj}-V_{wj} \tag{8-18}$$

柱子剪力按抗推刚度 D 分配，即

$$V_{cij}=\frac{D_{ij}}{\sum_{i=1}^{m}D_{ij}}V_{fj} \tag{8-19}$$

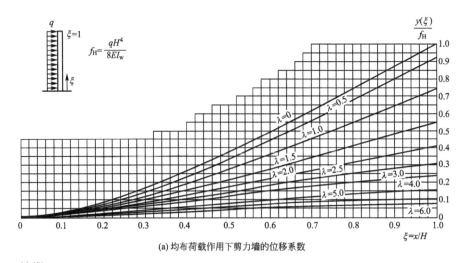

(a) 均布荷载作用下剪力墙的位移系数

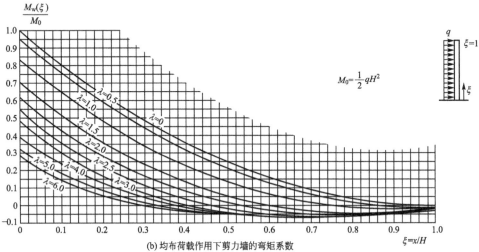

(b) 均布荷载作用下剪力墙的弯矩系数

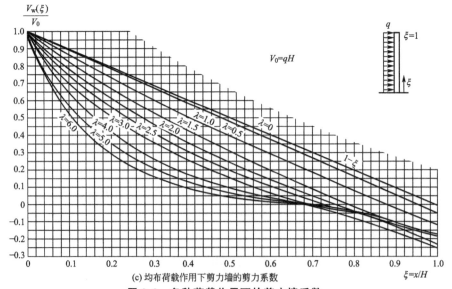

(c) 均布荷载作用下剪力墙的剪力系数

图 8.9　各种荷载作用下的剪力墙系数

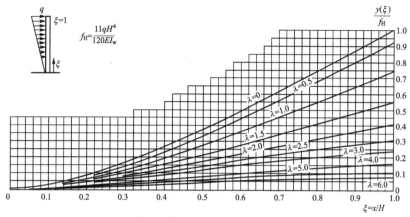

(d) 倒三角形荷载作用下剪力墙的位移系数

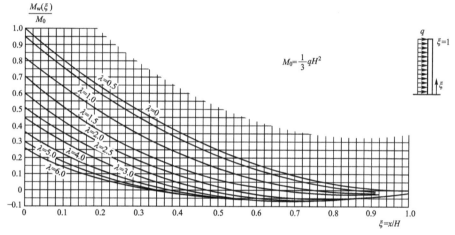

(e) 倒三角形荷载作用下剪力墙的弯矩系数

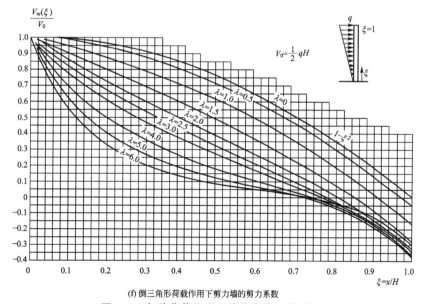

(f) 倒三角形荷载作用下剪力墙的剪力系数

图 8.9 各种荷载作用下的剪力墙系数(续)

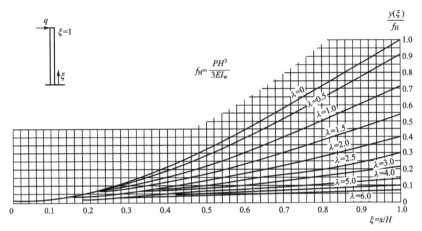

(g) 集中荷载作用下剪力墙的位移系数

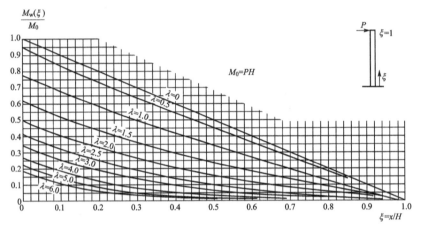

(h) 集中荷载作用下剪力墙的弯矩系数

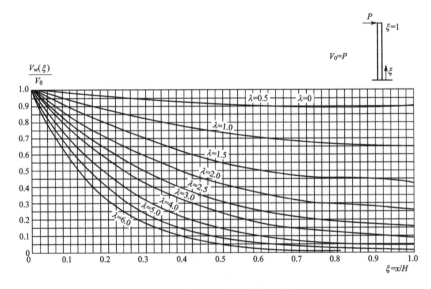

(i) 集中荷载作用下剪力墙的剪力系数

图 8.9 各种荷载作用下的剪力墙系数(续)

有了柱子剪力，根据改进反弯点，即可求得梁、柱内力。

8.2.5 框剪结构刚接体系在水平荷载下内力计算

刚接体系与铰接体系的最大区别，在于连梁对剪力墙约束弯矩的存在。仍采用连续连杆法计算，将连梁离散后在铰接点处切开，暴露出的内力除了 $p_f(x)$ 之外，还有沿剪力墙高度分布的约束弯矩 $m(x)$，如图 8.10 所示。

刚接体系计算简图如图 8.10(a)所示。

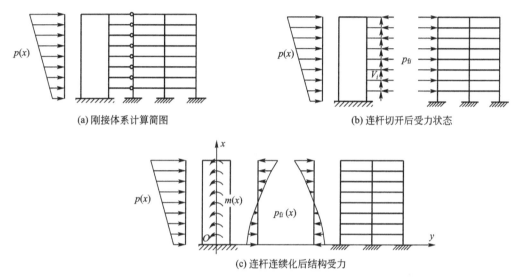

(a) 刚接体系计算简图　　　　　　　　(b) 连杆切开后受力状态

(c) 连杆连续化后结构受力

图 8.10　刚接体系

1. 刚接连梁的端部约束弯矩系数

连梁与剪力墙相连，如果将连梁的长度取到剪力墙的中心，则连梁端部刚度非常大，可以视为刚性区段，即刚域。刚域的取法同壁式框架。

同样假定楼板平面内刚度为无穷大、同层所有节点转角相等。在水平力的作用下连梁端部只有转角，没有相对位移。把连梁端部产生单位转角所需的弯矩称为梁端约束弯矩系数，用 m 表示，联系梁均可以简化成带刚域的梁，刚域长度取为墙肢形心轴到连梁边距离减去 1/4 连梁的高度，如图 8.11 所示。

带刚域梁的约束弯矩系数为

$$m_{12} = \frac{6EI(1+a-b)}{l(1-a-b)^3} \tag{8-20}$$

$$m_{21} = \frac{6EI(1+b-a)}{l(1-a-b)^3} \tag{8-21}$$

式中没有考虑连梁剪切变形的影响。如果考虑，则应在以上两式中分别除以 $1+\beta$，其中 $\beta = \dfrac{12\mu EI}{GAl'^2}$。

需要说明的是，按以上公式计算的结果，连梁的弯矩一般较大，配筋太多。实际工程

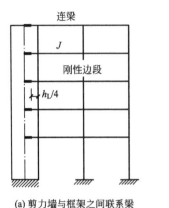
(a) 剪力墙与框架之间联系梁

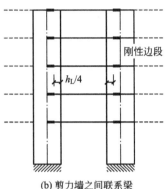
(b) 剪力墙之间联系梁

图 8.11 两种连梁

设计中，为了减少配筋，允许对连梁进行塑性调幅，即将上式中的 EI 用 $\beta_h EI$ 来代替，一般 β_h 不小于 0.55。

根据梁端约束弯矩系数，即可求得梁端约束弯矩为

$$M_{12}=m_{12}\theta \qquad (8-22)$$

$$M_{21}=m_{21}\theta \qquad (8-23)$$

将集中约束弯矩在层高范围内分布，有

$$m'_{ij}=\frac{M_{ij}}{h}=\frac{m_{ij}}{h}\theta \qquad (8-24)$$

一层内有 n 个连梁和剪力墙的刚节点时，连梁对总剪力墙的总线约束弯矩为

$$m=\sum_{1}^{n}\frac{m_{ij}}{h}\theta \qquad (8-25)$$

2. 基本方程及其解

按照悬臂墙内力与侧移的关系有

$$E_w I_w \frac{\mathrm{d}^2 y}{\mathrm{d}x^2}=M_w \qquad (8-26)$$

其中总剪力墙弯矩为

$$M_w=\int_x^H p(\lambda)(\lambda-x)\mathrm{d}\lambda-\int_x^H m\,\mathrm{d}\lambda-\int_x^H p_f(\lambda)(\lambda-x)\mathrm{d}\lambda \qquad (8-27)$$

合并式(8-26)、式(8-27)，并对 x 做两次微分可得

$$E_w I_w \frac{\mathrm{d}^4 y}{\mathrm{d}x^4}=p(x)-p_f(x)+\sum\frac{m_{ij}}{h}\frac{\mathrm{d}^2 y}{\mathrm{d}x^2} \qquad (8-28)$$

引入铰接体系的 $p_f(x)$，整理得

$$\frac{\mathrm{d}^4 y}{\mathrm{d}x^4}-\frac{C_f+\sum\dfrac{m_{ij}}{h}}{E_w I_w}\frac{\mathrm{d}^2 y}{\mathrm{d}x^2}=\frac{p(x)}{E_w I_w} \qquad (8-29)$$

式(8-29)即为刚接体系的基本方程。

引入刚度特征值 λ 和符号 ξ：

$$\lambda = H\sqrt{\dfrac{C_f + \sum\dfrac{m_{ij}}{h}}{E_w I_w}} = H\sqrt{\dfrac{C_m}{E_w I_w}}, \quad \xi = \dfrac{x}{H} \tag{8-30}$$

式(8-29)可整理为

$$\dfrac{d^4 y}{d\xi^4} - \lambda^2 \dfrac{d^2 y}{d\xi^2} = \dfrac{p(\xi)H^4}{E_w I_w} \tag{8-31}$$

该方程与铰接体系的基本方程是完全相同的，故在计算框剪刚接体系的内力时，前述图表（图8.9）仍然可以采用。

3. 框剪结构内力计算

利用上述图表计算时，需要注意以下两个方面：

(1) 刚度特征值 λ 不同。在刚接体系里，考虑了连梁约束弯矩的影响。

(2) 利用上述图表查到的弯矩即为总剪力墙的弯矩，但查到的剪力并不是总剪力墙的剪力。因为刚接连梁的约束弯矩的存在，利用图8.9查到的剪力实际是 $\overline{V}_w = V_w - m$。为此引入广义剪力：

剪力墙广义剪力为

$$\overline{V}_w = V_w - m \tag{8-32}$$

框架广义剪力为

$$\overline{V}_f = V_f + m \tag{8-33}$$

外荷载产生的剪力仍然由总剪力墙和总框架承担，即

$$V_p = \overline{V}_w + \overline{V}_f = V_w + V_f \tag{8-34}$$

由此可计算得 $\overline{V}_f = V_p - \overline{V}_w$，将广义框架剪力近似按刚度比分开，得到总框架剪力和梁端总约束弯矩为

$$V_f = \dfrac{C_f}{C_m}\overline{V}_f \tag{8-35}$$

$$m = \dfrac{\sum\dfrac{m_{ij}}{h}}{C_m}\overline{V}_f \tag{8-36}$$

进而求得总剪力墙的剪力为

$$V_w = \overline{V}_w + m \tag{8-37}$$

具体单片剪力墙的内力和框架梁柱内力的计算，与铰接体系相同。

4. 刚接连梁内力计算

按照式(8-36)求出连梁总线约束弯矩 m 后，利用每根梁的约束弯矩系数 m_{ij}，将 m 按比例分给每一根梁：

$$m'_{ij} = \dfrac{m_{ij}}{\sum m_{ij}}m \tag{8-38}$$

进一步可以求得每根梁的端部（剪力墙中心处）弯矩为

$$M_{ij} = m'_{ij}h \tag{8-39}$$

则连梁剪力为

$$V_{L} = \frac{M_{12} + M_{21}}{l} \qquad (8-40)$$

对于两端刚接连梁，因为假定各墙肢转角相等，连梁的反弯点必然在跨中，梁端弯矩为

$$M'_{12} = M'_{21} = V_{L} l_{n}/2 \qquad (8-41)$$

式中　l_{n}——净跨。

框架-剪力墙的主要计算步骤如下。

（1）铰接体系：

① 切开连杆，求得集中力 F_{ij}，由此可确定 $p_{f}(x)$、C_{f}；

② 根据总框架剪力和抗侧刚度关系 $V_{f} = C_{f} \dfrac{\mathrm{d}y}{\mathrm{d}x}$，求得 $y(\xi)$；

③ 由铰接体系的 λ 及 ξ 值，求得 M_{w}、V_{w}、V_{f}（可以查表求得）；

④ 根据 M_{w}、V_{w}，各榀剪力墙的内力按等效抗弯刚度进行分配得到，总框架的 V_{f} 按各榀框架的抗侧移刚度分配给各榀框架，进而求得各杆件内力。

（2）刚接体系：

① 由刚接体系的 λ 及 ξ 值，查铰接体系图，求得 y、M_{w}、V'_{w}、V_{f}；

② 按 $V_{p} = V'_{w} + m + V_{f} = V'_{w} + \overline{V}_{f}$，$V_{w} = V'_{w} + m$，$\overline{V}_{f} = m + V_{f} = V_{p} - V'_{w}$ 求出总框架广义剪力 $\overline{V}_{f}$；

③ 按总框架抗侧刚度 C_{f} 和连梁总约束刚度成比例进行分配，得出总框架的总剪力和连梁总约束弯矩为

$$\begin{cases} V_{f} = \dfrac{C_{f}}{C_{f} + \sum \dfrac{m_{bai}}{h}} \overline{V}_{f} \\[4mm] m = \dfrac{\sum \dfrac{m_{bai}}{h}}{C_{f} + \sum \dfrac{m_{bai}}{h}} \overline{V}_{f} \end{cases}$$

④ 按 $V_{p} = V'_{w} + m + V_{f} = V'_{w} + \overline{V}_{f}$，$V_{w} = V'_{w} + m$，$\overline{V}_{f} = m + V_{f} = V_{p} - V'_{w}$ 求得总剪力墙剪力 V_{w}。

8.2.6　框架-剪力墙的受力和位移特征以及计算方法应用条件的说明

1. 侧向位移的特征

刚度特征值是框架抗侧刚度与剪力墙抗侧刚度比值，即 $\lambda = H \sqrt{\dfrac{C_{f}}{EI_{w}}}$ 或 $\lambda = H \sqrt{\dfrac{C_{f} + \sum \dfrac{m_{abi}}{h}}{EI_{w}}}$，它集中反映了结构的变形状态及受力状态。刚度特征值 λ 对框架-剪力墙结构体系的影响表现为：当 $\lambda = 0$ 时，即为纯剪力墙结构；当 λ 值较小时，框架抗推刚度很小；随着 λ 值的增大，剪力墙抗弯刚度减小；当 $\lambda = \infty$ 时，即为纯框架结构。λ 值对框

架-剪力墙结构受力、变形性能影响很大。

刚度特征值影响下述方面：①侧移；②水平剪力分配；③外荷载分配。

框剪结构的侧向位移形状，与刚度特征值 λ 有关（图 8.12）：

（1）当 λ 很小（$\lambda \leqslant 1$）时，总框架的刚度与总剪力墙相比很小，结构所表现出来的特性类似于纯剪力墙结构。侧移曲线像独立的悬臂柱一样，凸向原始位置。

（2）当 λ 很大（$\lambda \geqslant 6$）时，总框架的刚度比总剪力墙要大得多，结构类似于纯框架结构。侧移曲线凹向原始位置。

（3）当 $1 < \lambda < 6$ 时，总框架和总剪力墙刚度相当，侧移曲线为弯剪复合形。

2. 荷载与剪力的分布特征

以均布水平荷载为例，总框架和总剪力墙的剪力分布、荷载分配特征如下：

（1）框架承受的荷载在上部为正值（同外荷载作用方向相同），在底部为负值。这是因为框架和剪力墙单独承受荷载时，其变形曲线是不同的。二者共同工作后，必然产生上述荷载分配形式。

（2）框架和剪力墙顶部剪力不为零。因为变形协调，框架和剪力墙顶部存在着集中力的作用。这也要求在设计时，要保证顶部楼盖的整体性。

（3）框架的最大剪力在结构中部，且最大值的位置随 λ 值的增大而向下移动。

（4）框架结构底部剪力为零，此处全部剪力由剪力墙承担。

上述特征如图 8.12 所示。

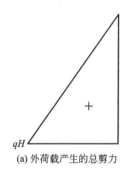
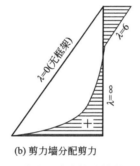
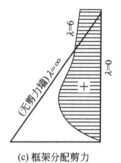

（a）外荷载产生的总剪力　　（b）剪力墙分配剪力　　（c）框架分配剪力

图 8.12　框架-剪力墙结构剪力分配

3. 关于计算方法的说明

在上述框剪结构的分析计算中，没有考虑剪力墙的剪切变形的影响，对于框架柱的轴向变形，采用 C_f 时也未予考虑（C_{f0} 考虑了框架柱轴向变形的影响）。分析发现，当剪力墙、框架的高宽比大于 4 时，剪力墙的剪切变形和柱子的轴向变形的影响是不大的，可以忽略。但当不满足上述要求时，就应该考虑剪切变形和柱子轴向变形的影响。

8.2.7　结构扭转的近似计算

框架、剪力墙、框架-剪力墙及筒体结构计算时，都是假定水平荷载作用下结构不产生扭转。大量震害调查表明，许多非规则、偏心的建筑结构表现出明显的扭转破坏特征，常常使结构遭受严重的破坏。

当风荷载和水平地震作用不通过结构的刚度中心时，结构就要产生扭转。然而，扭转计算是一个比较困难的问题，无法进行精确计算。在实际工程设计中，扭转问题应着重从设计方案、抗侧力结构布置、配筋构造上妥善处理，一方面应尽可能使水平力通过或靠近刚度中心，减少扭转，另一方面应尽可能加强结构的抗扭能力。抗扭计算只能作为一种补充手段。

抗扭计算仍然建立在平面结构和楼板在自身平面内刚度为无穷大这两个基本假定的基础上。

1. 质量中心

等效地震力即惯性力，必然通过结构的质量中心。计算时将建筑物平面分为若干个单元，认为在每个单元中质量是均匀分布的。然后按照求组合面积形心的方法，即可求得结构的质量中心。

需要说明的是，建筑物各层的结构布置可能是不一样的，那么整座建筑各层的质量中心就可能不在一条垂线上。在地震力的作用下，就必然存在扭转。

2. 刚度中心

刚度中心可以这样来理解，将各抗侧力结构的抗侧移刚度假想成面积，计算出这些假想面积的形心即为刚度中心。

（1）抗侧移刚度：指抗侧力单元在单位层间侧移下的层剪力值，即

$$D_{yi} = V_{yi}/\delta_y \qquad (8-42)$$

$$D_{xk} = V_{xk}/\delta_x \qquad (8-43)$$

式中　V_{yi}——与 y 轴平行的第 i 片结构的剪力；

　　　V_{xk}——与 x 轴平行的第 k 片结构的剪力；

　δ_x、δ_y——该结构在 x、y 方向的层间位移。

（2）刚度中心：以结构为例，任选参考坐标 xOy，刚度中心为

$$x_0 = \frac{\sum D_{yi} x_i}{\sum D_{yi}} \qquad (8-44)$$

$$y_0 = \frac{\sum D_{xk} y_k}{\sum D_{xk}} \qquad (8-45)$$

3. 偏心距

水平力作用线至刚度中心的距离即为偏心距。在 9 度设防区，需要将上述偏心距做以下调整：

$$e_x = e_{0x} + 0.05 L_x \qquad (8-46)$$

$$e_y = e_{0y} + 0.05 L_y \qquad (8-47)$$

式中　L_x、L_y——与水平力作用方向垂直的两个方向的建筑物总长。

4. 扭转的近似计算

结构在偏心层剪力 V_y 的作用下，除了产生侧移 δ 外，还有扭转，扭转角为 θ。由于假定楼板在自身平面内刚度为无穷大，故楼面内任意点的位移都可以用 δ 和 θ 来表示。对于抗侧力结构来讲，可假定其平面外没有抵抗力，因此只需计算各片抗侧力单元在其自身平面方向的侧移即可。

与 y 轴平行的第 i 片结构沿 y 方向的层间侧移为

$$\delta_{yi} = \delta + \theta x_i \tag{8-48}$$

与 x 轴平行的第 k 片结构沿 x 方向的层间侧移为

$$\delta_{xk} = -\theta y_k \tag{8-49}$$

根据抗侧力刚度的定义有

$$V_{yi} = D_{yi}\delta_{yi} = D_{yi}\delta + D_{yi}\theta x_i \tag{8-50}$$

$$V_{xk} = D_{xk}\delta_{xk} = -D_{xk}\theta y_k \tag{8-51}$$

利用力的平衡条件 $\sum Y = 0$ 和 $\sum M = 0$，可得

$$V_y = \sum V_{yi} = \delta\sum D_{yi} + \theta\sum D_{yi}x_i \tag{8-52}$$

$$V_y e_x = \sum V_{yi}x_i - \sum V_{xk}y_k = \delta\sum D_{yi}x_i + \theta\sum D_{yi}x_i^2 + \theta\sum D_{xk}y_k^2 \tag{8-53}$$

因为 O 是刚度中心，所以有

$$\sum D_{yi}x_i = 0 \tag{8-54}$$

代入式(8-52)、式(8-53)，可得

$$\delta = \frac{V_y}{\sum D_{yi}} \tag{8-55}$$

$$\theta = \frac{V_y e_x}{\sum D_{yi}x_i^2 + \sum D_{xk}y_k^2} \tag{8-56}$$

式(8-56)中的分母 $\sum D_{yi}x_i^2 + \sum D_{xk}y_k^2$ 即为结构的抗扭刚度。

将式(8-55)、式(8-56)两式代入式(8-50)、式(8-51)，可得

$$V_{yi} = \frac{D_{yi}}{\sum D_{yi}}V_y + \frac{D_{yi}x_i}{\sum D_{yi}x_i^2 + \sum D_{xk}y_k^2}V_y e_x \tag{8-57}$$

此即 y 方向第 i 片抗侧力结构的剪力；

$$V_{xk} = -\frac{D_{xk}y_k}{\sum D_{yi}x_i^2 + \sum D_{xk}y_k^2}V_y e_x \tag{8-58}$$

此即 x 方向第 k 片抗侧力结构的剪力。

对式(8-57)、式(8-58)的说明：

(1) 结构受偏心力作用时，两个方向的抗侧力结构中都产生内力，或者说两个方向的抗侧力结构都参与抗扭；

(2) 离结构刚心越近的抗侧力结构，扭转对其影响越弱，离结构刚心越远的抗侧力结构，扭转对其影响就越明显。

同样，当 x 方向作用有偏心力 V_x（偏心距 e_y）时，也可以求出各抗侧力结构的剪力为

$$V_{xk} = \frac{D_{xk}}{\sum D_{xk}}V_x + \frac{D_{xk}y_k}{\sum D_{xk}y_k^2 + \sum D_{yi}x_i^2}V_x e_y \tag{8-59}$$

$$V_{yi} = -\frac{D_{yi}x_i}{\sum D_{xk}y_k^2 + \sum D_{yi}x_i^2}V_x e_y \tag{8-60}$$

5.《高规》中主要的限制结构扭转效应的措施

(1) 限制结构平面布置的不规则性，避免产生过大的偏心而导致结构产生较大的扭转效应。

(2) 限制结构的抗扭刚度不能太弱。关键是限制结构以扭转为主的第一自振周期 T_t

与以平动为主的第一自振周期 T_1 之比，当两者接近时，由于振动耦联的影响，结构的扭转效应明显增大。

结构平面布置应减少扭转的影响。在考虑偶然偏心影响的规定水平地震力作用下，楼层竖向构件最大的水平位移和层间位移，A 级高度高层建筑不宜大于该楼层平均值的 1.2 倍，不应大于该楼层平均值的 1.5 倍；B 级高度高层建筑、超过 A 级高度的混合结构及《高规》第 10 章所指的复杂高层建筑不宜大于该楼层平均值的 1.2 倍，不应大于该楼层平均值的 1.4 倍。结构以扭转为主的第一自振周期 T_t 与以平动为主的第一自振周期 T_1 之比，A 级高度高层建筑不应大于 0.9，B 级高度高层建筑、超过 A 级高度的混合结构及《高规》第 10 章所指的复杂高层建筑不应大于 0.85。当楼层的最大层间位移角不大于《高规》有关限值的 40% 时，该楼层竖向构件的最大水平位移和层间位移与该楼层平均值的比值可适当放松，但不应大于 1.6。

【例 8-5】 某现浇钢筋混凝土框架-剪力墙结构 10 层住宅楼，其平面和剖面分别如图 8.13、图 8.14 所示，其设防烈度 7 度，Ⅱ类场地，首层层高 4.5m，其余层层高 3.3m，中柱 5 根，边柱 14 根，柱的线刚度计算结果见表 8-9。求框架抗剪刚度 C_f。

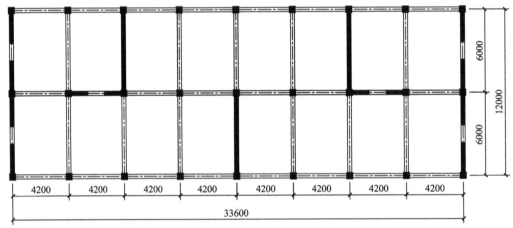

图 8.13 平面示意图(单位：mm)

【解】 用 D 值法计算(中柱 5 根，边柱 14 根)。计算公式如下：

底层为

$$k = \frac{\sum i_b}{i_c}, \quad \alpha = \frac{0.5+k}{2+k}$$

标准层为

$$k = \frac{\sum i_b}{2i_c}, \quad \alpha = \frac{k}{2+k}$$

框架抗剪刚度为 $\qquad C_f = \alpha i_c \frac{12}{h}$

计算结果见表 8-10。

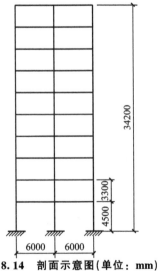

图 8.14 剖面示意图(单位：mm)

表 8 - 9　柱的线刚度

层数	截面/(mm×mm)	混凝土等级	I_c/m^4	$i_c = E\dfrac{I_c}{h}/(\text{kN}\cdot\text{m})$
4~10 层	500×500	C30	5.21×10^{-3}	4.74×10^4
3 层	500×500	C40	5.21×10^{-3}	5.13×10^4
2 层	550×550	C40	7.63×10^{-3}	7.50×10^4
1 层	550×550	C40	7.63×10^{-3}	5.51×10^4

表 8 - 10　计算结果

层数	中柱(5 根)			边柱(14 根)			层刚度
	k	α	$C_f/(\times10^5\,\text{kN})$	k	α	$C_f/(\times10^5\,\text{kN})$	$C_f/(\times10^5\,\text{kN})$
5~10 层	1.14	0.363	3.13	0.57	0.222	5.36	8.49
4 层	1.19	0.373	3.21	0.59	0.228	5.50	8.71
3 层	1.14	0.363	3.39	0.57	0.222	5.80	9.19
2 层	0.78	0.281	3.84	0.39	0.163	6.22	10.06
1 层	1.06	0.510	3.75	0.53	0.407	8.37	12.12

框架平均抗剪刚度为

$$C_f = \left(\frac{8.49\times6\times3.3+8.71\times3.3+9.19\times3.3+10.06\times3.3+12.12\times4.5}{34.2}\right)\times10^5$$

$$= 9.21\times10^5\,(\text{kN})$$

【例 8 - 6】　已知条件同例 8 - 5，剪力墙厚度 200mm，$G/E=0.42$，开洞剪力墙洞口尺寸如图 8.15 所示。

试完成剪力墙刚度计算。

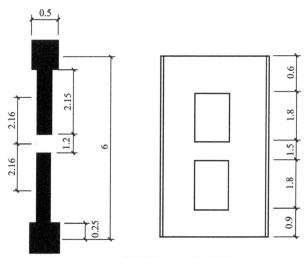

图 8.15　开洞剪力墙洞口尺寸(单位：m)

【解】　洞口面积与墙总面积之比为 $\dfrac{1.2\times1.8\text{m}^2}{3.3\times(6+0.5)\text{m}^2}=0.1<15\%$，但是洞口净距为

1.5m，小于洞口长边尺寸 1.8m。

墙肢形心距离中线的距离为

$$\frac{2.15\times0.2\times1.675+0.5^2\times3}{2.15\times0.2+0.5^2}=2.16(\text{m})$$

洞口两侧墙肢轴线距离为

$$2c=2\times2.16=4.32(\text{m})，c=2.16\text{m}$$

连梁计算跨度为

$$2a=1.2+1.5\times0.5=1.95(\text{m})，a=0.975\text{m}$$

连梁截面惯性矩为

$$I_{b0}=\frac{1}{12}\times0.2\times1.5^3=0.05625(\text{m}^4)$$

连梁折算惯性矩为

$$\tilde{I}_b=\frac{I_{b0}}{1+\dfrac{7uI_{b0}}{A_ba^2}}=\frac{0.05625}{1+\dfrac{7\times1.2\times0.05625}{0.2\times1.5\times0.975^2}}=0.0212(\text{m}^4)$$

每个墙肢惯性矩为

$$I_{左}=I_{右}=0.448\text{m}^4$$

组合截面惯性矩为

$$I=[0.448+(0.5^2+0.2\times2.15)\times2.16^2]\times2=7.24(\text{m}^4)$$
$$I_A=7.24-2\times0.448=6.344(\text{m}^4)$$

抗震墙总高 $H=34.2\text{m}$，平均层高 $h=3.42\text{m}$，则整体系数为

$$\alpha=H\sqrt{\frac{6\tilde{I}_bc^2I}{h(I_{左}+I_{右})a^3I_A}}=34.2\times\sqrt{\frac{6\times0.0212\times2.16^2}{3.42\times2\times0.448\times0.975^3}\times\frac{7.24}{6.344}}=16.7>10$$

同时 $\dfrac{I_A}{I}=\dfrac{6.344}{7.24}=0.876<z=0.886(\alpha=16.7，n=10)$，所以此剪力墙按整体小开口墙计算。

小开口墙（尺寸见图 8.15）的等效刚度计算如下：

第 1 层为

$$I_w=7.24\text{m}^4，EI_w=23.53\times10^7\text{kN}\cdot\text{m}^2$$

第 2 层为

$$I_w=7.24\text{m}^4，EI_w=23.53\times10^7\text{kN}\cdot\text{m}^2$$

第 3 层为

$$I_w=7.24\text{m}^4，EI_w=23.53\times10^7\text{kN}\cdot\text{m}^2$$

第 4～10 层为

$$I_w=7.24\text{m}^4，EI_w=21.72\times10^7\text{kN}\cdot\text{m}^2$$

抗弯刚度沿高度加权平均为

$$EI_w=22.31\times10^7\text{kN}\cdot\text{m}^2$$

【例 8-7】 已知某 12 层现浇钢筋混凝土框架-剪力墙高层结构，铰接体系，$C_f=9.21\times10^5\text{kN}$，$EI_w=101.06\times10^7\text{kN}\cdot\text{m}^2$，总高 34.2m，求刚度特征值 λ。

【解】

$$\lambda = H\sqrt{\frac{C_f}{EI_w}} = 34.2 \times \sqrt{\frac{9.21 \times 10^5}{101.06 \times 10^7}} = 1.032$$

【例 8-8】 框架-剪力墙协同工作计算示例（铰接体系）。已知条件同例 8-5，该铰接体系 $\lambda = 1.032$，总高 34.2m，$q = 329.7$kN/m，$EI_w = 101.06 \times 10^7$kN·m^2，最大层间位移在 5 层、6 层。试完成位移计算。

【解】 铰接体系 $\lambda = 1.032$，则顶点位移为

$$f_H = \frac{11}{120}\frac{qH^4}{EI_w} = \frac{11 \times 329.7 \times 34.2^4}{120 \times 101.06 \times 10^7} = 0.041(\text{m})$$

当 $x = H$ 时，$\dfrac{y_H}{f_H} = 0.71$，故 $y_H = 0.029$m。

层间位移计算如下：

5 层：

$$\xi = \frac{x}{H} = 0.518, \quad \frac{y_H}{f_H} = 0.261$$

6 层：

$$\xi = \frac{x}{H} = 0.614, \quad \frac{y_H}{f_H} = 0.352$$

$$\Delta u = (0.352 - 0.261) \times 0.041 = 0.0037(\text{m})$$

$$\Delta u/h = 0.0037/3.3 = \frac{1}{884} < \frac{1}{800}$$

满足《高规》要求。

【例 8-9】 框架-剪力墙协同工作计算示例（刚接体系）已知刚接体系 $\lambda = 1.21$，总高 34.2m，$q = 373.6$kN/m，最大层间位移在 5 层、6 层。

$EI_w = 101.06 \times 10^7$kN·m^2。试完成位移计算。

【解】 刚接体系 $\lambda = 1.21$，$f_H = \dfrac{11 \times 373.6 \times 34.2^4}{120 \times 101.06 \times 10^7} = 0.0460(\text{m})$；当 $x = H$ 时，$\dfrac{y_H}{f_H} = 0.651$，故 $y_H = 0.03$m。

5 层：

$$\xi = \frac{x}{H} = 0.518, \quad \frac{y_H}{f_H} = 0.267$$

6 层：

$$\xi = \frac{x}{H} = 0.614, \quad \frac{y_H}{f_H} = 0.335$$

$$\Delta u = (0.335 - 0.267) \times 0.046 = 0.0031(\text{m})$$

$$\Delta u/h = 0.0031/3.3 = \frac{1}{1065} < \frac{1}{800}$$

满足《高规》要求。

8.3 框架-剪力墙结构截面设计

框架-剪力墙结构中，框架梁、柱和和剪力墙的截面设计应按有关框架结构和剪力墙结构的要求进行，框架-剪力墙结构的截面设计是在框剪结构协同工作并进行相应的内力调整之后进行的，这里仅对框架-剪力墙结构所特有的截面设计及构造在《高层建筑混凝土结构技术规程》中的规定做介绍。

8.3.1 剪力墙的分布钢筋

剪力墙是承担水平风荷载或水平地震作用的主要受力构件，必须要保证其安全可靠。为了防止混凝土墙体在受弯裂缝出现后立即达到极限受弯承载力，配置的竖向分布钢筋必须满足最小配筋率要求；同时，为了防止斜裂缝出现后发生脆性的剪拉破坏，规定了水平分布钢筋的最小配筋率。框架-剪力墙结构、板柱-剪力墙结构中，剪力墙的竖向、水平分布钢筋的配筋率，抗震设计时均不应小于 0.25％，非抗震设计时均不应小于 0.20％，并应至少双排布置。各排分布筋之间应设置拉筋，拉筋的直径不应小于 6mm、间距不应大于 600mm，如图 8.16 所示。这是必须遵守的强制性规定。

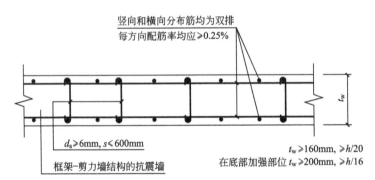

图 8.16 框架-剪力墙结构中剪力墙的配筋和截面尺寸要求

8.3.2 带边框剪力墙的构造

带边框的剪力墙，边框与嵌入的剪力墙应共同承担相关作用力，其构造应符合下列规定：

（1）带边框剪力墙的截面厚度应符合《高规》附录 D 的墙体稳定计算要求，且应符合下列规定：

① 抗震设计时，一、二级剪力墙的底部加强部位不应小于 200mm；

② 除第①项以外的其他情况不应小于 160mm。

（2）剪力墙的水平钢筋应全部锚入边框柱内，锚固长度不应小于 l_a（非抗震设计）或 l_{aE}（抗震设计）。

（3）与剪力墙重合的框架梁可保留，亦可做成宽度与墙厚相同的暗梁，暗梁截面高度可取墙厚的 2 倍或与该榀框架梁截面等高，暗梁的配筋可按构造配置且应符合一般框架梁相应抗震等级的最小配筋要求。

（4）剪力墙截面宜按工字形设计，其端部的纵向受力钢筋应配置在边框柱截面内。

（5）边框柱截面宜与该榀框架其他柱的截面相同，边框柱应符合《高规》第 6 章有关框架柱构造配筋的规定；剪力墙底部加强部位边框柱的箍筋宜沿全高加密；当带边框剪力墙上的洞口紧邻边框柱时，边框柱的箍筋宜沿全高加密。

上述规定如图 8.17 所示。

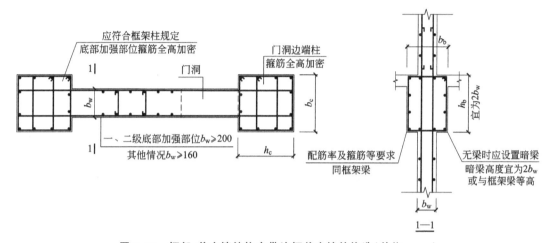

图 8.17 框架-剪力墙结构中带边框剪力墙的构造（单位：mm）

8.3.3 板柱-剪力墙结构设计

为确保板柱-剪力墙结构计算的准确性，提出了板柱-剪力墙结构的抗冲切要求，为防止无柱托板板柱结构的楼板在柱边开裂后楼板坠落，穿过柱截面板底两个方向钢筋的受拉承载力应满足该柱承担的该层楼面重力荷载代表值所产生的轴压力设计值。

板柱-剪力墙的结构设计应符合下列规定：

（1）结构分析中，规则的板柱结构可采用等代框架法，其等代梁的宽度宜采用垂直于等代框架方向两侧柱距各 1/4；宜采用连续体有限元空间模型进行更准确的计算分析。

（2）楼板在柱周边临界截面的冲切应力不宜超过 $0.7f_t$，超过时应配置抗冲切钢筋或抗剪栓钉，当地震作用导致柱上板带支座弯矩反号时，还应对反向情况做复核。板柱节点冲切承载力可按《混凝土结构设计规范》的相关规定进行验算，并应对节点考虑在不平衡弯矩作用下产生的剪力影响。

（3）沿两个主轴方向均应布置通过柱截面的板底连续钢筋，且钢筋的总截面积应符合下式要求：

$$A_s \geqslant N_G / f_y \tag{8-61}$$

式中　A_s——通过柱截面的板底连续钢筋的总截面积；

　　　N_G——该层楼面重力荷载代表值作用下的柱轴向压力设计值，8 度时尚宜计入竖向地震影响；

f_y——通过柱截面的板底连续钢筋的抗拉强度设计值。

8.3.4　板柱-剪力墙中板的构造设计

板柱-剪力墙结构中，地震作用虽由剪力墙全部承担，但结构在整体工作时，板柱部分仍会承担一定的水平力。由柱上板带和柱组成的板柱框架中的板，受力主要集中在柱的连线附近，故抗震设计应沿柱轴线设置暗梁，目的在于加强板与柱的连接，较好地起到板柱框架的作用，此时柱上板带的钢筋应比较集中在暗梁部位。板的构造设计(图8.18)应符合下列规定：

(1)抗震设计时，应在柱上板带中设置构造暗梁，暗梁宽度取柱宽及两侧各1.5倍板厚之和，暗梁支座上部钢筋截面积不宜小于柱上板带钢筋截面积的50%，并应全跨拉通，暗梁下部钢筋应不少于上部钢筋的1/2。暗梁箍筋的布置，当计算不需要时其直径不应小于8mm，间距不宜大于$3h_0/4$，肢距不宜大于$2h_0$；当计算需要时应按计算确定，且直径不应小于10mm，间距不宜大于$h_0/2$，肢距不宜大于$1.5h_0$。

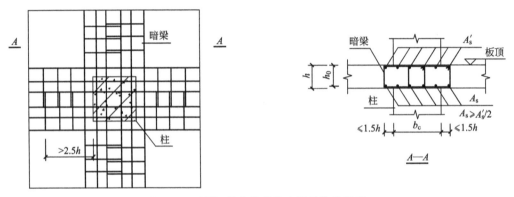

图8.18　板柱-剪力墙结构中板的构造设计

(2)设置柱托板时，非抗震设计时托板底部宜布置构造钢筋；抗震设计时托板底部钢筋应按计算确定，并应满足抗震锚固要求。计算柱上板带的支座钢筋时，可考虑托板厚度的有利影响。

(3)无梁楼板开局部洞口时，应验算承载力及刚度要求。当未做专门分析时，在板的不同部位开单个洞的大小应符合图8.19的要求。若在同一部位开多个洞时，则在同一截面上各个洞宽之和不应大于该部位单个洞的允许宽度。所有洞边均应设置补强钢筋。

【例8-10】　某10层现浇钢筋混凝土框架-剪力墙结构办公楼，如图8.20所示，其质量和刚度沿竖向均匀分布，房屋高度为39m，设一层地下室，采用箱形基础。该工程为丙类建筑，抗震设防烈度为9度，Ⅲ类建筑场地，设计地震分组为第一组，按刚性地基假定确定的结构基本自振周期为0.8s。混凝土强度等级采用C40($f_c = 19.1\text{N/mm}^2$，$f_t = 1.71\text{N/mm}^2$)。其中第五层框架梁AB尺寸如图8.20(b)所示。考虑地震作用组合的梁端弯矩设计值(顺时针方向起控制作用)为$M_A = 250\text{kN} \cdot \text{m}$，$M_B = 650\text{kN} \cdot \text{m}$，同一组合的重力荷载代表值和竖向地震作用下按简支梁分析的梁端截面剪力设计值$V_{Gb} = 30\text{kN}$。梁A

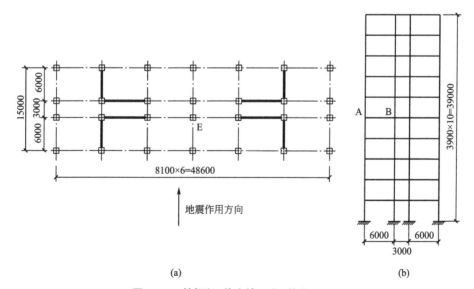

图 8.19 框架-剪力墙结构中无梁楼板开洞要求

端实配 4ϕ25，梁 B 端实配 6ϕ25(4/2)，A、B 端截面上部与下部配筋相同，梁纵筋采用 HRB400(f_{yk}=400N/mm^2，f_y=f_y'=360N/mm^2)，箍筋采用 HRB335(f_{yv}=300N/mm^2)，单排筋 a_s=a_s'=40mm，双排筋 a_s=a_s'=60mm。试问抗震设计时，梁 B 截面处考虑地震作用的基本组合的剪力设计值 V_b 应为多少？

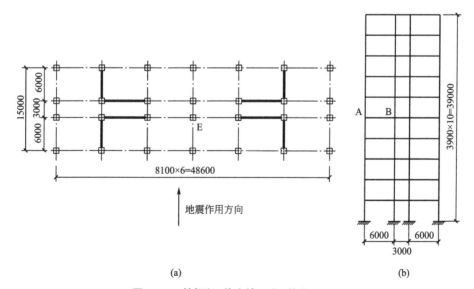

(a)　　　　　　　　　(b)

图 8.20 某框架-剪力墙工程(单位：mm)

【解】 根据《高规》的有关规定，框架抗震等级为一级。

9 度抗震，单排钢筋，$h_{01}=600-40=560(\text{mm})$；双排钢筋，$h_{02}=600-60=540$ (mm)。则对顺时针有

$$M_{\text{bua}}^{\text{l}}=\frac{1}{\gamma_{\text{RE}}}f_{\text{yk}}A_{\text{s}}(h_{01}-a_{\text{s}}')=\frac{1}{0.75}\times400\times1964\times(560-40)=544.68(\text{kN}\cdot\text{m})$$

$$M_{\text{bua}}^{\text{r}}=\frac{1}{\gamma_{\text{RE}}}f_{\text{yk}}A_{\text{s}}(h_{02}-a_{\text{s}}')=\frac{1}{0.75}\times400\times2945\times(540-60)=753.92(\text{kN}\cdot\text{m})$$

$$M_{\text{bua}}^{\text{l}}+M_{\text{bua}}^{\text{r}}=544.68+753.92=1298.6(\text{kN}\cdot\text{m})$$

对逆时针，上、下对称配筋，故有

$$M_{\text{bua}}^{\text{l}}+M_{\text{bua}}^{\text{r}}=753.92+544.68=1298.64(\text{kN}\cdot\text{m})$$

所求剪力设计值为

$$V_{\text{b}}=\frac{1.1\times(M_{\text{bua}}^{\text{l}}+M_{\text{bua}}^{\text{r}})}{l_{\text{n}}}+V_{\text{Gb}}=\frac{1.1\times1298.6}{5.45}+30=292.10(\text{kN})$$

【例 8-11】 已知条件同例 8-10，在该房屋中 1～6 层沿地震作用方向的剪力墙连梁 LL-1 的平面结构如图 8.21 所示，抗震等级为一级，截面 $b\times h=350\text{mm}\times400\text{mm}$，纵筋上、下部各配 $4\phi25$，$h_0=360\text{mm}$，箍筋采用 HRB335($f_{\text{yv}}=300\text{N}/\text{mm}^2$)，截面按构造配箍即可满足抗剪要求。试问该连梁端部加密区及非加密区的构造配箍怎样配置时，能够满足相关规范的最低要求？

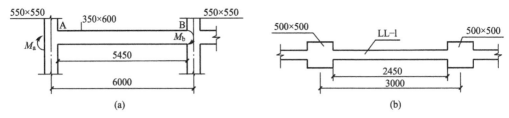

图 8.21 某框架-剪力墙工程的连梁平面结构(单位：mm)

【解】 连梁跨高比为

$$l_{\text{n}}/h=2.45/0.4=6.125>5.0$$

从而根据《高规》的有关规定，按框架设计。

梁纵筋配筋率为

$$\rho=\frac{A_{\text{s}}}{bh}=\frac{1964}{350\times400}=1.4\%<2\%$$

抗震等级一级，查《高规》表，取加密区箍筋配置为 $4\phi10@100$。

非加密区，由《高规》表可得

$$s\leqslant2\times100\text{mm}=200\text{mm}$$

按照《高规》的有关规定，采用 4 肢箍，箍筋直径为 10mm，则可得

$$\rho_{\text{sv}}=\frac{A_{\text{sv}}}{bs}\geqslant\frac{0.3f_{\text{t}}}{f_{\text{yv}}}$$

从而有

$$s\leqslant\frac{A_{\text{sv}}}{b}\cdot\frac{f_{\text{yv}}}{0.3f_{\text{t}}}=\frac{4\times78.5}{350}\times\frac{300}{0.3\times1.71}=525(\text{mm})$$

故综合考虑后取 $s=200\text{mm}$，箍筋配置为 $4\phi10@200$，满足要求。

【例 8 - 12】　某采用钢筋混凝土框架-剪力墙结构的 11 层办公楼，无特殊库房，丙类建筑，首层室内外面面高差 0.45m，房屋高度为 40.65m，质量和刚度沿竖向分布均匀，抗震设防烈度为 9 度，建于 II 类场地，设计地震分组为第一组，其标准层平面和剖面如图 8.22 所示。折减后的基本自振周期 $T_1 = 0.85s$。第五层某剪力墙的连梁截面尺寸为 $300mm \times 300mm$，净跨 $l_n = 3000mm$，混凝土强度等级为 C40 ($f_c = 19.1N/mm^2$, $f_t = 1.71N/mm^2$)，梁纵筋采用 HRB400 (ϕ) ($f_{yk} = 400N/mm^2$, $f_y = f_y' = 360N/mm^2$)，在考虑地震作用效应组合时，该连梁端部起控制作用且同一方向逆时针（或顺时针）的弯矩设计值 $M_b^l + M_b^r = 420kN \cdot m$，同一组合的重力活荷载代表值和竖向地震作用下按简支梁分析的梁端截面剪力设计值 $V_{Gb} = 20kN$。该连梁实配纵筋上下均为 $4\phi22$，箍筋为 $\phi8@100$，$a_s = a_s' = 35mm$。试问该连梁在抗震设计时的端部剪力设计值 V_b 为多少？

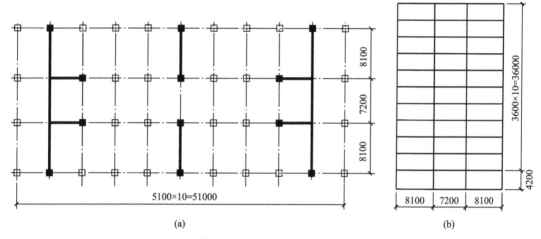

图 8.22　某框架-剪力墙工程的结构（单位：mm）

【解】　根据《高规》的有关规定，A 级高度、丙类建筑、II 类场地、9 度抗震设防，查《高规》表可知其剪力墙抗震等级为一级，连梁抗震等级也为一级。连梁跨高比为 $\dfrac{l_n}{h} = \dfrac{3}{0.3} = 10 > 5$，根据《高规》的有关规定，应按框架梁设计。9 度抗震设计，上下对称配筋，则有

$$M_{bua}^l = M_{bua}^r = \frac{1}{\gamma_{RE}} f_{yk} A_s (h_0 - a_s')$$

$$= \frac{1}{0.75} \times 400 \times 1520 \times (300 - 35 - 35)$$

$$= 186.45 (kN \cdot m)$$

$$V_b = \frac{1.1 \times (M_{bua}^l + M_{bua}^r)}{l_n} + V_{Gb}$$

$$= 1.1 \times \frac{186.45 + 186.45}{3.0} + 20 = 156.73 (kN)$$

【例 8 - 13】　某 17 层办公楼，房屋高度 56.1m，采用现浇钢筋混凝土框架-剪力墙结构，如图 8.23 所示，抗震设防烈度为 7 度，丙类建筑，设计基本地震加速度为 0.15g，采用 C40 混凝土，横向地震作用时，基本振型作用下结构总地震倾覆力矩 $M_0 = 3.8 \times 10^5$

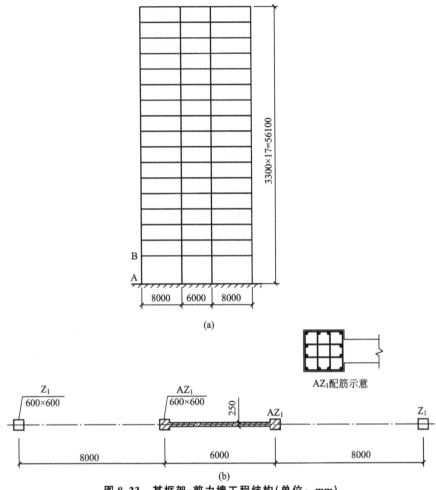

(a)

AZ₁配筋示意

(b)

图 8.23　某框架-剪力墙工程结构(单位：mm)

kN・m，剪力墙承受的地震倾覆力矩 $M_w=1.8\times10^5$ kN・m。该建筑物中部一榀带剪力墙的框架，假定剪力墙抗震等级为二级，剪力墙底层边框柱 AZ_1 由计算得知，其柱底截面计算配筋为 $A_s=2500$ mm²，边框柱纵筋、箍筋分别采用 HRB400 级、HPB300 级。试问边框柱 AZ_1 在底部截面处的配筋采用以下哪一项数值时，才能满足规范的最低构造要求？(提示：边框柱的体积配箍率应满足规范或规程的要求。)

　　A. $4\phi18+8\phi16$，井字复合箍$\phi8@150$

　　B. $4\phi18+8\phi16$，井字复合箍$\phi8@100$

　　C. $12\phi18$，井字复合箍$\phi8@150$

　　D. $12\phi18$，井字复合箍$\phi8@100$

　　【解】　根据《高规》的有关规定可得

　　　　$A_{s,\min}=(0.7\%+0.05\%)AC=0.75\%\times600\times600$ mm²$=2700$ mm²>2500 mm²

　　配 $4\phi18+8\phi16$，则 $A_s=1017+1068=2625$ (mm²)，不满足要求；配 $12\phi18$，则 $A_s=3054$ mm²，满足要求。

　　查《高规》表：箍筋直径≥8mm，最大间距 $s=\min(8d,100)=(8\times18,100)=100$ (mm)，故选$\phi8@100$，即 D 项。

【例 8-14】 已知条件同例 8-13，假定该建筑物场地类别为Ⅱ类场地，当该结构增加一定数量的剪力墙后，总地震倾覆弯矩 M_0 不变，但剪力墙承担的地震倾覆弯矩变为 M_W $= 2.0 \times 10^5$ kN·m，此时柱 AB 底部截面考虑地震作用组合的弯矩值（未经调整）为 $M_A =$ 360kN·m。试问柱 AB 底部截面进行配筋设计时，其弯矩设计值（kN·m）与下列何项数值最为接近？

A. 360　　　　B. 414　　　　C. 432　　　　D. 450

【解】

$$10\% < M_F/M_0 = \frac{3.8 \times 10^5 - 2.0 \times 10^5}{3.8 \times 10^5} = 47\% < 50\%$$

据此，按《高规》的有关规定，该结构为一般的框架-剪力墙结构。Ⅱ类场地，查《高规》表，可得知该框架抗震等级为三级，柱下端截面组合的弯矩设计值不考虑增大系数，即仍取 $M_A = 360$kN·m。因而答案为 A 项。

【例 8-15】 某现浇 17 层钢筋混凝土框架-剪力墙高层结构，地下 2 层，地上 15 层，首层层高 6.0m，二层层高 4.5m，其余各层层高均为 3.6m，房屋高度 57.3m，纵横方向均有剪力墙，地下一层板顶作为上部结构的嵌固端。该建筑为丙类建筑，抗震设防烈度为 8 度，设计基本地震加速度为 0.2g，Ⅰ$_1$ 类建筑场地。在基本振型地震作用下，框架部分承受的地震倾覆力矩大于结构总地震倾覆力矩的 10%，但小于 50%。各构件的混凝土强度等级均为 C40。位于第五层平面中部的某剪力墙端柱截面为 500mm×500mm，假定其抗震等级为二级，其轴压比为 0.35，端柱纵向钢筋采用 HRB400 级钢筋，其承受集中荷载，考虑地震作用组合时，由小偏心受拉内力设计值计算出的该端柱纵筋总截面面积计算值为最大（1800mm²）。试问该柱纵筋的实际配筋为多少时，才能满足并且最接近于《高规》的最低要求？

【解】 根据《高规》的有关规定，底部加强部位高度为

$$\max\left(\frac{1}{10}H, 6.0 + 4.5\right) = \max\left(\frac{1}{10} \times 57.3, 10.5\right) = 10.5(\text{m})$$

可知第五层剪力墙墙肢端部应设置构造边缘构件，该端柱应按框架柱构造要求配置钢筋，抗震等级二级，查《高规》表取 $\rho_{\min} = 0.75\%$，则可得

$$A_{s,\min} = \rho_{\min}bh = 0.75\% \times 500 \times 500\text{mm}^2 = 1875\text{mm}^2$$
$$A_s = 1.25 \times 1800\text{mm}^2 = 2250\text{mm}^2 > 1875\text{mm}^2$$

故最终取 $A_s = 2250$mm²，配筋选用 4ϕ20+4ϕ18（$A_s = 1875$mm²）。

【例 8-16】 已知条件同例 8-15。与框架柱相连的某截面为 400mm×600mm 的框架梁抗震等级为三级，纵筋采用 HRB400 级钢筋，箍筋采用 HPB300 级钢筋（$f_{yv} = 270$N/mm²），其梁端上部纵向钢筋系按截面计算配置。试问该梁端上部和下部纵向钢筋截面积（配筋率）及箍筋按下列何项配置时，才能全部满足《高规》的构造要求？（只有一个正确答案）

（提示：①下列各选项纵筋配筋率和箍筋配箍率均应满足《高规》中最小配筋率要求；②梁纵筋直径不小于ϕ18。）

A. 上部纵筋 $A_{s\pm} = 6840$mm²（$\rho_{\pm} = 2.85\%$），下部纵筋 $A_{s\bar{\mathrm{F}}} = 4826$mm²（$\rho_{\mathrm{F}} = 2.3\%$），四肢箍筋$\phi$10@100

B. 上部纵筋 $A_{s\pm} = 3695$mm²（$\rho_{\pm} = 1.76\%$），下部纵筋 $A_{s\bar{\mathrm{F}}} = 1017$mm²（$\rho_{\mathrm{F}} =$

0.48%），四肢箍筋φ8@100

C. 上部纵筋 $A_{s\perp} = 5180\text{mm}^2$（$\rho_\perp = 2.47\%$），下部纵筋 $A_{s\top} = 3079\text{mm}^2$（$\rho_\top = 1.47\%$），四肢箍筋φ8@100

D. 上部纵筋 $A_{s\perp} = 5180\text{mm}^2$（$\rho_\perp = 2.70\%$），下部纵筋 $A_{s\top} = 3927\text{mm}^2$（$\rho_\top = 1.87\%$），四肢箍筋φ10@100

【解】 对于 B 项，$\dfrac{A_{s\top}}{A_{s\perp}} = \dfrac{1017}{3695} = 0.276 < 0.3$，根据《高规》的有关规定，可知 B 项不正确；

对于 C 项，$\rho_\perp = 2.47\% > 2.0\%$，根据《高规》的有关规定，箍筋直径应为 $8 + 2 = 10$（mm），故 C 项不正确；

对于 D 项，$\rho_\perp = 2.70\% > 2.50\%$，根据《高规》的有关规定，可知 D 项不正确；

所以应选 A 项。

本 章 小 结

1. 框架-剪力墙结构是得到广泛应用的高层建筑结构，框剪结构是由框架结构和剪力墙结构两种不同的抗侧力体系组成的新型受力体系，结合了框架和剪力墙各自的优点，又具有协同工作性能，其侧移曲线为弯剪型。

2. 框架-剪力墙结构设计的一般规定是概念设计的重要内容，也是设计应遵循的基本原则和基础。

3. 框架-剪力墙结构近似计算包含三个基本假定，区分铰接体系和刚接体系，计算方法主要有计算机借助单元矩阵位移法求解和简化的手算近似方法两种。应掌握框架-剪力墙结构的计算简图、框架-剪力墙结构的侧移特征，懂得刚度特征值对框剪结构内力、变形的影响。

4. 框架-剪力墙结构截面设计及构造属于具体规定和设计要求。

5. 本章是《高规》第 8 章内容的精细化。

习　　题

【填空题】

8-1 框架-剪力墙结构中，如果 λ 值较大，则其受力与变形的特点越接近（　　）结构。

8-2 框架-剪力墙结构设计成双重抗侧力体系时，应将（　　）作为第一道抗震设防的抗侧力构件，而将（　　）作为第二道抗震防线。

8-3 板柱体系是指钢筋混凝土（　　）和（　　）组成的结构。

8-4 框剪结构侧移曲线为（　　）。

8-5 高层建筑结构平面布置时，应使其平面的（　　）和（　　）尽可能靠近，以减小结构扭转。

8-6 框架-剪力墙结构中，如果 λ 值较小，结构变形以（　　）为主。

【选择题】

8-7 框剪结构侧移曲线为（　　）。

  A. 弯曲型　 B. 剪切型　 C. 弯剪型　 D. 复合型

8-8 框架-剪力墙结构体系中，框架和剪力墙协同工作的特点为下面哪一种？（　　）

  A. 框架和剪力墙按侧向刚度分担水平力

  B. 剪力墙承受全部水平力

  C. 剪力墙承受 80% 的水平力，框架承受 20% 的水平力

  D. 底部剪力墙承受绝大部分的水平力，对框架提供水平支撑；顶部则相反，框架承担大部分剪力

8-9 在水平力作用下，剪力墙的变形曲线为弯曲型，正确的是（　　）。

  A. 层间位移下大上小　 B. 层间位移下小上大

  C. 各层层间位移相等　 D. 层间位移变化没有规律

8-10 建筑高度、设防烈度、建筑重要性类别及场地类别等均相同的两个建筑，一个是框架结构，另一个是框架-剪力墙结构，对这两种结构体系中的框架抗震等级，下述哪种判断是正确的？（　　）

  A. 必定相等

  B. 后者的抗震等级高

  C. 前者的抗震等级高，也可能相等

  D. 不能确定

8-11 对于有抗震设防要求的高层框架结构及框架-剪力墙结构，其抗侧力结构布置要求，下列哪种说法是正确的？（　　）

  A. 应设计为双向抗侧力体系，主体结构不应采用铰接

  B. 应设计为双向抗侧力体系，主体结构可部分采用铰接

  C. 纵、横向均设计成刚接抗侧力体系

  D. 横向应设计成刚接抗侧力体系，纵向应采用铰接

8-12 在框架-剪力墙结构体系中，纵向剪力墙宜布置在结构单元的中间区段内，当建筑平面纵向较长时，不宜集中在两端布置纵向剪力墙。对此从结构概念考虑，下列哪种理由是正确的？（　　）

  A. 减小结构扭转的影响

  B. 水平地震作用在结构单元的中间区段产生的内力较大

  C. 减小温度、收缩应力的影响

  D. 减小水平地震力

【计算题】

8-13 某高度为 150m 的钢筋混凝土框架-剪力墙结构，在正常使用条件下，层间最大位移与层高之比限制为多少？

8-14 某钢筋混凝土框架-剪力墙结构建筑，结构总高度为 58m，抗震设防烈度为 8度，丙类建筑，场地 I_1 类，剪力墙部分承受的地震倾覆力矩小于结构总倾覆力矩的 50%

但不小于 20%。为使框架柱截面最小且框架柱的剪跨比大于 2.0，试问该结构的框架柱轴压比限值 $[\mu_N]$ 应为多少？

8-15 某钢筋混凝土框架-剪力墙结构，房屋高度 60m，乙类建筑，抗震设防烈度为 6 度，Ⅳ类建筑场地，在基本振型地震作用下，框架部分承受的地震倾覆力矩大于结构总地震倾覆力矩的 50% 并且不大于 80%。在进行结构抗震措施设计时，试问框架抗震等级应为几级？

8-16 图 8.24 所示为某 12 层框架-剪力墙结构的平面图，层高为 3.6m。

(1) 画出此结构按协同工作计算时的计算简图；

(2) 画出此结构的变形曲线示意图。

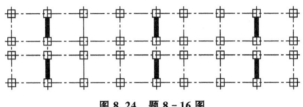

图 8.24 题 8-16 图

8-17 某现浇 17 层钢筋混凝土框架-剪力墙高层结构，地下 2 层，地上 15 层，首层层高 6.0m，二层层高 4.5m，其余各层层高均为 3.6m，房屋高度 57.3m，纵横方向均有剪力墙，地下一层板顶作为上部结构的嵌固端。该建筑为丙类建筑，抗震设防烈度为 8 度，设计基本地震加速度为 0.2g，I_1 类建筑场地。在基本振型地震作用下，框架部分承受的地震倾覆力矩大于结构总地震倾覆力矩的 10%，但小于 50%。各构件的混凝土强度等级均为 C40。首层某框架中柱剪跨比大于 2，为使该柱截面尺寸尽可能小，根据《高规》的规定，对该柱箍筋和附加纵向钢筋的配置形式采取所有相关措施之后，试问满足规程最低要求的该柱轴压比最大限值为多少？

8-18 某采用现浇钢筋混凝土的框架-剪力墙结构为 16 层住宅楼，房屋高度 48.45m，抗震设防烈度为 7 度，丙类建筑，设计基本地震加速度为 0.15g，Ⅲ类场地，采用 C40 混凝土，横向地震作用时，基本振型作用下结构总地震倾覆力矩 $M_0 = 5 \times 10^5$ kN·m，剪力墙承受的地震倾覆力矩 $M_w = 1.8 \times 10^5$ kN·m。该建筑物结构中部未加剪力墙的某一榀框架，底层边柱 AB 柱底截面考虑地震作用组合的轴力设计值 $N_A = 5600$ kN，该柱剪跨比大于 2.0，配 HPB300 级钢筋 φ10 井字复合箍。试问柱 AB 柱底截面最小尺寸为多少时，才能满足相关规范或规程的要求？

【简答题】

8-19 框架-剪力墙结构定义是什么？其变形特点与框架结构、剪力墙结构有什么不同？

8-20 框架-剪力墙结构中，剪力墙布置应满足什么要求？

8-21 框架-剪力墙结构中，为什么可将剪力墙作为第一道防线，框架作为第二道防线？

8-22 对框架-剪力墙结构进行抗震设计时，如何对各层框架总剪力进行调整？

8-23 框架-剪力墙结构的计算方法主要有哪些？它们的共同点和不同点分别是什么？

8-24　框架-剪力墙结构近似计算的基本假定、主要计算步骤是什么？

8-25　框架-剪力墙结构中，框架与剪力墙结构联系的方式有几种？它们的受力特点有什么区别？计算简图是怎样简化的？在计算内容和计算步骤上有什么不同？

8-26　什么是刚度特征值？它对哪些方面有影响？

8-27　框架-剪力墙协同工作带来了哪些优点？

8-28　框架-剪力墙结构的总框架的刚度如何计算？

8-29　框架-剪力墙结构的总剪力墙的刚度如何计算？

第9章
高层简体结构设计简介

教学目标

主要讲述高层简体结构设计所需掌握的相关知识和要求，旨在让学生熟悉和掌握高层简体结构设计知识，理解设计原理。通过本章学习，应达到以下教学目标：

(1) 熟悉简体结构的一般规定及设计原理；

(2) 熟悉简体结构的简化近似计算方法。

教学要求

知识要点	能力要求	相关知识
简体结构类型及受力特征	(1) 掌握简体结构类型； (2) 理解简体结构空间受力特征	(1) 框架-核心筒结构、筒中筒结构； (2) 简体结构剪力滞后现象
简体结构的一般规定	(1) 筒中筒结构高度和高宽比，筒体结构柱不贯通时设置转换构件； (2) 楼板外角加强，内筒与外框间距； (3) 核心筒形状，核心筒或内筒设计的要求	(1) 核心筒墙开洞、小墙肢设计； (2) 楼盖梁不宜搁置在内筒连梁上； (3) 简体结构中框架剪力调整
简体结构的计算	(1) 采用三维空间分析方法通过计算机程序进行内力和位移分析； (2) 简化的手算近似法	(1) 简体结构是空间受力体系，其受力情况非常复杂； (2) 初步设计阶段和在选择结构的截面尺寸时，需要进行简单的估算

 引例

简体结构具有造型美观、使用灵活、受力合理以及整体性强等优点，适用于百米以上的高层或超高层建筑。由于简体的对称性，简体结构具有很好的抗扭刚度。无论哪一种简体，在水平力的作用下都可以看成是固定于基础上的悬臂结构，比单片平面结构具有更大的抗侧移刚度和承载能力。简体最主要的特点是空间受力性能，简体结构是由竖向简体为主组成的承受竖向和水平作用的建筑结构，其设计要符合《高层建筑混凝土结构技术规程》的一般规定和截面设计及构造。因此在开始设计前，设计者需要对高层框架-剪力墙结构设计的前期知识和要求做充分了解。

如果要在中国广西某地新建一座380m高、82层、建筑面积38万 m^2 的超高层框架-核心筒结构公共建筑，Ⅱ类场地，6 度抗震设防烈度，乙类建筑，在开始着手方案设计之前，我们需要了解和掌握筒体结构的哪些形式及特点？完成哪些概念设计？怎样进行结构计算？怎样进行构件的设计与构造？应该为这个高层筒体结构的设计确定一个什么样的目标？在设计中应遵循哪些基本原则？施工图设计内容有什么？作为超高层结构，还有哪些要求需要我们特别关注和应对？

9.1 筒体结构的类型及受力特征

筒体结构是由竖向筒体为主组成的承受竖向和水平作用的建筑结构，其筒体分为剪力墙围成的薄壁筒和由密柱框架或壁式框架围成的框筒等。当高层建筑结构的层数增多、高度增大时，由平面抗侧力体系所构成的框架、剪力墙和框架-剪力墙结构已不能满足相关要求，而开始采用具有空间受力性能的筒体结构。筒体结构具有造型美观、使用灵活、受力合理以及整体性强等优点，适用于百米以上的高层或超高层建筑。筒体最主要的特点是它的空间受力性能。无论哪一种筒体，在水平力的作用下都可以看成是固定于基础上的悬臂结构，比单片平面结构具有更大的抗侧移刚度和承载能力，因而适宜建造高度更高的超高层建筑。同时由于筒体的对称性，筒体结构具有很好的抗扭刚度。筒体结构包括框筒、束筒、框架-核心筒、筒中筒结构等，如图 9.1 所示。

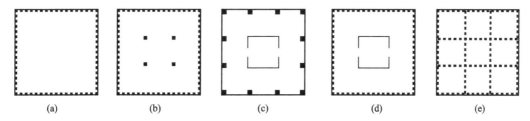

| (a) | (b) | (c) | (d) | (e) |

图 9.1 筒体结构平面布置类型

目前全世界最高的 100 幢高层建筑，约有 2/3 采用筒体结构；国内 100m 以上的高层建筑，约有一半采用钢筋混凝土筒体结构（图 9.2～图 9.4），所用形式大多为框架-核心筒结构和筒中筒结构，本章主要讨论这两类筒体结构，其他类型的筒体结构可参照使用。筒体结构各种构件的截面设计和构造措施除应遵守本章规定外，尚应符合框架结构设计、剪力墙结构设计、框架-剪力墙结构设计的有关规定。筒体结构的混凝土强度等级不宜低于 C30，筒体结构应采用现浇楼盖结构。

9.1.1 框筒结构

框筒结构是在建筑物外围布置密柱、窗裙梁而组成的筒状空间结构，筒体为其抗侧力构件，同时承受竖向荷载。根据需要，内部还可以布置柱以减少楼盖跨度，主要承受竖向荷载，如图 9.1(a)、(b)所示。周边密柱轴线间距一般为 2.0～3.0m，不宜大于 4.5m；窗裙梁截面高度一般为 0.6～1.2m，梁宽度一般为 0.3～0.5m。框筒结构的主要特点是可提供较大的内部空间，但目前框筒结构实际应用较少。

图 9.2　台北 101 大厦

图 9.3　深圳地王大厦

9.1.2　框架-核心筒结构

框架-核心筒结构是利用建筑功能需要（如电梯井、楼梯间或管道井等）在建筑内部布置实腹筒体作为主要抗侧力构件，在内筒外布置梁柱框架，如图 9.1(c)所示。其受力特征与框架-剪力墙结构相似，但框架-核心筒结构中的柱子往往数量少而断面大，应注意保证内筒的抗侧刚度和结构的抗震性能。框架-核心筒结构（图 9.5）的力学性能和抗震性能都优于框架-剪力墙，是目前高层建筑中应用最为广泛的结构体系之一，其基本要求或特点如下：

(1) 核心筒宜贯通建筑物全高；宽度不宜小于筒体总高的 1/12，当筒体结构设置角筒、剪力墙或增强结构整体刚度的构件时，核心筒的宽度可适当减小。框架-核心筒结构的周边柱间必须设置框架梁。

(2) 抗震设计时，核心筒为框架-核心筒结构的主要抗侧力构件，对其底部加强部位水平和竖向分布钢筋的配筋率、边缘构件设置提出了比一般剪力墙结构更高的要求，抗震设计时，核心筒墙体设计应符合下列规定：

① 底部加强部位主要墙体的水平和竖向分布钢筋的配筋率均不宜小于 0.30%。

② 底部加强部位约束边缘构件沿墙肢的长度宜取墙肢截面高度的 1/4，约束边缘构件范围内应主要采用箍筋；约束边缘构件通常需要一个沿周边的大箍，再加上各个小箍或拉筋，而小箍是无法勾住大箍的，会造成大箍的长边无支长度过大，起不到应有的约束作用。即应采用箍筋与拉筋相结合的配箍方法。

③ 底部加强部位以上宜按本剪力墙的约束边缘构件的规定设置约束边缘构件。

(3) 内筒偏置的框架-筒体结构，其质心与刚心的偏心距较大，导致结构在地震作用下的扭转反应增大。对这类结构，应特别关注结构的抗扭特性，控制结构的扭转反应。要求对该类结构的位移比和周期比均按 B 级高度高层建筑从严控制。内筒偏置时，结构的第一自振周期 T_1 中会含有较大的扭转成分，为了改善结构抗震性能，除应控制结构以扭转为主的第一自振周期 T_t 与以平动为主的第一自振周期 T_1 之比不大于 0.85 外，尚需控制 T_1 的扭转成分不宜大于平动成分之半。结构在考虑偶然偏心影响的规定地震力作用下，最大楼层水平位移和层间位移不应大于该楼层平均值的 1.4 倍，且 T_1 的扭转成分不宜大于 30%。

内筒采用双筒可增强结构的抗扭刚度，减小结构在水平地震作用下的扭转效应。当内筒偏置、长宽比大于 2 时，宜采用框架-双筒结构。

考虑到双筒间的楼板因传递双筒间的力偶会产生较大的平面剪力，对双筒间开洞楼板的构造作了具体规定，当框架-双筒结构的双筒间楼板开洞时，其有效楼板宽度不宜小于楼板典型宽度的 50%，洞口附近楼板应加厚，并应采用双层双向配筋，每层单向配筋率不应小于 0.25%；双筒间楼板宜按弹性板进行细化分析。

（4）框架-核心筒中，核心筒连梁的受剪截面及构造设计应符合《高规》的有关规定。

图9.4　广州中信广场

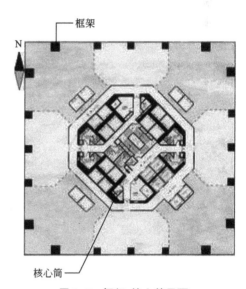

图9.5　框架-核心筒平面

9.1.3　筒中筒结构

筒中筒结构由外部的框筒和内部的核心筒组成，具有很大的抗侧力刚度和承载力，如图 9.1(d)所示。其基本构造要求如下：

（1）筒中筒结构平面外宜选用圆形、正多边形、椭圆形或矩形等，内筒宜居中。矩形平面的长宽比不宜大于 2。内筒的宽度可为高度的 1/15~1/12，如有另外的角筒或剪力墙时，内筒平面尺寸可适当减小。内筒宜贯通建筑物全高，竖向刚度宜均匀变化。三角形平面宜切角，外筒的切角长度不宜小于相应边长的 1/8，其角部可设置刚度较大的角柱或角筒；内筒的切角长度不宜小于相应边长的 1/10，切角处的筒壁宜适当加厚。

（2）外框筒应符合下列规定：①柱距不宜大于 4m，框筒柱的截面长边应沿筒壁方向布置，必要时可采用 T 形截面；②洞口面积不宜大于墙面面积的 60%，洞口高宽比宜与层高和柱距之比相近；③外框筒梁的截面高度可取柱净距的 1/4；④角柱截面积可取中柱的 1～2 倍。

（3）外框筒梁和内筒连梁的截面尺寸应符合持久、短暂设计状况和地震设计状况下的《高规》规定要求。

（4）外框筒梁和内筒连梁的构造配筋应符合下列要求：

① 非抗震设计时，箍筋直径不应小于 8mm；抗震设计时，箍筋直径不应小于 10mm。

② 非抗震设计时，箍筋间距不应大于 150mm；抗震设计时，箍筋间距沿梁长不变，且不应大于 100mm，当梁内设置交叉暗撑时，箍筋间距不应大于 200mm。

③ 框筒梁上、下纵向钢筋的直径均不应小于 16mm，腰筋的直径不应小于 10mm，腰筋间距不应大于 200mm。

（5）为了防止框筒或内筒连梁在地震作用下产生脆性破坏，跨高比不大于 2 的框筒梁和内筒连梁宜增配对角斜向钢筋。跨高比不大于 1 的框筒梁和内筒连梁宜采用交叉暗撑，且应符合下列规定：

① 梁的截面宽度不宜小于 400mm，以免钢筋过密，影响混凝土浇筑质量。

② 全部剪力应由暗撑承担，每根暗撑应由不少于 4 根纵向钢筋组成，纵筋直径不应小于 14mm，其总面积 A_s 应符合持久、短暂设计状况和地震设计状况下的《高规》规定。

③ 两个方向暗撑的纵向钢筋均应采用矩形箍筋或螺旋箍筋绑成一体，箍筋直径不应小于 8mm，箍筋间距不应大于 200mm 及梁截面宽度的一半；端部加密区的箍筋间距不应大于 100mm，加密区长度不应小于 600 mm 及梁截面宽度的 2 倍。

④ 纵筋伸入竖向构件的长度不应小于 l_{a1}，非抗震设计时，l_{a1} 可取 l_a；抗震设计时，l_{a1} 宜取 $1.15l_a$，其中 l_a 为钢筋的锚固长度。

⑤ 梁内普通箍筋的配置应符合《高规》的构造要求。

9.1.4 束筒结构

束筒结构是由两个或两个以上的框筒排列组成的结构体系，如图 9.1(e) 所示。该结构体系空间刚度非常大，适用于高度很高的建筑。构成束筒的每个单元即为一个筒体结构，所以沿高度方向可中断某些单元。

9.1.5 筒体结构空间受力特征

在侧向力作用下，框筒结构的受力类似于薄壁箱形结构。由材料力学可知，当侧向力作用于箱形结构时，箱形结构截面内的正应力均呈线性分布，其应力图形在翼缘方向为矩形，在腹板方向为一拉一压两个三角形；但当侧向力作用于框筒结构时，框筒底部柱内正应力沿框筒水平截面的分布不是呈线性关系，而是呈曲线分布，正应力在角柱较大，在中部不断较少，这种现象称为剪力滞后效应，如图 9.6 所示。剪力滞后越严重，框筒的空间整体作用就越小，这是由翼缘框架中梁的剪切变形和梁柱的弯曲变形所造成的。同时，在框筒结构的顶部，角柱内的正应力反而小于翼缘框架中的柱内的正应力，这种现象称为负剪力滞后现象。事实上，对于实腹的箱型截面，当考虑板内纵向剪切变形影响时，其横截面内的正应力分布也有剪力滞后或负剪力滞后现象出现。

由于剪力滞后效应的影响，使得角柱内的轴力加大，而远离角柱的柱子则由于剪力滞后效应仅有较小的应力，不能充分发挥材料的作用，也减小了结构的空间整体抗侧刚度。为了减少剪力滞后效应的影响，在结构布置时要采取一系列措施，如减小柱间距、加大窗裙梁的刚度、调整结构平面使之接近于正方形、控制结构的高宽比等。

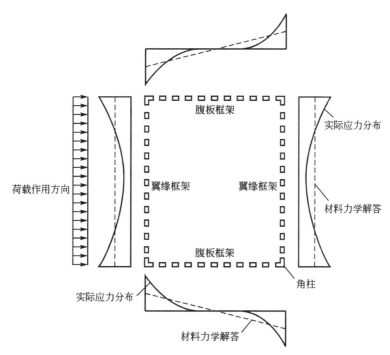

图 9.6　框筒结构底部剪力滞后现象

在筒体结构中，侧向力所产生的剪力主要由其腹板部分承担。对于筒中筒结构，主要由外筒的腹板框架和内筒的腹板部分承担，外力所产生的总剪力在内外筒之间的分配与内外筒之间的抗侧刚度比有关，且在不同的高度，水平力在内外筒之间的分配比例是不同的。一般来说，在结构底部，内筒承担了大部分剪力，外筒承担的剪力很小，例如深圳国贸中心大厦的分析结果表明，底层外筒承担的剪力占外荷载总剪力的27%，内筒承担的剪力占总剪力的73%。这一受力特点与框架-剪力墙是相似的。

侧向力所产生的弯矩由内外筒共同承担。由于外筒离建筑平面形心较远，故外筒柱内的轴力所形成的抗倾覆弯矩极大。在外筒中，翼缘框架又占了其中的主要部分，角柱也发挥了十分重要的作用，而外筒腹板框架及内筒腹板墙肢的局部弯曲所产生的弯矩极小。例如在深圳国贸中心大厦的底层，为平衡水平力所产生的弯矩，外框筒柱在内轴力所形成的弯矩占50.4%，内筒墙肢轴向力所形成的弯矩占40.3%，而外框筒柱和内筒墙肢的局部弯曲所产生的弯矩仅占2.7%和6.6%。

框筒结构或筒中筒结构在水平力作用下的侧向位移曲线呈弯剪型。这是因为在水平力作用下，腹板框架将发生剪切型的侧向位移变形，而翼缘框架一侧受拉、一侧受压的受力状态则将形成弯曲型的变形曲线，内筒也将产生弯曲型的变形曲线，共同工作的结果将使整个结构的侧向位移曲线呈弯剪型。

由以上的分析可以看出，在框筒结构或筒中筒结构中，尽管受到剪力滞后效应的影响，翼缘框架柱内的应力比材料力学的计算结果要小，但翼缘框架对结构抵抗侧向力仍有十分重要的作用，这说明此种结构仍有十分强的空间整体工作性能，从而能达到节省材料、降低造价的目的。这就是框筒结构或筒中筒结构被广泛应用于高层建筑的主要原因。

9.2 一 般 规 定

筒体结构的一般规定属于概念设计的重要内容。这些规定涉及以下方面。

1. 筒中筒结构高度和高宽比

筒中筒结构的高度不宜低于 80m，高宽比不宜小于 3。筒中筒结构的空间受力性能与其高度和高宽比有关，上述限值便于充分发挥筒体结构的整体空间作用。对高度不超过 60m 的框架-核心筒结构，可按框架-剪力墙结构设计。

2. 筒体结构柱不贯通时设置转换构件

筒体结构尤其是筒中筒结构，当建筑需要较大空间时，外周框架或框筒有时需要抽掉一部分柱，形成带转换层的筒体结构。当混凝土框架-核心筒结构中的外框架柱或筒中筒结构中的外框筒柱不贯通时，将导致结构竖向传力路径被打断，引起结构侧向刚度的突变，并容易形成薄弱层。当相邻层的柱不贯通时，应设置转换梁等构件。

3. 楼板外角加强

筒体结构的双向楼板在竖向荷载作用下，四周外角要上翘；但受到剪力墙的约束，加上楼板混凝土的自身收缩和温度变化影响，使楼板外角可能产生斜裂缝。为防止这类裂缝出现，楼板外角顶面和底面应配置双向钢筋网，适当加强。筒体结构的楼盖外角宜设置双层双向钢筋，如图 9.7 所示，单层单向配筋率不宜小于 0.3%，钢筋的直径不应小于 8mm，间距不应大于 150mm，配筋范围不宜小于外框架（或外筒）至内筒外墙中距的 1/3 和 3m。

4. 内筒与外框间距

核心筒或内筒的外墙与外框柱间的中距，在非抗震设计大于 15m、抗震设计大于 12m 时，宜采取增设内柱等措施。

5. 核心筒形状

核心筒或内筒中剪力墙截面形状宜简单，截面形状复杂的墙体可按应力进行截面设计校核。形状复杂的剪力墙受力也复杂，计算分析的准确性

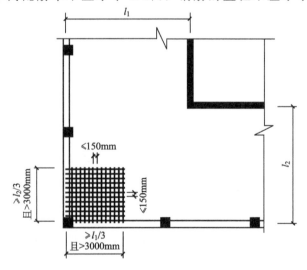

图 9.7 板角配筋示意图

也低，实际工程中尽量避免采用，一旦采用时，应按应力进行截面设计校核。

6. 核心筒或内筒设计的基本要求

（1）墙肢宜均匀、对称布置。

（2）筒体角部附近不宜开洞，当不可避免时，筒角内壁至洞口的距离不应小于 500mm 和开洞墙截面厚度的较大值。

（3）筒体墙应按《高规》附录 D 验算墙体稳定性，外墙厚度不应小于 200mm，内墙厚度不应小于 160mm，必要时可设置扶壁柱或扶壁墙，以增强墙体的稳定性。

（4）筒体墙的水平、竖向配筋不应少于两排，其最小配筋率应符合《高规》的规定。

（5）抗震设计时，核心筒、内筒的连梁宜配置对角斜向钢筋或交叉暗撑；对连梁的要求，主要目的是提高其抗震延性。

（6）筒体墙的加强部位高度、轴压比限值、边缘构件设置以及截面设计，应符合《高规》的有关规定。

7. 核心筒墙开洞或小墙肢设计

为防止核心筒或内筒中出现小墙肢等薄弱环节，墙面应尽量避免连续开洞，对个别无法避免的小墙肢，应控制最小截面高度，并按柱的抗震构造要求配置箍筋和纵向钢筋，以加强其抗震能力。核心筒或内筒的外墙不宜在水平方向连续开洞，洞间墙肢的截面高度不宜小于 1.2m；当洞间墙肢的截面高度与厚度之比小于 4 时，宜按框架柱进行截面设计。

8. 柱的轴压比

在筒体结构中，大部分水平剪力由核心筒或内筒承担，框架柱或框筒柱所受剪力远小于框架结构中的柱剪力，剪跨比明显增大，因此其轴压比限值可比框架结构适当放松，可按框架-剪力墙结构的要求控制柱轴压比。抗震设计时，框筒柱和框架柱的轴压比限值可按框架-剪力墙结构的规定采用。

9. 楼盖梁不宜搁置在内筒连梁上

楼盖主梁搁置在核心筒的连梁上，会使连梁产生较大剪力和扭矩，容易产生脆性破坏，应尽量避免。楼盖主梁不宜搁置在核心筒或内筒的连梁上。

10. 筒体结构中框架剪力调整

框架-核心筒结构中的框架梁和柱以及筒中筒中柱的截面设计可按普通框架进行设计。抗震设计时，对框架-核心筒结构和筒中筒结构，如果各层框架承担的地震剪力不小于结构底部总地震剪力的 20%，则框架地震剪力可不进行调整；否则应按下面的规定调整框架柱及与之相连的框架梁的剪力和弯矩。筒体结构的框架部分按侧向刚度分配的楼层地震剪力标准值应符合下列规定：

（1）设计恰当时，框架-核心筒结构可以形成外周框架与核心筒协同工作的双重抗侧力结构体系。实际工程中，由于外周框架柱的柱距过大、梁高过小，造成其刚度过低、核心筒刚度过高，结构底部剪力主要由核心筒承担。这种情况在强烈地震作用下，可能导致核心筒墙体损伤严重，经内力重分布后，外周框架会承担较大的地震作用。因此，框架部分分配的楼层地震剪力标准值的最大值不宜小于结构底部总地震剪力标准值的 10%。这是对外周框架按弹性刚度分配的地震剪力所作的基本要求；对《高规》规定的房屋最大适用高度范围的简体结构，经过合理设计，多数情况可以达到此要求。一般情况下，房屋高度越高时，越不容易满足本条的要求。

（2）当框架部分分配的地震剪力标准值的最大值小于结构底部总地震剪力标准值的 10% 时，各层框架部分承担的地震剪力标准值应增大到结构底部总地震剪力标准值的 15%；此时，各层核心筒墙体的地震剪力标准值宜乘以增大系数 1.1，但可不大于结构底部总地震剪力标准值，墙体的抗震构造措施应按抗震等级提高一级后采用，已为特一级的可不再提高。

（3）当框架部分分配的地震剪力标准值小于结构底部总地震剪力标准值的 20%，但其最大值不小于结构底部总地震剪力标准值的 10% 时，应按结构底部总地震剪力标准值的 20% 和框架部分楼层地震剪力标准值中最大值的 1.5 倍两者中的较小值进行调整。

按第（2）款或第（3）款调整框架柱的地震剪力后，框架柱端弯矩及与之相连的框架梁端弯矩、剪力也应进行相应调整。有加强层时，上述规定中框架部分分配的楼层地震剪力标准值的最大值不应包括加强层及其上、下层的框架剪力。

9.3 简体结构计算方法

简体结构采用三维空间分析方法，包括通过计算机程序进行内力和位移分析及简化的手算近似方法两种。

简体结构是空间受力体系，其受力情况非常复杂，为了结构安全，应采用三维空间分析方法，通过计算机程序进行内力和位移分析。

但在初步设计阶段和选择结构的截面尺寸时，需要进行简单的估算或手算，可采用简体结构简化的近似计算方法，包括框筒结构的等效槽形截面法和翼缘展开法等。

【例 9-1】 某钢筋混凝土高层建筑采用筒中筒结构，Ⅲ类场地，矩形平面的宽度 B 为 26m，长度为 30m，7 度抗震设防烈度，乙类建筑，在高宽比不超过 B 级高度限值的前提下尽量做高，试问其最大高度 H 为多少？

【解】 根据《高规》的有关规定，7 度时，$H/B < 8$，则

$$H < 8B = 8 \times 26 = 208 (\text{m})$$

又根据《高规》的有关规定，B 级高度的筒中筒结构，设防烈度为 7 度，则 $H \leqslant 230\text{m}$。

故综合考虑后取 $H \leqslant 208\text{m}$。

【例 9-2】 某钢框架-钢筋混凝土核心筒结构高层建筑，地下 2 层，地上 30 层，结构高度 140m。在水平地震作用下，对应于地震作用的结构底部总剪力标准值为 9800kN，未经调整的各层框架柱所承担的剪力中，以 20 层最大，其标准值为 1600kN。试问经调整后各楼层框架柱承担的地震剪力标准值为多少？

【解】 根据《高规》的有关规定可得

$$V_{f,\max} = 1600\text{kN} > 10\% V_0 = 10\% \times 9800\text{kN} = 980\text{kN}$$

$$V_{f,\max} = 1600\text{kN} < 20\% V_0 = 20\% \times 9800\text{kN} = 1960\text{kN}$$

从而可得所求地震剪力标准值为

$$V = \min(20\% V_0, \ 1.5 V_{f,\max})$$

$$= \min(20\% \times 9800, \ 1.5 \times 1600) = \min(1960, \ 2400) = 1960 (\text{kN})$$

【例 9-3】 在正常使用条件下，高度为 175m 的钢筋混凝土筒中筒结构，层间最大位移与层高之比限值为多少？

【解】 该限值为

$$\left[\Delta u/h\right]=\frac{1}{1000}+\frac{175-150}{250-150}\times\left(\frac{1}{500}-\frac{1}{1000}\right)=\frac{1}{800}$$

本 章 小 结

1. 筒体结构作为一种特殊的结构形式，本身具有空间受力性能，一般用于超高层建筑中。本章主要讲述了钢筋混凝土框架-核心筒和筒中筒结构。

2. 筒体结构采用三维空间分析方法，包括通过计算机程序进行内力和位移分析及简化的手算近似方法两种。

3. 筒体结构设计的一般规定属于概念设计的重要内容，也是设计应遵循的基本原则和基础。

4. 筒体结构截面设计及构造属于具体规定和设计要求。

习 题

【填空题】

9-1 高层建筑混凝土结构可采用框架、剪力墙、框架-剪力墙、板柱-剪力墙和（　　）结构等结构体系。

9-2 单独采用框筒作为抗侧力体系的高层建筑结构较少，框筒主要与内筒组成（　　）结构或由多个框筒组成（　　）结构。

9-3 框架-核心筒结构可以采用（　　）、（　　）或（　　）。

9-4 框架-核心筒结构是由核心筒与外围的（　　）组成的筒体结构。

9-5 筒中筒结构是由（　　）与外围框筒组成的筒体结构。

9-6 筒体结构本身具有空间受力性能，因此一般用于（　　）中。

【选择题】

9-7 在常用的钢筋混凝土高层建筑结构体系中，抗侧刚度最好的体系为（　　）。
　　A. 框架结构　　　B. 框架-剪力墙结构　　　C. 剪力墙结构　　　D. 筒体结构

9-8 某高层建筑要求底部几层为大空间，此时应采用那种结构体系？（　　）
　　A. 框支剪力墙结构　　　　　　　　　　B. 框架-剪力墙结构
　　C. 剪力墙结构　　　　　　　　　　　　D. 筒体结构

9-9 以下改善框筒剪力滞后效应的措施中，不正确的是（　　）。
　　A. 加大裙梁的高度　　　　　　　　　　B. 减小框筒的柱距
　　C. 加大框筒的长宽比　　　　　　　　　D. 设计成束筒结构

9-10 某建筑物高 33m，抗震设防烈度为 7 度，拟建层数 10 层。仅从结构分析的角度来看，采用（　　）最为合适。

    A. 框架结构   B. 框架-剪力墙结构

    C. 剪力墙结构   D. 筒体结构

【简答题】

9-11 框架结构和框筒结构的结构平面布置有什么区别？

9-12 对筒体结构高度和高宽比有哪些要求？为什么？

参　考　文　献

[1] 中华人民共和国行业标准.高层建筑混凝土结构技术规程(JGJ 3—2010)［S］.北京：中国建筑工业出版社，2010.

[2] 中华人民共和国国家标准.混凝土结构设计规范(GB 50010—2010)［S］.北京：中国建筑工业出版社，2010.

[3] 中华人民共和国国家标准.建筑结构荷载规范(GB 50009—2012)［S］.北京：中国建筑工业出版社，2012.

[4] 中华人民共和国国家标准.建筑抗震设计规范(GB 50011—2010)［S］.北京：中国建筑工业出版社，2010.

[5] 薛素铎，赵均，高向宇.建筑抗震设计［M］.2版.北京：科学出版社，2010.

[6] 王社良.抗震结构设计［M］.4版.武汉：武汉理工大学出版社，2011.

[7] 郭继武.建筑抗震设计［M］.3版.北京：中国建筑工业出版社，2011.

[8] 吕西林，周德源，李思明，等.建筑结构抗震设计理论与实例［M］.3版.上海：同济大学出版社，2011.

[9] 马成松，苏原.结构抗震设计［M］.北京：北京大学出版社，2007.

[10] 朱炳寅.建筑抗震设计规范应用与分析［M］.北京：中国建筑工业出版社，2012.

[11] 方鄂华.高层建筑钢筋混凝土结构概念设计［M］.北京：机械工业出版社，2007.

[12] 沈蒲生.高层建筑结构设计［M］.2版.北京：中国建筑工业出版社，2011.

[13] 吕西林.高层建筑结构［M］.3版.武汉：武汉理工大学出版社，2011.

[14] 霍达.高层建筑结构设计［M］.2版.北京：高等教育出版社，2011.

[15] 沈小璞，陈道政.高层建筑结构设计［M］.武汉：武汉大学出版社，2014.

[16] 陈忠范.高层建筑结构［M］.南京：东南大学出版社，2008.

[17] 张仲先，王海波.高层建筑结构设计［M］.北京：北京大学出版社，2011.

[18] 施岚青.注册结构工程师专业考试专题精讲　多高层混凝土结构［M］.北京：机械工业出版社，2014.

[19] 施岚青.注册结构工程师专业考试专题精讲　建筑抗震设计［M］.北京：机械工业出版社，2014.

[20] 施岚青.注册结构工程师专业考试专题精讲　荷载、内力分析及桥梁结构［M］.北京：机械工业出版社，2014.

[21] 李国胜.多高层钢筋混凝土结构设计中疑难问题的处理及算例［M］.2版.北京：中国建筑工业出版社，2012.

[22] 周云.高层建筑结构设计［M］.2版.武汉：武汉理工大学出版社，2013.

[23] 兰定筠.一级、二级注册结构工程师专业考试考前实战训练［M］.4版.北京：中国建筑工业出版社，2013.

北京大学出版社土木建筑系列教材(已出版)

序号	书名	主编	定价	序号	书名	主编	定价
1	*房屋建筑学(第3版)	聂洪达	56.00	53	特殊土地基处理	刘起霞	50.00
2	房屋建筑学	宿晓萍　隋艳娥	43.00	54	地基处理	刘起霞	45.00
3	房屋建筑学(上:民用建筑)(第2版)	钱　坤	40.00	55	*工程地质(第3版)	倪宏革　周建波	40.00
4	房屋建筑学(下:工业建筑)(第2版)	钱　坤	36.00	56	工程地质(第2版)	何培玲　张　婷	26.00
5	土木工程制图(第2版)	张会平	45.00	57	土木工程地质	陈文昭	32.00
6	土木工程制图习题集(第2版)	张会平	28.00	58	*土力学(第2版)	高向阳	45.00
7	土建工程制图(第2版)	张黎骅	38.00	59	土力学(第2版)	肖仁成　俞晓	25.00
8	土建工程制图习题集(第2版)	张黎骅	34.00	60	土力学	曹卫平	34.00
9	*建筑材料	胡新萍	49.00	61	土力学	杨雪强	40.00
10	土木工程材料	赵志曼	38.00	62	土力学教程(第2版)	孟祥波	34.00
11	土木工程材料(第2版)	王春阳	50.00	63	土力学	贾彩虹	38.00
12	土木工程材料(第2版)	柯国军	45.00	64	土力学(中英双语)	郎煜华	38.00
13	*建筑设备(第3版)	刘源全　张国军	52.00	65	土质学与土力学	刘红军	36.00
14	土木工程测量(第2版)	陈久强　刘文生	40.00	66	土力学实验	孟云梅	32.00
15	土木工程专业英语	霍俊芳　姜丽云	35.00	67	土工试验原理与操作	高向阳	25.00
16	土木工程专业英语	宿晓萍　赵庆明	40.00	68	砌体结构(第2版)	何培玲　尹维新	26.00
17	土木工程基础英语教程	陈　平　王凤池	32.00	69	混凝土结构设计原理(第2版)	邵永健	52.00
18	工程管理专业英语	王竹芳	24.00	70	混凝土结构设计原理习题集	邵永健	32.00
19	建筑工程管理专业英语	杨云会	36.00	71	结构抗震设计(第2版)	祝英杰	37.00
20	*建设工程监理概论(第4版)	巩天真　张泽平	48.00	72	建筑抗震与高层结构设计	周锡武　朴福顺	36.00
21	工程项目管理(第2版)	仲景冰　王红兵	45.00	73	荷载与结构设计方法(第2版)	许成祥　何培玲	30.00
22	工程项目管理	董良峰　张瑞敏	43.00	74	建筑结构优化及应用	朱杰江	30.00
23	工程项目管理	王　华	42.00	75	钢结构设计原理	胡习兵	30.00
24	工程项目管理	邓铁军　杨亚频	48.00	76	钢结构设计	胡习兵　张再华	42.00
25	土木工程项目管理	郑文新	41.00	77	特种结构	孙　克	30.00
26	工程项目投资控制	曲　娜　陈顺良	32.00	78	建筑结构	苏明会　赵　亮	50.00
27	建设项目评估	黄明知　尚华艳	38.00	79	*工程结构	金恩平	49.00
28	建设项目评估(第2版)	王　华	46.00	80	土木工程结构试验	叶成杰	39.00
29	工程经济学(第2版)	冯为民　付晓灵	42.00	81	土木工程试验	王吉民	34.00
30	工程经济学	都沁军	42.00	82	*土木工程系列实验综合教程	周瑞荣	56.00
31	工程经济与项目管理	都沁军	45.00	83	土木工程CAD	王玉岚	42.00
32	工程合同管理	方　俊　胡向真	23.00	84	土木建筑CAD实用教程	王文达	30.00
33	建设工程合同管理	余群舟	36.00	85	建筑结构CAD教程	崔钦淑	36.00
34	*建设法规(第3版)	潘安平　肖　铭	40.00	86	工程设计软件应用	孙香红	39.00
35	建设法规	刘红霞　柳立生	36.00	87	土木工程计算机绘图	袁　果　张渝生	28.00
36	工程招标投标管理(第2版)	刘昌明	30.00	88	有限单元法(第2版)	丁　科　殷水平	30.00
37	建设工程招投标与合同管理实务(第2版)	崔东红	49.00	89	*BIM应用:Revit建筑案例教程	林标锋	58.00
38	工程招投标与合同管理(第2版)	吴　芳　冯　宁	43.00	90	*BIM建模与应用教程	曾浩	39.00
39	土木工程施工	石海均　马　哲	40.00	91	工程事故分析与工程安全(第2版)	谢征勋　罗　章	38.00
40	土木工程施工	邓寿昌　李晓目	42.00	92	建设工程质量检验与评定	杨建明	40.00
41	土木工程施工	陈泽世　凌平平	58.00	93	建筑工程安全管理与技术	高向阳	40.00
42	建筑工程施工	叶　良	55.00	94	大跨桥梁	王解军　周先雁	30.00
43	*土木工程施工与管理	李华锋　徐　芸	65.00	95	桥梁工程(第2版)	周先雁　王解军	37.00
44	高层建筑施工	张厚先　陈德方	32.00	96	交通工程基础	王富	24.00
45	高层与大跨建筑结构施工	王绍君	45.00	97	道路勘测与设计	凌平平　余婵娟	42.00
46	地下工程施工	江学良　杨　慧	54.00	98	道路勘测设计	刘文生	43.00
47	建筑工程施工组织与管理(第2版)	余群舟　宋会莲	31.00	99	建筑节能概论	余晓平	34.00
48	工程施工组织	周国恩	28.00	100	建筑电气	李　云	45.00
49	高层建筑结构设计	张仲先　王海波	23.00	101	空调工程	战乃岩　王建辉	45.00
50	基础工程	王协群　章宝华	32.00	102	*建筑公共安全技术与设计	陈继斌	45.00
51	基础工程	曹　云	43.00	103	水分析化学	宋吉娜	42.00
52	土木工程概论	邓友生	34.00	104	水泵与水泵站	张　伟　周书葵	35.00

序号	书名	主编	定价	序号	书名	主编	定价
105	工程管理概论	郑文新　李献涛	26.00	130	*安装工程计量与计价	冯钢	58.00
106	理论力学(第2版)	张俊彦　赵荣国	40.00	131	室内装饰工程预算	陈祖建	30.00
107	理论力学	欧阳辉	48.00	132	*工程造价控制与管理(第2版)	胡新萍　王芳	42.00
108	材料力学	章宝华	36.00	133	建筑学导论	裘鞠　常悦	32.00
109	结构力学	何春保	45.00	134	建筑美学	邓友生	36.00
110	结构力学	边亚东	42.00	135	建筑美术教程	陈希平	45.00
111	结构力学实用教程	常伏德	47.00	136	色彩景观基础教程	阮正仪	42.00
112	工程力学(第2版)	罗迎社　喻小明	39.00	137	建筑表现技法	冯柯	42.00
113	工程力学	杨云芳	42.00	138	建筑概论	钱坤	28.00
114	工程力学	王明斌　庞永平	37.00	139	建筑构造	宿晓萍　隋艳娥	36.00
115	房地产开发	石海均　王宏	34.00	140	建筑构造原理与设计(上册)	陈玲玲	34.00
116	房地产开发与管理	刘薇	38.00	141	建筑构造原理与设计(下册)	梁晓慧　陈玲玲	38.00
117	房地产策划	王直民	42.00	142	城市与区域规划实用模型	郭志恭	45.00
118	房地产估价	沈良峰	45.00	143	城市详细规划原理与设计方法	姜云	36.00
119	房地产法规	潘安平	36.00	144	中外城市规划与建设史	李合群	58.00
120	房地产测量	魏德宏	28.00	145	中外建筑史	吴薇	36.00
121	工程财务管理	张学英	38.00	146	外国建筑简史	吴薇	38.00
122	工程造价管理	周国恩	42.00	147	城市与区域认知实习教程	邹君	30.00
123	建筑工程施工组织与概预算	钟吉湘	52.00	148	城市生态与城市环境保护	梁彦兰　阎利	36.00
124	建筑工程造价	郑文新	39.00	149	幼儿园建筑设计	龚兆先	37.00
125	工程造价管理	车春鹂　杜春艳	24.00	150	园林与环境景观设计	董智　曾伟	46.00
126	土木工程计量与计价	王翠琴　李春燕	35.00	151	室内设计原理	冯柯	28.00
127	建筑工程计量与计价	张叶田	50.00	152	景观设计	陈玲玲	49.00
128	市政工程计量与计价	赵志曼　张建平	38.00	153	中国传统建筑构造	李合群	35.00
129	园林工程计量与计价	温日琨　舒美英	45.00	154	中国文物建筑保护及修复工程学	郭志恭	45.00

标*号为高等院校土建类专业"互联网＋"创新规划教材。

如您需要更多教学资源如电子课件、电子样章、习题答案等，请登录北京大学出版社第六事业部官网 www.pup6.cn 搜索下载。

如您需要浏览更多专业教材，请扫下面的二维码，关注北京大学出版社第六事业部官方微信（微信号：pup6book），随时查询专业教材、浏览教材目录、内容简介等信息，并可在线申请纸质样书用于教学。

感谢您使用我们的教材，欢迎您随时与我们联系，我们将及时做好全方位的服务。联系方式：010-62750667，donglu2004@163.com，pup_6@163.com，lihu80@163.com，欢迎来电来信。客户服务 QQ 号：1292552107，欢迎随时咨询。